マイコンと電子工作 No.7

# アナログ・マイコン!?
# PSoCに目覚める本

28ピン
DIP型PSoC
&書き込み器
&CD-ROM
付き

高野慶一◎著

CQ出版社

## はじめに

「PSoC」を使いこなしたい……と思い続けてだいぶ年数がたってしまいました．この本の企画は，乾いた地面が水を与えられたように私の体に染み込んでいきました．なんといっても，使ってみないと良さも大変さもわからないものが「PSoC」でしたから．

PSoCが世に出て早十年．私の周りの技術者の多くが興味を持っていたものの，私も含めその斬新なアーキテクチャに戸惑っていました．「マイコン＋オペアンプか？」「レジスタが多いぞ」「データシートが難解だ」など．書き込み器であるMiniProgと評価ボードを購入して数年，サンプルでLEDを点灯させただけで終わってしまい，時間だけが過ぎてしまいました．当時はCコンパイラが有償であったことも影響したのかもしれません．

最新のモータや電源向けのパワ・エレ系の世界では，モジュール連携動作を強化した高性能「マイコン」が多く世に出ています．その方式の原点ともいえる「モジュール同士のつながり」を取り入れ，斬新なデザイン・ソフトでビジュアルに構築できる「PSoC」．電子回路をつなぎあわせる感覚でカスタムICが実現できる「PSoC」が世に出たおかげで，プログラム全盛のマイコン世界に一石を投じた功績は大きいはずです．

現代のマイクロコンピュータ（マイコン）はワンチップ化が進み，機能の違いから多くの種類が発表され，用途によって選ぶ時代になりました．「この種類だけ持っていればどんな工作にも使える」的な万能なものを選ぶのさえ大変で，気がつくと引き出しの中は何種類ものワンチップ・マイコンだらけです．

このPSoCはPLDに似た側面を持ち，内部を自分で構成することができます．当時（2002年）としては新しい「スイッチト・キャパシタ」技術をアナログに取り入れたおかげで，電子回路実験を「抵抗・コンデンサの交換」に代わって「値」で構成するので「部品交換を必要としない回路実験」ができ，このことが「電子工作に向いている」と直感的には思っていました．

PSoCは見えないとこでかなりの数が製品に使われているようです．そのユニークな構造と，内蔵機能やレジスタは膨大で，データシートで全貌をとらえるのは限界もあるので，「使って慣れる」のが一番の近道です．電子回路を楽しみ始めた方々がPSoCに触れる，最良の方法が「電子工作」と思っています．今（2012年），開発環境を導入するとCプログラム言語が無償で付属します．これは，またとないチャンスではないでしょうか．

本書では「難しい」と思われがちな「PSoC」を，電子工作的におもしろいと思える使い方を中心にして，簡単な工作から紹介したいという思いで作りました．

電子工作をしながら，だんだんと部品がたまり，配線も大規模になってきたら，ぜひともPSoCに触れてみてほしいと思います．本書が選択肢を広げるお手伝いができれば幸いです．

PSoC3/5が発売され，PSoC界もにぎやかになってきました．

本書を発行するにあたり，日本における先駆者として「PSoC」を世に広めたバイブル的な文献『はじめてのPSoCマイコン』（CQ出版）を著作された桑野雅彦さま，ほか，貴重な資料を多分に参考にさせていただきました．また，この機会を与えてくださった出版社の方々に，この場をお借りして感謝の意を申し上げます．

2012年4月
高野 慶一

イラスト：筆者の愛娘・画

# 1ST AREA　新しいPSoCの世界

## 第0章　INTRODUCTION
### アナログ制御をディジタル化!? 部品数が少なくなる
# PSoCはなにができる？ ............................................... 9
　◎ PSoCが好きになる六つのいいところ ........................................ 9
　◎ 迫力のあるブザー音をロジックICとPSoCで作って比較する ............... 11

## 第1章
### マイコンではないシステム・オン・チップの特徴
# 魅力的なPSoC ........................................................ 17
- 1-1　PSoCって何？ ................................................................. 17
- 1-2　マイコンとは違う？ ......................................................... 17
- 1-3　PSoCって難しいの？ ...................................................... 19
- 1-4　いろんな種類の「ユーザ・モジュール」 ................................. 22
- 1-5　種類と書き込み器 ........................................................... 22
　　　COLUMN 1-A・PSoCマスターへの近道 .................................. 23

# CONTENTS

## 第2章
アナログとディジタルの顔をもつユーザ・モジュールの正体を知る
### PSoCの中身を攻略する ……… 25

- **2-1** ユーザ・モジュールは組み換えできる電子回路 ……… 25
- **2-2** ユーザ・モジュールの種類と配置場所 ……… 25
- **2-3** 本書でよく使うユーザ・モジュールの例 ……… 25
  - **COLUMN** 2-A ・ PSoCのフィルタのクロックとギザギザの関係 ……… 30

## 第3章
部品を使いやすくする加工から開発環境の設定までの下ごしらえ
### 準備する道具とインストール方法 ……… 31

- **3-1** 準備する道具と部品 ……… 31
- **3-2** 機材・部材の加工 ……… 32
- **3-3** 実験ベンチの製作 ……… 33
- **3-4** パソコンとフリー・ソフトウェアを使う ……… 34
  - **COLUMN** 3-A ・
    8ピン，20ピン，28ピンで使える書き込みアダプタ・モジュールを製作 ……… 35
- **3-5** 開発環境のインストール ……… 36
  - **COLUMN** 3-B ・ CY8C29466についての心得 ……… 37
  - **COLUMN** 3-C ・ はじめてPSoC Designerをインストールしたときに起こること ……… 38

## 2ND AREA　PSoCの動かし方

# 第4章
### スタート命令やフィルタの設定方法が身につくレッスン
# PSoC Designerを動かす手順　39

- **4-1** ディジタルとアナログの経路　39
- **4-2** グローバル・リソースのセッティング　39
- **4-3** 開発環境を使う　40
- **4-4** レッスン①　ディジタル波形でビープ音を鳴らしてみよう　42
  - COLUMN 4-A・PSoC Designer がバージョンアップしたら　42
- **4-5** レッスン②　パルス波形をアナログに入力してみよう　47
- **4-6** レッスン③　フィルタを使う　49
- **4-7** レッスン④　マイク入力から出力まで　51
  - COLUMN 4-B・PSoCの信号名称　52

# 第5章
### ディジタル・ブロック配線の規則や機能をLEDで見るレッスン
# ディジタル・ブロックの活用　53

- **5-1** ディジタル・ブロックを動かす　53
- **5-2** レッスン①　入力から出力まで内部配線の自由度を知る　54
- **5-3** レッスン②　Interconnectを使う　55
- **5-4** レッスン③　DigBufを使う　56
- **5-5** レッスン④　アナログ・ブロックからディジタル・ブロックへ入力する　56

## 第6章

マクロ命令でLCD表示や割り込み処理のレッスン
# プログラム言語の役割 ……………………………………………………… 59

- 6-1 ユーザ・モジュールの管理人 ………………………………………………… 59
- 6-2 「アセンブラ」に近いマクロ命令 ……………………………………………… 60
- 6-3 マイコンと同様にプログラムに重点を置くコーディングも可能 ……………… 60
- 6-4 M8CというコアCPU ………………………………………………………… 60
- 6-5 I/Oポートの概要 ……………………………………………………………… 60
- 6-6 レッスン①　マイコン的使用例　I/Oだけのじゃんけんマシン …………… 61
- 6-7 レッスン②　マイコン的使用例　キャラクタLCDに文字を表示 ………… 63
- 6-8 レッスン③　マイコン的使用例　割り込みを使う …………………………… 65

## 第7章

ディジタル信号もアナログ信号として使うことができる!?
# アナログ信号の処理方法 ………………………………………………… 69

- 7-1 アナログ信号を入力 …………………………………………………………… 69
- 7-2 アナログ・ブロックは3種類 ………………………………………………… 69
- 7-3 アナログ処理の基本はCT→SC→ポート …………………………………… 71
- 7-4 ディジタル信号とアナログ信号はどう違う? ………………………………… 71
- 7-5 アナログ信号の本家－交流信号 ……………………………………………… 72
- 7-6 交流信号の処理の例　AGNDを使う ………………………………………… 73

### 3RD AREA　PSoCの活用例24

## 第8章
機能の使い方を再発見できる24作品
# 想像して実現するPSoCの遊び方 …… 75

### 🎼 音遊び 編

| No.1 | 電磁ブザー① …… 75 |
| No.2 | 電磁ブザー波形② …… 80 |
| No.3 | PSoCぼよよよーん …… 84 |
| No.4 | 近づいて遠ざかるピーポー …… 87 |
| No.5 | ボイスチェンジャ 〜低音編〜 …… 91 |
| No.6 | ボイスチェンジャ 〜ビラビラ音編〜 …… 93 |
| No.7 | ボイスチェンジャ 〜リング・バッファ編〜 …… 94 |
| No.8 | ボイスチェンジャ 〜モジュレーション編〜 …… 97 |
| No.9 | PSoCパーカッション …… 99 |
| No.10 | カラオケ・マシン …… 103 |
| No.11 | 電子スズムシ …… 105 |

### 🔧 測定・実用 編

| No.12 | 導通チェッカ …… 109 |
| No.13 | LCD温度表示計 …… 112 |
| No.14 | 低周期sin波発生回路 …… 114 |
| No.15 | ホワイト・ノイズ発生器の実験 …… 119 |
| No.16 | シリアル・データ・ロガー …… 122 |

## 🚀 おもしろ編

- **No.17** カラー・コード表示器 ...... 126
- **No.18** うそ発見器 ...... 130
- **No.19** LEDキラキラッ ...... 133
- **No.20** 16個LEDオブジェ ...... 136
- **No.21** 巨大な雪の結晶 ...... 140
- **No.22** ソーラー玄関灯 ...... 144
- **No.23** PSoC玉ころがし ...... 148
- **No.24** DTMFリモコン・カー ...... 151

索　引 ...... 157
あとがき ...... 158
著者紹介 ...... 159

# 第0章 INTRODUCTION

## アナログ制御をディジタル化!? 部品数が少なくなる
# PSoCはなにができる?

PSoC(ピーソック)の世界へようこそ.PSoCはアナログ回路もディジタル回路も入っている不思議なICです(図0-1).独自の開発環境を使って,ドラッグ&ドロップで自分の思いどおりのICが作れます.PSoCのできること,おもしろいところを例を挙げて紹介します.

あなたがこの本一冊を読むわずかな時間は,あなたのエンジニア人生において,決して無駄ではありません."食わず嫌い"を克服することと同じように,本書の内容を一つでも実践したならばあなたが体験したことのない,すばらしい世界が待っています.PSoCワールドへ,ようこそ!

## PSoCが好きになる六つのいいところ

### いいところ①
### プログラムをほぼ書かずに使える

PSoCは回路図を描くイメージで中身を作ることができるので,初めはプログラムの深い知識がなくてもOKです.独自のデザイン・ソフトウェア「PSoC Designer」(図0-2)を使います.

### いいところ②
### アナログ信号を直接処理できる

入力したアナログ信号をA-D(アナログ-ディジタル)変換することなく直接扱えるアナログ回路をいくつも内蔵しています[図0-3(a)].またフィルタも構成でき,値は設計時(デザイン中)に数値で設定するだけなので外付け回路を組む必要がありません.マイクやライン信号のような微小なアナログ信号も内蔵アンプに直接入力できます.

### いいところ③
### ロジック波形が簡単に出力できる

PSoCはロジックICの機能をもったブロックをPSoC Designerの画面上(図0-2)で自由に配置でき,信号の波形をイメージしながら回路を作成

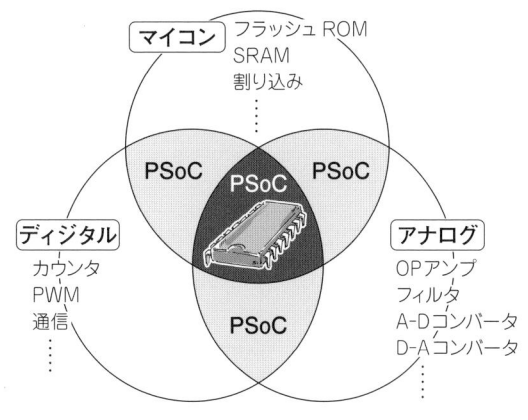

図0-1 PSoCはアナログ,ディジタル,マイコンを一つに収めたICのようなもの

できます[図0-3(b)].設計時に値を決めておけば,プログラムで設定することなくロジック信号(ディジタル波形)を出力できます.出力した波形はLEDを点灯したり,ブザーを鳴らしたり,タイマとして外部の機器のON/OFFに使うことができます.個別ICの組み合わせがワンチップに格納されているとも言えます[図0-3(c)].

### いいところ④
### 内蔵発振器が備わっている

24MHzと32kHzの発振器を内蔵しており[図

| 1ST AREA |

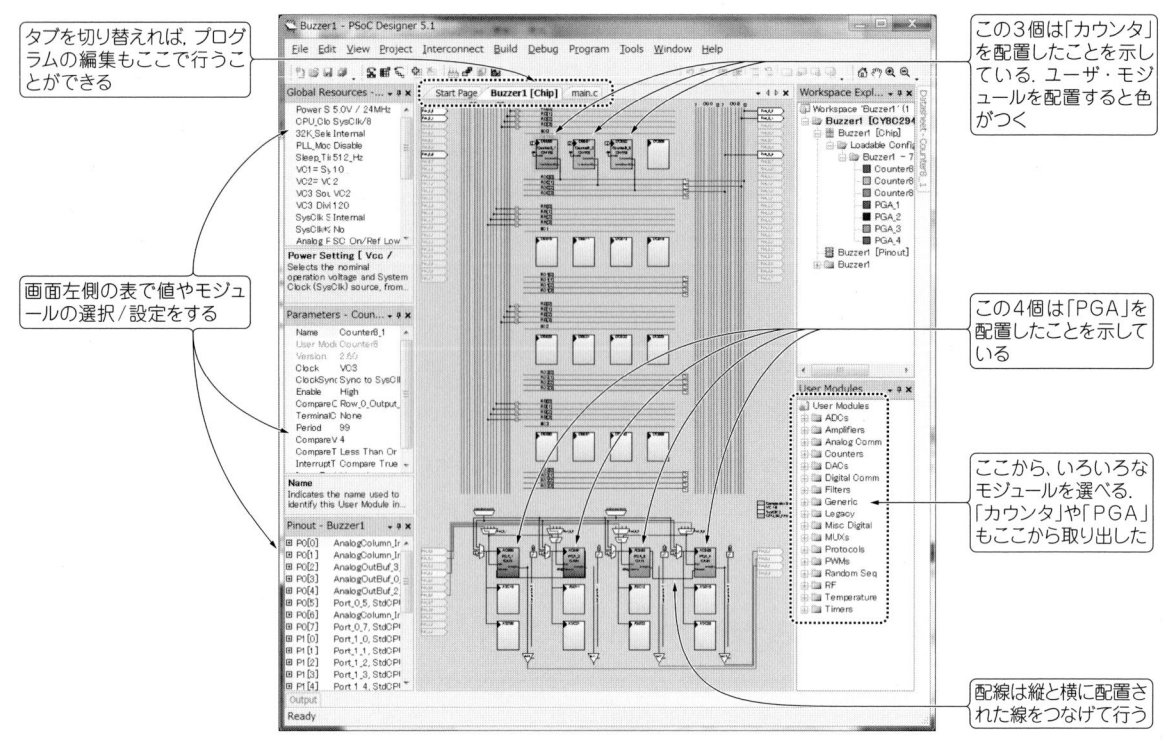

**図0-2 独自のデザイン・ソフトウェア「PSoC Designer」でブザー音をデザイン中の画面**
プログラムの深い知識がなくても大丈夫

（a）アナログ信号を直接扱える

（b）ロジック信号が簡単に出力できる

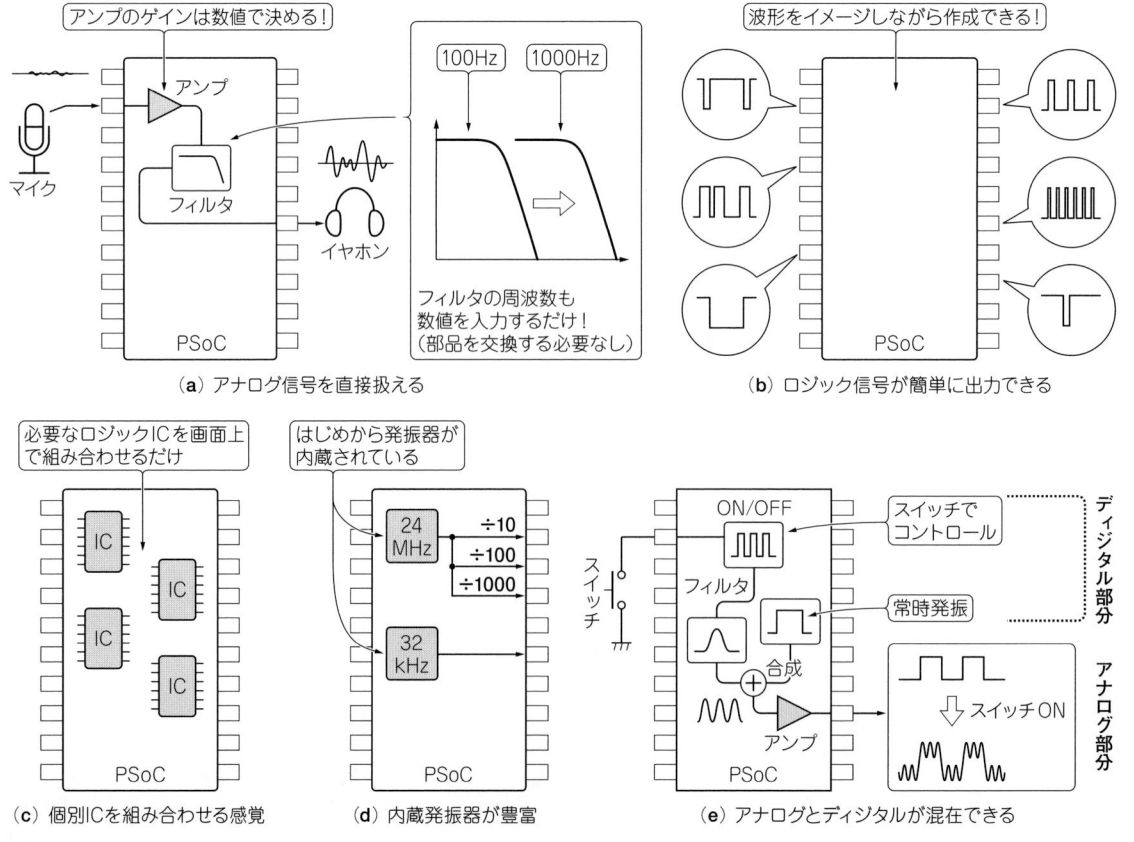

（c）個別ICを組み合わせる感覚　　（d）内蔵発振器が豊富　　（e）アナログとディジタルが混在できる

**図0-3 アナログ信号も数値を入力設定するだけ→フィルタも簡単に作れる**

0-3(d)］，分周（1/nに低くする）して使うことができるので，発振素子を外付けする必要はありません．いいところ③で紹介したロジックICの機能を使った回路を組み合わせることで，高い周波数から低い周波数のビープ音を鳴らすなど難なくできます．

### いいところ⑤
### ディジタルとアナログを混在できる

いいところ②と③で説明したように，ディジタル（ロジック）で作った信号とアナログ信号を内部で混ぜ合わせて使うことができるので，ディジタル波形にフィルタをかけてアナログ信号を作成したり，その逆のアナログ信号の強弱や周波数をディジタルでカウントしたりなどディジタル－アナログ接続回路を内部で操作できます．

「マイクから音が入ったらLEDを光らせてみたいな」や「スイッチを押したら変な音が出るとおもしろいな」などの要望に応えられる，「A-D変換」ならぬ「A⇔D入出力変換」が実現できます［図0-3(e)］．特に音の発生や加工，合成には最適なので，本書では音を使った工作が中心になりました．

### いいところ⑥
### CPUを内蔵

以上の特徴をさらにCPUで手助けすることで，多彩な動作が実現できます．冒頭で「プログラムをほとんどしなくていい」と述べましたが，条件判断や繰り返し動作，順序動作はプログラムの得意分野であり，そのための十分な容量をPSoCはもっています．

具体例をあげると「1回目のスイッチでLEDを光らせ，2回目ではブザーを鳴らし，3回目でLEDとブザーを交互に点滅，その後それを繰り返す」．こんな動作は回路で考えたら大変です．そこで，こういうときはプログラムの出番です（「使えるものは全部使おう」がPSoC方式です）．

2012年4月の時点ではC言語が無償で使えます．PSoC Designerにプログラム編集機能が自動的に組み込まれているため，別途ダウンロードしたり新たに組み込む設定などもなく初めから使えます．

## 迫力のあるブザー音をロジックICとPSoCで作って比較する

PSoCは「電子回路の集合体」です．そのことがわかるように，手始めに従来どおりのICと受動部品を組み合わせた電子回路での「電磁ブザーの音作り」をして，そのあと同じ考え方でPSoCで実験しました（図0-4）．PSoCの方法ではプログラムを組むのではなく「回路を配線」するよう

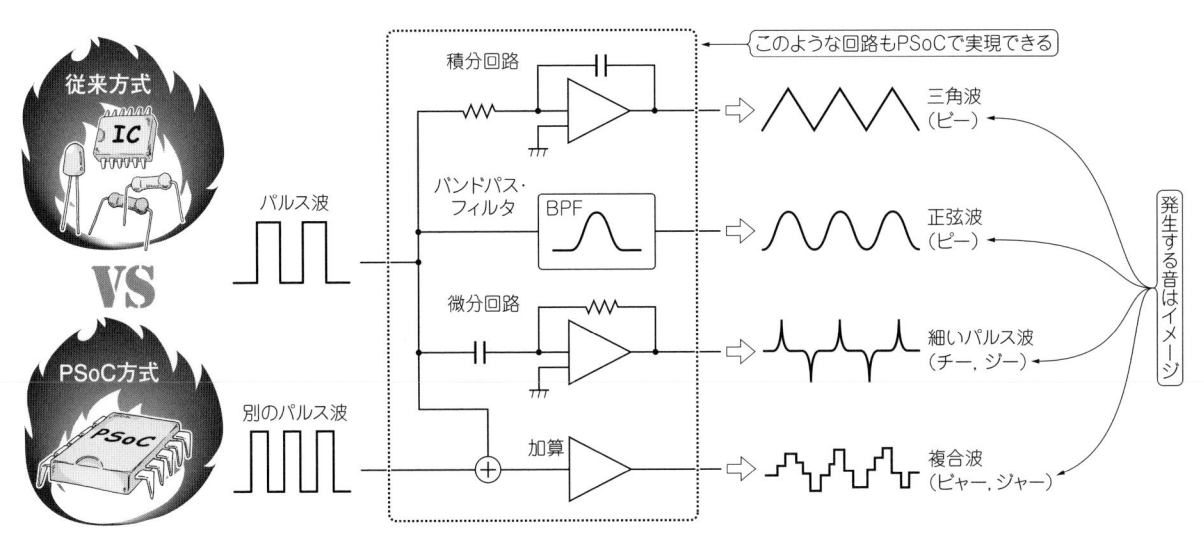

**図0-4 電子回路でどんな音がでるかな？**

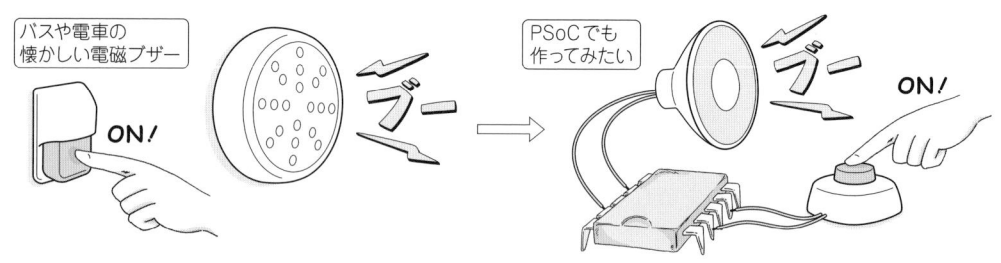

図0-5　電磁ブザーを従来の部品を組み合わせて作る方法とPSoCを使う方法で作ってみる

すがわかります．まずはご覧ください．

## 電磁ブザーの音とは

「電磁ブザー」とは電磁石の力で金属板を振動させ，「ブーッ」と低い音で鳴るもので，古くはバスや電車，家の呼び鈴に使われており，いまでも劇場の開始合図やクイズ番組でその独特の音色を聞くことができます（図0-5）．

回路でブザー音を再現するため，本物の電磁ブザー音の波形を採取してみました．採取した波形は2種類の違うブザーの音（図0-6）ですが，どちらもベースとなる音は約100Hzです．

まず，ブザー波形①を作ってみることにします．

### 従来方式
### 物理的にロジックICを組み合わせた回路

ロジックICは本来ディジタル回路向けですが，電子工作ではよく使われており，美しい音を出す市販の電子キットが，実はロジックICの塊だったりします．ここではカウンタICを使いました（写真0-1）．

このICは，一つのパルス入力（クロック）から何種類もの低い周波数の信号を取り出すことができます．その割合を変えて合成（ミキシング）することにしました．

●波形をイメージする

図0-7のような波形Ⓐと波形Ⓑが組み合わせになっていると想像しました．そこで，ヒゲ状波形を作るため「RCO」出力にコンデンサを入れて，

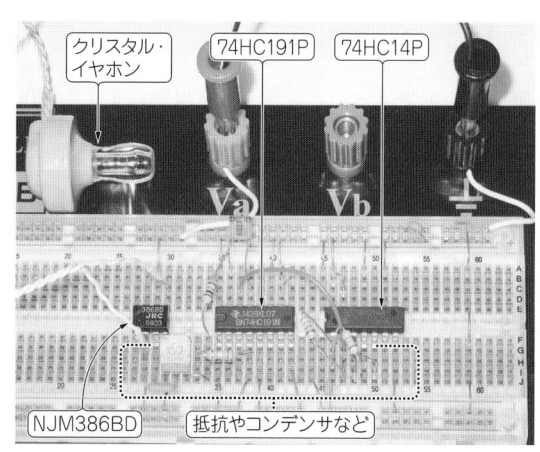

写真0-1　カウンタICや抵抗などの部品を組み合わせて従来方式の実験とした

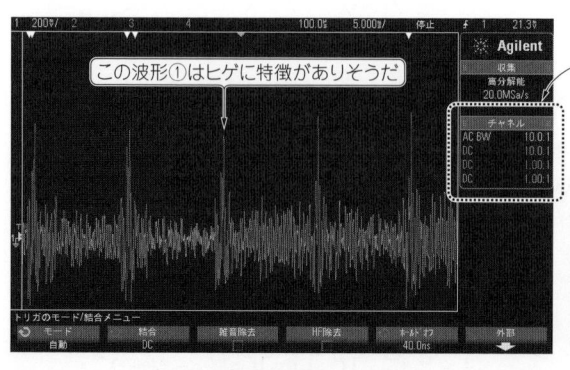

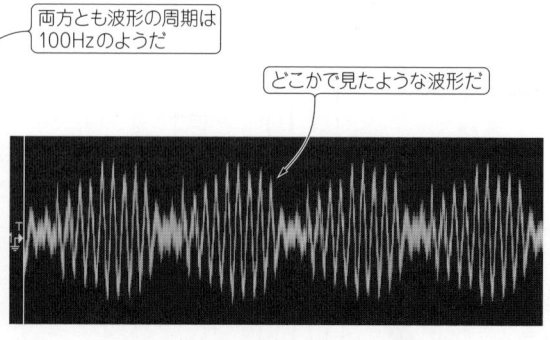

（a）ヒゲが特徴的なブザー波形①　　（b）串だんごのようなブザー波形②

図0-6　同じ「ブー」でも波形の違う2種類のブザー音

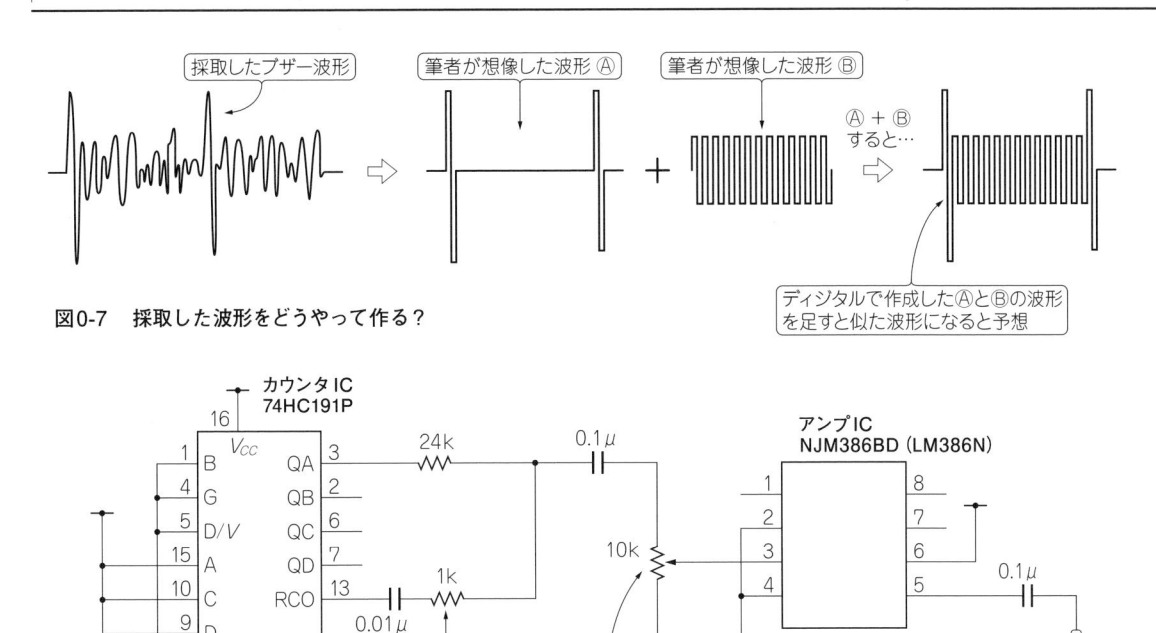

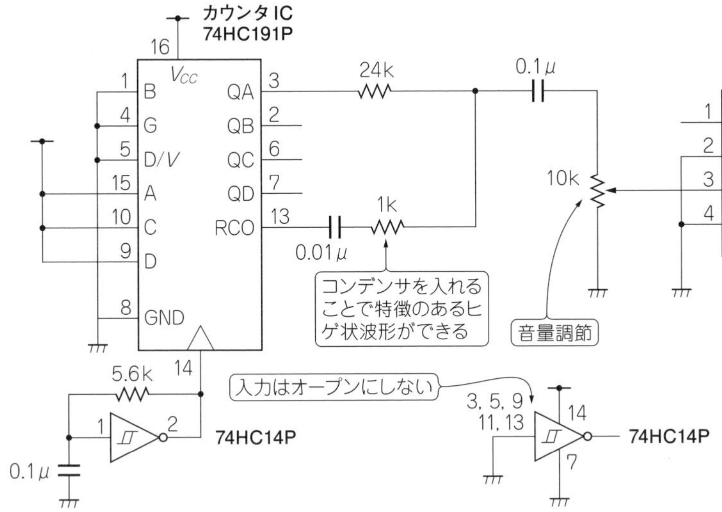

第0章 INTRODUCTION　PSoCはなにができる？

図0-7　採取した波形をどうやって作る？

図0-8　ロジックIC（カウンタIC）などを用いた従来方式のブザー回路図

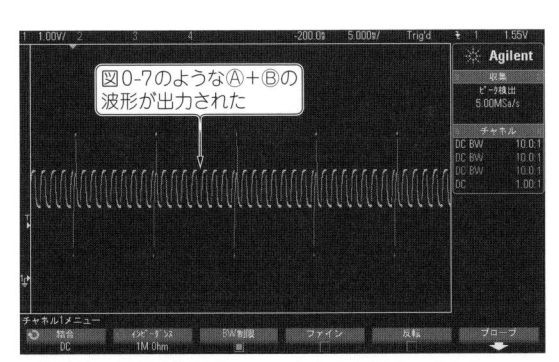

図0-9　ロジックIC（カウンタIC）などを用いて作った回路で出力したブザーの波形

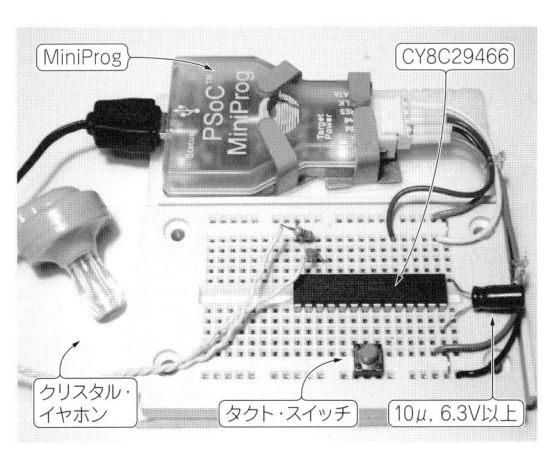

写真0-2　従来方式よりシンプルに見えるPSoC方式の実験中のようす

少し工夫をしています（図0-8）．結果，そっくりな上下のヒゲができました（図0-9）．ヒゲの間は本物より粗いですが，「音」はそれなりに迫力ある"うるさい感"が出ています．

### PSoC方式
### ソフトで回路ブロックを組み合わせた回路

次に従来方式と同じ手順を踏んで，PSoCでブザー音を作りました．内部で配線するので見た目はひじょうにシンプルです（写真0-2）．

● 回路のブロックを組み合わせる

PSoCは内部で回路のブロック（ユーザ・モジュールと呼ぶ）を組み合わせて作っていきます．今回はカウンタ（Counter）というユーザ・モジ

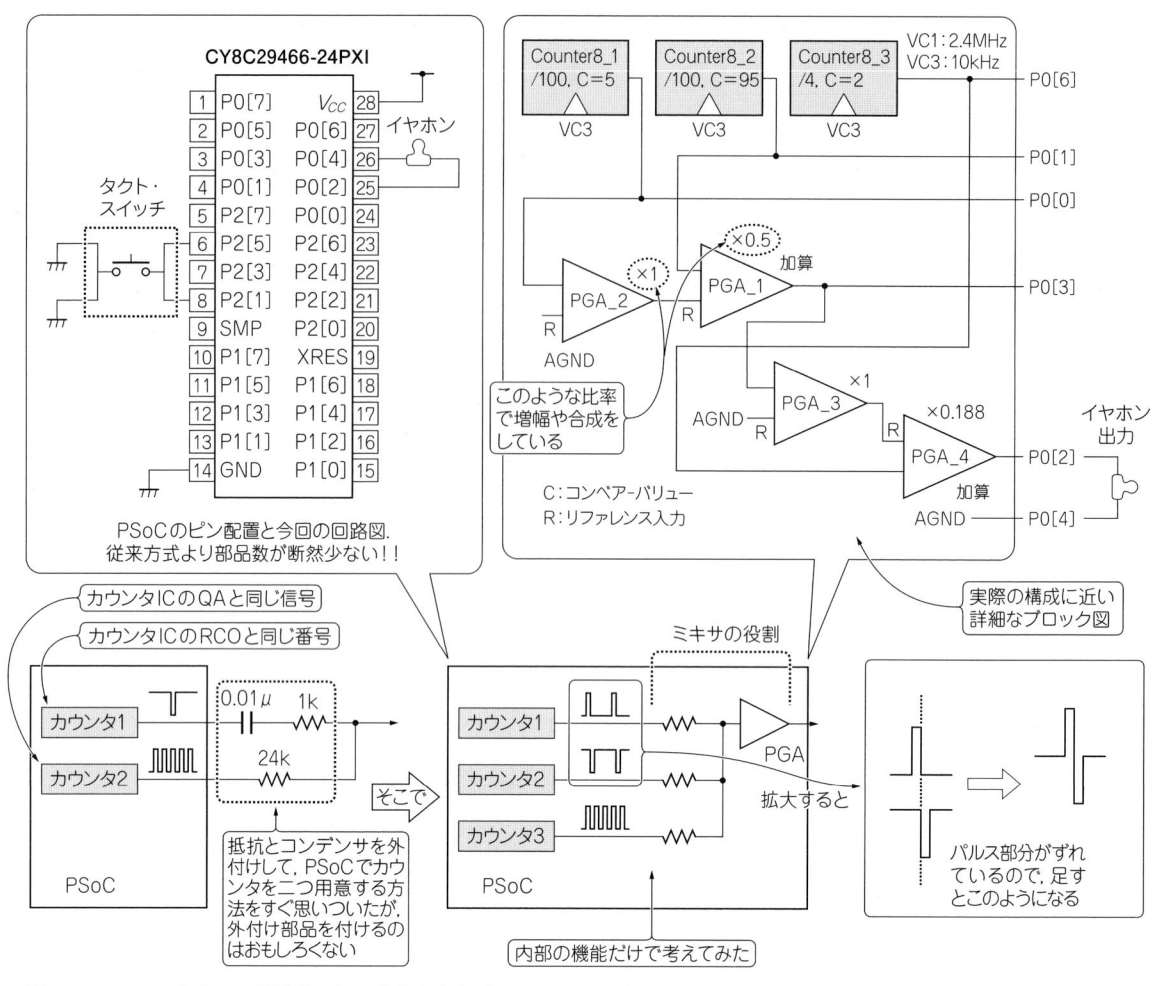

**図0-10** PSoCを使って波形Ⓐ＋Ⓑの作成を行うブロック図と回路図

ュールを使いました（**図0-10**）．ロジックICのカウンタと同じ名前ですが，中身は違います．QAやQBに相当する出力は一つしかないので，必要な個数を配置して使います．周波数や波形の比率（上と下のパルス幅の比）は自由に設定できます．

ロジックICを使った従来方式を経験したので，抵抗やコンデンサを外付けして，PSoCでカウンタを二つ配置する方法を思いついたのですが，抵抗とコンデンサを外付けするのはおもしろくありません．

PSoCは音の合成に応用できるアナログ系のユーザ・モジュールを持っているので，外付け部品のいらない方法にしました（**図0-10**）．

抵抗で合成したロジックIC方式のブザーとは違い，「PGA」（プログラマブル・ゲイン・アンプ）というユーザ・モジュールを使い，「×1，×0.5…」

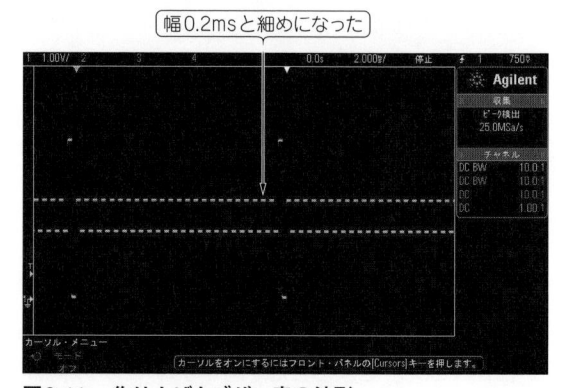

**図0-11** 作り上げたブザー音の波形

の比率で増幅や合成をしています．PGAの中に抵抗が内蔵されているので，結果的には同じ「抵抗値による合成」になります（詳細は後の章で解説）．

作り上げた波形は，**図0-11**のようになりました．

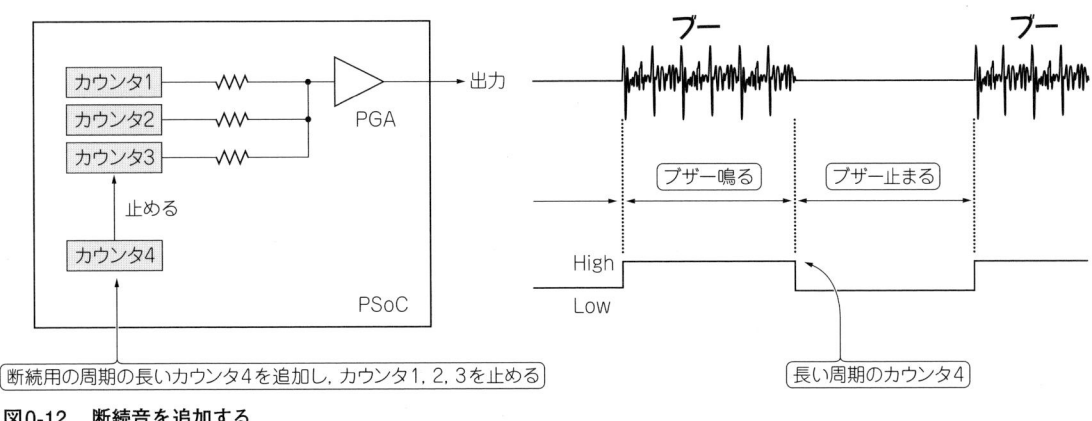

**図0-12 断続音を追加する**

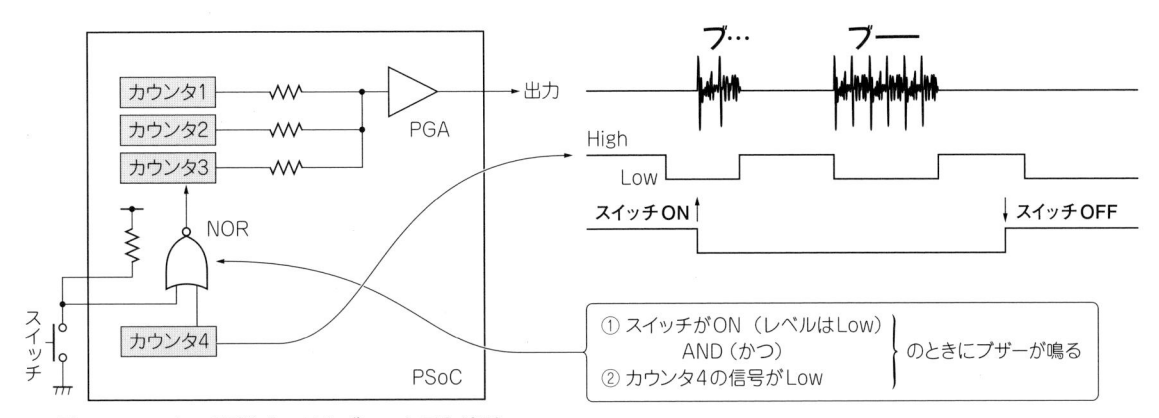

(ブロック図内: カウンタ1, カウンタ2, カウンタ3 → PGA → 出力; カウンタ4が止める; 断続用の周期の長いカウンタ4を追加し, カウンタ1, 2, 3を止める / 長い周期のカウンタ4 / ブザー鳴る / ブザー止まる)

**図0-13 スイッチ回路をつけたブロック図と波形**

① スイッチがON（レベルはLow）
　AND（かつ）
② カウンタ4の信号がLow
のときにブザーが鳴る

特徴のある「ヒゲ」は幅0.2ms（10000分の2秒）という細いものができました．

●**プログラムはほぼ使わない**

ここまでの動作ではプログラムはほとんど使っていません（スタートだけはプログラムで行う．後の章で説明）．動作は内部の接続だけで済んでおり，スタートするだけでユーザ・モジュールが勝手に動作します．これがPSoCが「電子回路の集合体」というゆえんです．イヤホン程度であればPSoCから直接駆動できるので，部品の差し替えも必要ありません．「波形」作りは完了です．

●**ユーザ・モジュールの配置**

ユーザ・モジュールの配置や配線は図0-2で紹介したPSoC Designerを使っています．左側の表の部分で数値の設定やユーザ・モジュールの選択をしています．誌面ではわかりませんが，色が付いた四角形が「ユーザ・モジュール」を配置した状態です．色が付いていない薄いグレーの四角形は，まだ空いている状態です．

●**ブロックどうしをつなげて機能を追加**

まず警報音のように音を断続させてみます．ゆっくり動くカウンタ4をもう一つ加えて，カウンタ1～3を止めてしまおうという計画です（図0-12）．

次にスイッチでON/OFFする機能を追加しました．スイッチ入力を信号として扱い，内部の配線を利用する例です（図0-13）．「なんか論理回路を使ってるな～」という気分になれる作業です．

最後にエコーをかけて「ブーッ・ブーッ」と臨場感を出してみました．エコーは反射して戻ってくる音を合成するとできるので，音を記憶しておいて少し遅らせて合成します（図0-14）．

ここで初めてプログラムの力を借りました．小さくしながら音を遅らせて足していきます．いま

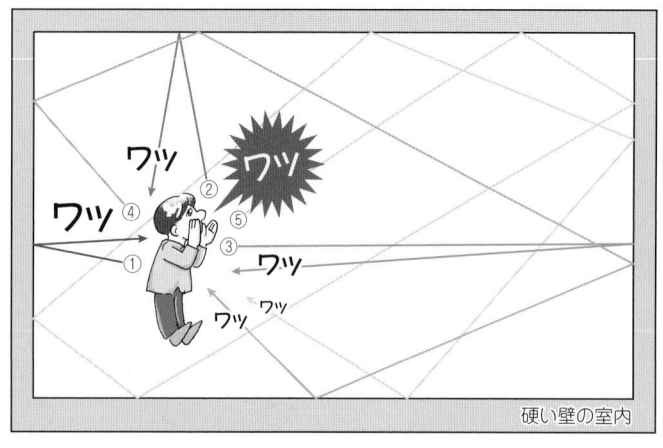

図0-14　エコーの仕組み

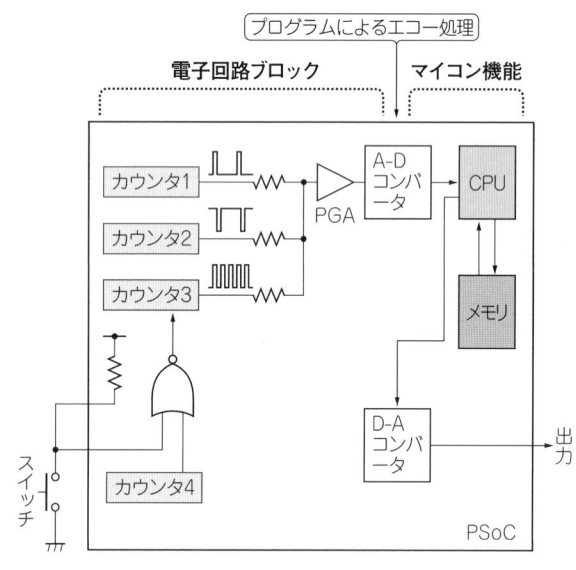

図0-15　エコーをつけたブロック図

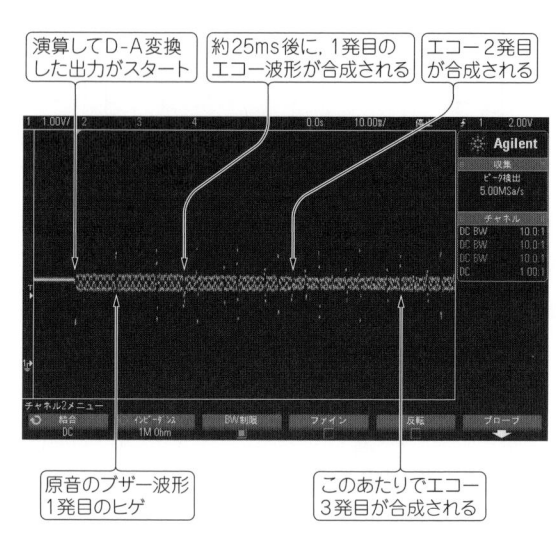

図0-16　ブザー音にエコーがかかり始めた波形

まで作り上げた波形をA-D変換してデータ化し，プログラムでメモリに蓄積して加算し，演算結果をD-A（ディジタル-アナログ）変換して出力しています．ユーザ・モジュールで構成する「電子回路のブロック」と「マイコン機能」がPSoCの内部で実現していることになります（**図0-15**）．「A-D/D-Aコンバータ」もユーザ・モジュールで構成しました．

**図0-16**はエコーがかかり始めた波形です．D-Aコンバータの断続的な波形なので階段状の部分が見られますが，反射した音として遅れた波形が加算されている感じがよくわかります．

ICの中で発生させた音を自分でA-D変換し，プログラムで加工してまたD-A変換で出力する…，こんな使い方ができます．

このように，PSoCはチップの中でさまざまな機能を簡単に組み替えることができる，おもしろいICなのです．

# 第1章 魅力的なPSoC

## マイコンではないシステム・オン・チップの特徴
# 魅力的なPSoC

PSoCはマイコンではなく，プログラマブル・システム・オン・チップです．開発環境PSoC Designerは，ビジュアルでブロックに機能をドラッグ＆ドロップしてPSoCの中を構成します．プログラムもほぼ使いません．そんなPSoCの種類や開発環境の詳細などを解説します．

## 1-1 PSoCって何？

　PSoCとは「Programmable System on Chip」（プログラマブル・システム・オン・チップ）の頭文字をつなげたもので，「ピーソック」と呼びます（**写真1-1**）．直訳すると「書き換え可能なシステムが載ったチップ」とでもなりましょうか．ユーザ（使用する人）が自由に変形（組み換え）できるアナログ系・ディジタル系の回路で構成した小さなシステムが，ワンチップICにたくさん載っているようなイメージです．この小さなシステムのことを「ユーザ・モジュール」と呼び，パソコン画面上で自由に組み合わせて自分の思いどおりのICを作り出すことができます．CPUやメモリも内蔵されています．いわば「マイコン機能付きオリジナル・カスタムIC」を作れるのです．

　一見普通のマイコンに見えるのですが，実はアナログ回路が入っていて，それも自在に扱うことができるという特徴が注目されています．つまりアナログの部品がPSoCに入っていると考えることができます．同様にディジタル部分も自由にカスタムできることも特徴です．アナログとディジタルをミックスできるのです．そして，それをマイコンのファームウェア（プログラム）がちょこっとあれば駆動してしまうので，不思議なICだと思います．

## 1-2 マイコンとは違う？

　「マイコン」とは「マイクロコンピュータ」や「マイクロコントローラ」の略称で，CPUを使って制御するICのことをいいます．PSoCは前述のように「マイコン機能付きIC」です．

　このようなややこしい呼び方をする理由は，このICがCPUやプログラムを中心に使うのではなく，ユーザ・モジュールという電子回路どうしを組み合わせて使うからです．CPUの役割はユーザ・モジュールを「スタートする」，「止める」といった補助的な役割から始まるため，「同じ線上にある一つの機能」という見方ができます．PSoCは「マイコン」ではなく「システム・オン・チップ」なのです（**図1-1**）．

　これは使い始めるとよくわかります．まず内部の回路配線をデザイン（開発環境でユーザ・モジュールを組み合わせることを言う）して構成や機能を決めてから，プログラムを書くからです（**図1-2**）．

**写真1-1** 電子工作をするときに使いやすいDIP型のPSoCのラインナップ

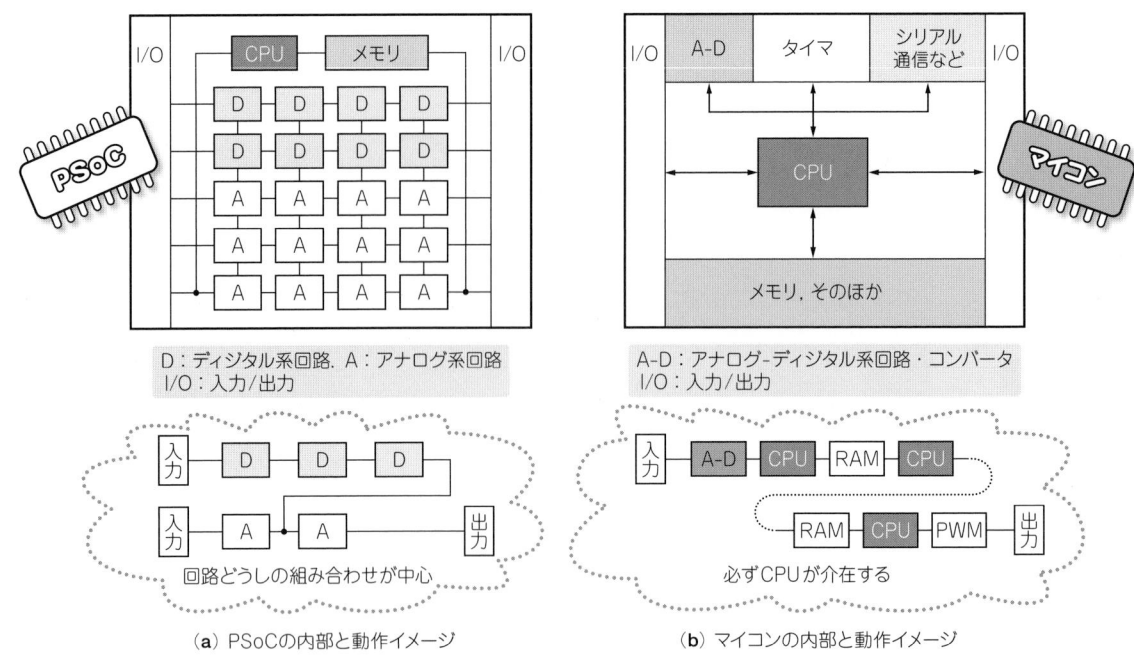

**図1-1** マイコン機能付きオリジナル・カスタムICであるPSoCとマイコンの違いはCPUを使うか選択できるところが大きい

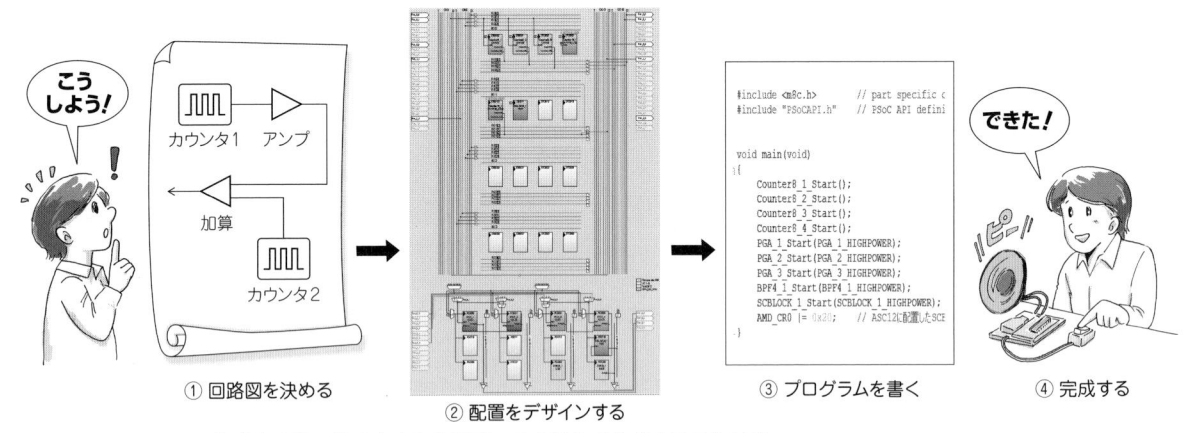

(a) PSoCの内部と動作イメージ
(b) マイコンの内部と動作イメージ

**図1-2** PSoCで作成する①～④の大まかな順序．この流れで作成することが多い

① 回路図を決める
② 配置をデザインする
③ プログラムを書く
④ 完成する

● あなたは何寄り？

　PSoCは，マイコンが得意な人にはマイコン寄り，回路の組み合わせが得意な人には電子回路寄りのどちらのやり方でも構成できる性質を持ちます．筆者も最初はかなりマイコン寄りでしたが，使っていくうちに，配線やユーザ・モジュールの組み合わせがおもしろくなり，「"同じ機能が取れるなら，プログラムは簡単にしたい"寄り」になってきました．

　また，ユーザ・モジュールの組み合わせをワンチップ・マイコンと同じ構成にすると，「PSoCで作ったマイコン」となります（**図1-3**）．マイコンではないと言っておきながら，マイコンに変身することもできます．

　PSoCのDIP型の中で最高峰であるCY8C29466-24PXI（2012年4月現在）には，32KバイトのフラッシュROMと2KバイトのRAMが備わっており，小規模なシステムからディープなプログラム制御まで，このIC一つでできるのです．

　第8章の製作例（pp.136～139）の一つにカウンタだけを16個も配置したオブジェ「16個LEDオブジェ」を作ってみました．カウンタの数は多いですが，中身はとっても簡単です（**図1-4**）．

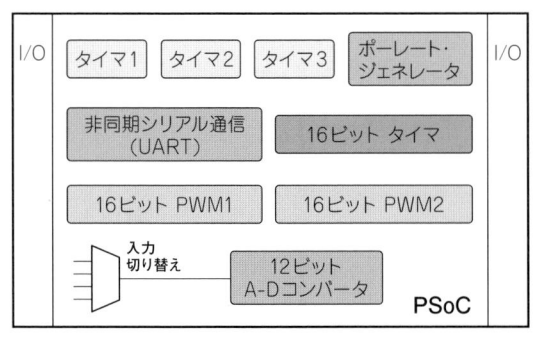

第1章　魅力的なPSoC

**図1-3**　PSoCの中身をワンチップ・マイコンと同じ構成のようにユーザ・モジュールを配置した

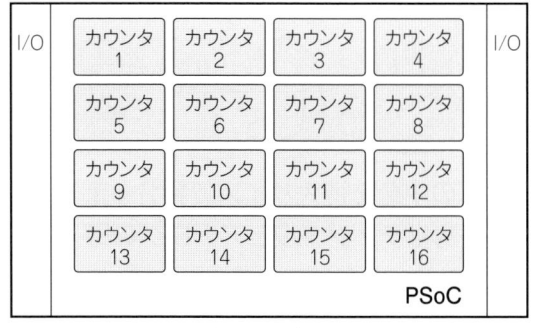

**図1-4**　PSoCではカウンタ16個もできる！

## 1-3　PSoCって難しいの？

　実はPSoCの内部はかなり複雑で，理解しようと初めからデータシートを眺めても頭が痛くなってきます．しかし，心配することはありません．パソコンで動くビジュアルな開発環境のデザイン・ソフトウェア「PSoC Designer」が用意されています．簡単な応用ならユーザ・モジュールを開発環境上（パソコン画面）にマウスでドラッグ＆ドロップをして配置し，必要な数値を設定するだけで完成する使用例も多いのです（**図1-5**）．

　筆者も初めは本当に簡単なものから始め，使いながら慣れてきました．慣れてくると，細かい

**図1-5**
コーヒー片手にマウスで配置だってできる！

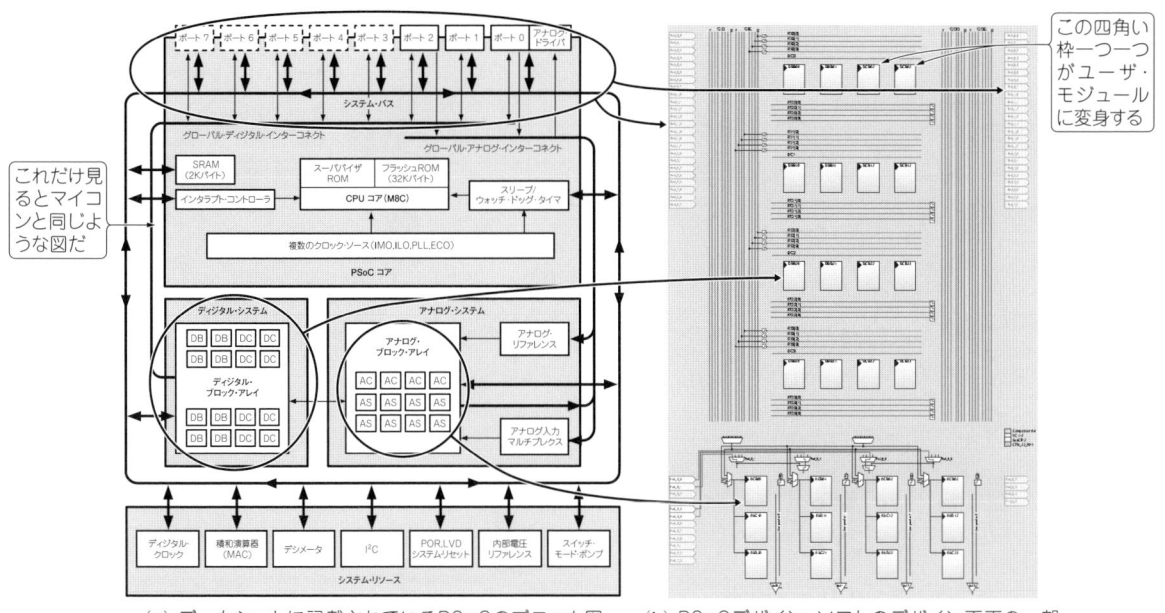

ところをいじりたくなり，そこで初めてデータシートを真剣に見るようになりました（**図1-6**）．実物で慣れて，データシートが判読できるようになったとは，普通のICとは逆ですね．

（a）データシートに記載されているPSoCのブロック図　　（b）PSoCデザイン・ソフトのデザイン画面の一部

**図1-6**　データシートのブロック図と実際のデザイン画面の連携

# PSoC王国

PSoCの中身を特大サイズで紹介します．中身はディジタルとアナログの領域があります．各ブロックにユーザ・モジュールを割り当てることによって，機能が使えるようになります．CPUは使わないこともできます．

## PSoCの住人たち

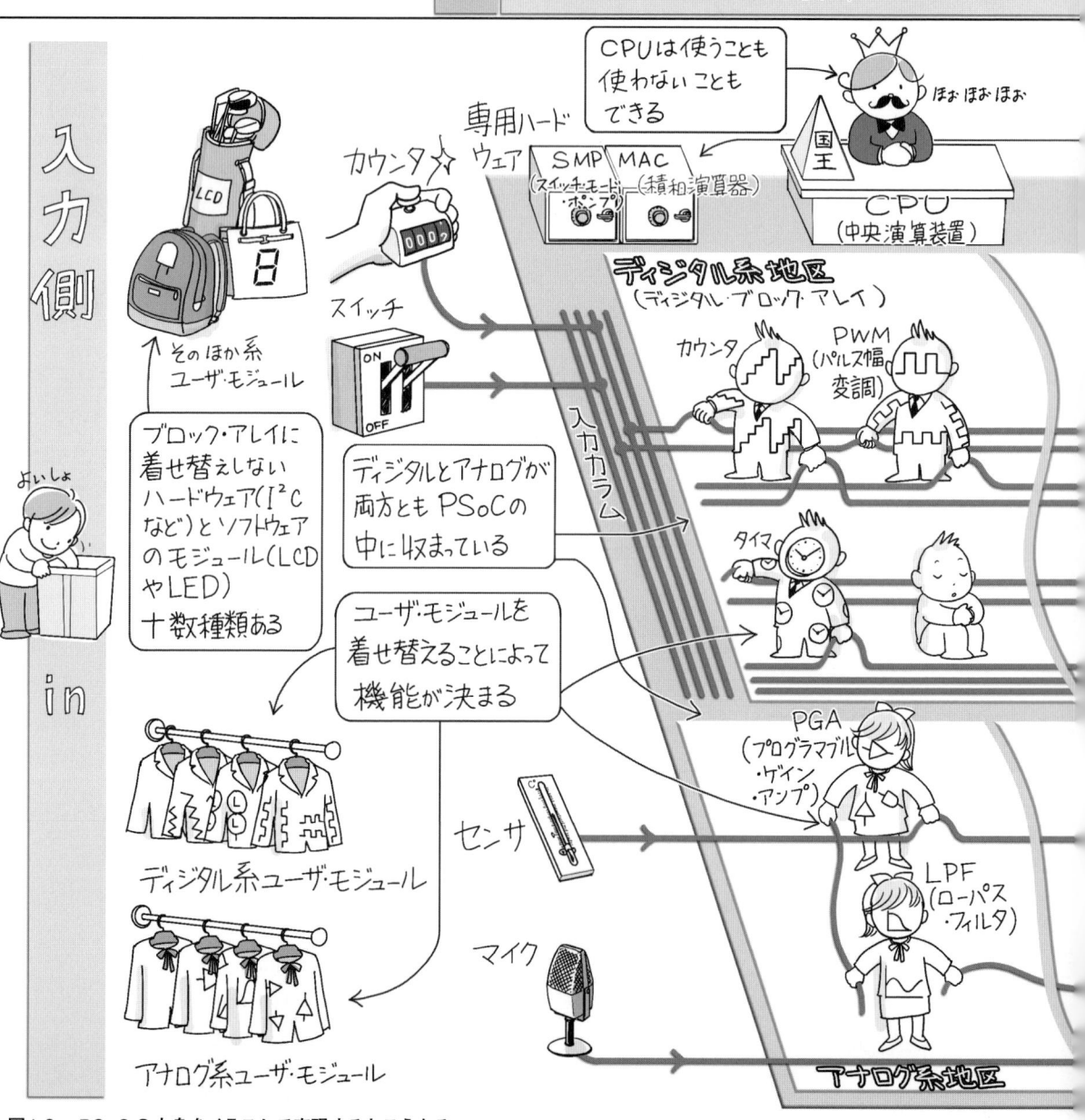

**CPU**
ユーザ・モジュールの補助的な役割をはたす一つの機能

**空きディジタル・ブロック・アレイ**
まだ機能をもっていない
組み換え可能な回路の集合体

**空きアナログ・ブロック・アレイ**
まだ機能をもっていない
組み換え可能な回路の集合体

## 機能

スイッチ　カウンタ　センサ　マイク

図1-8　PSoCの中身をイラストで表現するとこうなる

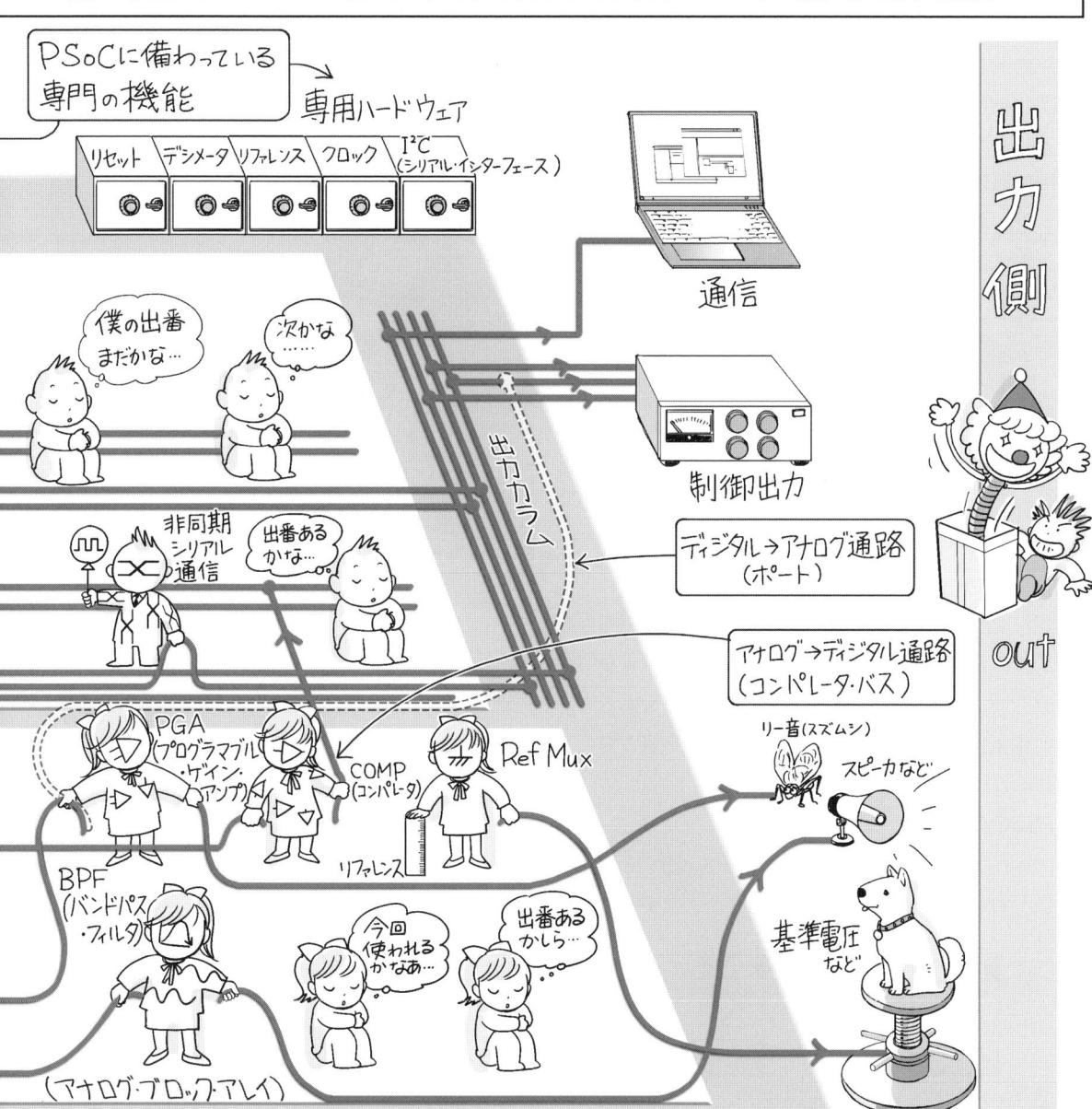

第1章　魅力的なPSoC

**ユーザ・モジュール**
アナログ系・ディジタル系の回路で構成した小さなシステム

**① 機能を選んで配置**
自分の使いたい機能（ユーザ・モジュール）を選んで，空いているブロックにドラッグ&ドロップをする

**② 完成！**
ユーザ・モジュールができる．これらを組み合わせて自分の思いどおりのICを作る

▶DBB00
PWM 16_1

▶ACB00
PGA_2

1ST AREA・新しいPSoCの世界

PSoCに備わっている専門の機能 → 専用ハードウェア

リセット　デシメータ　リファレンス　クロック　I²C（シリアル・インターフェース）

通信

制御出力

出力カラム

ディジタル→アナログ通路（ポート）

アナログ→ディジタル通路（コンパレータ・バス）

出力側

僕の出番まだかな…　次かな……

非同期シリアル通信　出番あるかな…

PGA（プログラマブル・ゲイン・アンプ）　COMP（コンパレータ）　Ref Mux　リファレンス

BPF（バンドパス・フィルタ）

今回使われるかなあ…　出番あるから…

（アナログ・ブロック・アレイ）

リー音（スズムシ）　スピーカなど

基準電圧など

out

## 1-4 いろんな種類の「ユーザ・モジュール」

ユーザ・モジュールの説明をします（**図1-7**）．**図1-8**（前ページの見開き図）をご覧ください．まだ「ユーザ・モジュール」という服（機能）を着ていない人をブロック・アレイに例えてあります．このブロック・アレイに服を着せると，初めてその機能を実現できます．まるで人形の「着せ替え」のようです．

この機能の種類の中にはディジタル信号を出力できるものや，アンプやフィルタがあり，使う人は「ユーザ・モジュール」の配置と配線を行い，必要に応じてマイコンのプログラムを足しながらオリジナルICを作成します．

学研の電子ブロック（**写真1-2**）のように，ブロックを組み合わせて電子回路の機能を組み上げるような感覚です．デザイン・ソフトウェアのオープニング画面（**図1-9**）がこのことを物語っています．

**写真1-2　学研の電子ブロックEX-150の外観**

**図1-9　電子ブロックのような魅力的なPSoCのオープニング画面**

## 1-5 種類と書き込み器

### ●DIP型のメリット

このPSoCには個人で電子工作をするときに扱いやすいDIP型があります（p.17の**写真1-1**）．ブレッドボードという，電子部品を差し込むだけで電気的に接続できる基板のようなものを使えば，はんだ付けなしでいろいろな電子工作の実験が楽しめます（表面実装タイプのチップ型もあるが，基板にはんだ付けするのが困難なので個人でいじるのはDIP型がオススメ）．

### ●PSoCの種類

PSoCの種類はPSoC1，PSoC3，PSoC5の3種類に分けられます（2012年4月現在）．大まかに何が違うのかというと，使っているCPUの種類が違います．

一番初めに作られたPSoCは「PSoC1」と呼ばれます[注1]．PSoC3やPSoC5には，いまのところDIP型がありません．PSoCを始めるにあたって，まずはいちばん普及していると言ってもよいPSoC1で遊んでみましょう．

何度も述べましたが，PSoCはまるでブロックを組み合わせるような楽しみ方で電子工作ができます．従来の電子回路は抵抗やコンデンサを取り替えながら実験したものです（**図1-10**）．むずかしいイメージがあるアナログ信号の処理もデザイ

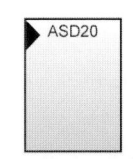

（a）アナログ・ブロック・アレイ　　（b）ディジタル・ブロック・アレイ

**図1-7　ユーザ・モジュールの外観**

（注1）：本書ではPSoC1のことを「PSoC」と表記しています

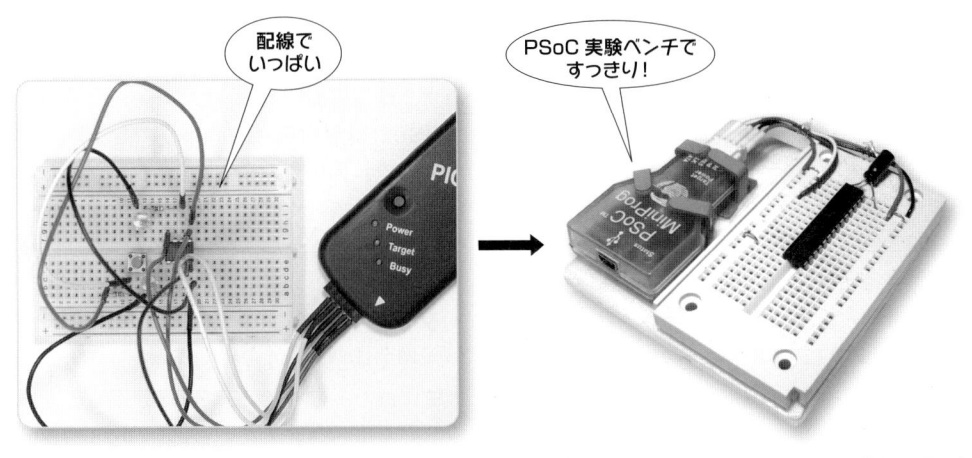

**図1-10** マイコンにつなげる抵抗やコンデンサや配線でいっぱいだった従来の方式がPSoCを使うと電子部品がいらないのでスッキリする

（配線でいっぱい）→（PSoC実験ベンチですっきり！）

ン・ソフトウェアで信号波形をイメージしながら作ることができ，その設定は部品の交換ではなく，数値を決めることで行います．

また，アナログが得意で交流信号が扱いやすいため，音の工作にはぴったりです．

デザインした動作プログラムは専用書き込み器「MiniProg」（ミニプログと呼ぶ，**写真1-3**）を使ってPSoC内部に転送します．何度でも書き換え可能です．書き込み器は小型で配線も少なく場所を取りません．

本書では実験のたびに書き込み器をつなげ直さなくていいように，筆者の考えた実験ベンチを組む方法を紹介しながら工作を進めています（第3章で解説）．

（PSoC1，PSoC3，PSoC5用のMiniProg3）（PSoC1用のMiniProg1）

**写真1-3** PSoCの専用書き込み器Miniprog（ミニプログ）

## COLUMN 1-Ⓐ PSoCマスターへの近道

### ◆うまく動作しないときは

初めからブロック数いっぱいの回路に挑戦すると，すぐに行き詰まってしまいます．マニュアルとにらめっこし，使い慣れて配線がイメージできてから，少しずつ拡大していくのがPSoCマスターへの近道です．

うまく動作しない原因の多くは，グローバル・リソースの間違いや，スタート命令を書き忘れるといったケアレス・ミスです．そのほかの原因が考えられるときは，次の2通りがあると考えられます．

①「PSoCデザイナー」のバージョンやPSoCの種類でユーザ・モジュールが変わることがある

例えば，28ピンDIP型のCY8C27443で使える「DELSIG8」は，同じく28ピンDIP型のCY8C29466にはなく，似た名前の「DelSig」を使います（「DELSIG8」は使えないことはないが「Legacy」というカテゴリに変更されている）．クローン（複製）の場合はそのまま「DELSIG8」に引き継がれるので確認が必要です．

本書の付属CD-ROMに入っている各プロジェク

トは，デザイナ・ソフトウェア「PSoC Designer」のバージョンは「5.1 SP2.1」です．今後バージョンアップされたPSoC Designerで読み出すときは，出力されるメッセージをよく確認してください．

②**不要な配線やユーザ・モジュールが残っている**

配線変更やユーザ・モジュールの配置換えを繰り返すと，不要な配線やユーザ・モジュールなどがたまり，挙動がおかしくなることがあります．配置換えは作成中には仕方のないものです．「何かおかしいな？」と思ったら，新規プロジェクトからやり直してみるのもよいと思います．案外やり直しの過程でほかのミスにも気が付いたりします．

◆ **究極の最終型「PSoC化」**

「あらゆる外付け部品を省き，最小の構成で最大の機能をPSoCだけで実現する」．このこだわりが「PSoC化」という甘美の響きを表しています．

最初に最小の構成をイメージするのは大切ですが，あと一歩で詰めができず，最初からやり直し…なんてことにならないために，余裕を持った設計からはじめましょう．

PSoCは受動部品をカバーできるほど万能ではないので，入出力のRCフィルタはケチらないで使いましょう．そして，完成した回路に余裕があるなら図1-Aのようなダウン・サイジングに挑戦してみましょう．

◆ **ダウン・サイジング**

本書では説明や製作において，DIP型の中で最上位にあたるCY8C29466を使用しています．完成したらローコストなCY8C27443や8ピンの型番にダウン・サイジングを検討してみましょう．コスト以外でも消費電流など有利な面があります．特に28ピンから8ピンに落とせたときは格別の喜びです．

シリーズが異なると，内部構造や特性が違う部分があり，その違いにも慣れたうえで，「PSoC化」と「ダウン・サイジング」を楽しみましょう！

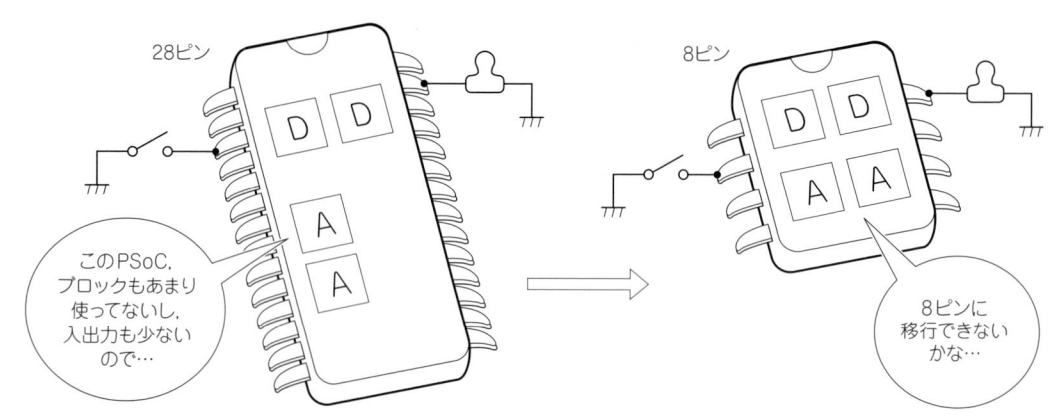

**図1-A ダウン・サイジングを楽しもう**

**表1-A DIP型のPSoC一覧**

| DIP型の型番 | フラッシュ (kbyte) | RAM (byte) | スイッチ・モードポンプ (SMP) | ディジタル I/Oピン | アナログ 入力 | アナログ 出力 | ピン数 |
|---|---|---|---|---|---|---|---|
| CY8C24123A-24PXI | 4 | 256 | 0 | 6 | 4 | 2 | 8 |
| CY8C24223A-24PXI | 4 | 256 | 1 | 16 | 8 | 2 | 20 |
| CY8C24423A-24PXI | 4 | 256 | 1 | 24 | 8 | 2 | 28 |
| CY8C27143-24PXI | 16 | 256 | 0 | 6 | 4 | 4 | 8 |
| CY8C27443-24PXI | 16 | 256 | 1 | 24 | 4 | 4 | 28 |
| CY8C29466-24PXI | 32 | 2048 | 1 | 24 | 8 | 4 | 28 |

# 第2章 PSoCの中身を攻略する

アナログとディジタルの顔をもつユーザ・モジュールの正体を知る

ユーザ・モジュールと呼ばれる，あらかじめ用意されているさまざまな機能を，ブロック・アレイという電子回路に配置して自分の必要な機能だけを設定します．このユーザ・モジュールの使い方と，本書の中でひんぱんに登場する一例を簡単に紹介します．

## 2-1 ユーザ・モジュールは組み換えできる電子回路

pp.20～21の図1-8では「ユーザ・モジュール」を，着せ替える服として説明しました．着せられる側を「ブロック・アレイ」と呼んでいます．

ブロック・アレイの中身は，さまざまな種類の電子回路に組み換え可能な回路の集合体です．これをパズルのように組み合わせて目的の動作をさせます．その動作が書いてある「設計図」がユーザ・モジュールの正体です（図2-1）．

PSoC Designerにはディジタル/アナログ合わせて80種類ものユーザ・モジュールが用意されており，必要な種数を配置して回路を作り上げるのです．ユーザはこれをPSoC Designerで配置して，いくつかの設定値を決めていく作業を行えば自分だけのICを作れます．

## 2-2 ユーザ・モジュールの種類と配置場所

詳しい配置のやり方は第5章以降で紹介します．図2-2はPSoC Designerのメイン画面とユーザ・モジュールを配置した例です．

ブロック・アレイにはディジタル系とアナログ系が存在し，ディジタルは2種類，アナログは3種類があります（図2-3）．カウンタやPWMなどのディジタル・ユーザ・モジュールは，ディジタル・ブロック・アレイのどの位置にも配置できますが（SPIやUARTなどの通信系は，右側のDCブロック・アレイのみ），アナログ系ユーザ・モジュールは位置の制約があり，どの場所にも希望のユーザ・モジュールを配置できるというわけではありません．第4章以降で詳しく解説するので，少しずつ実例とともに慣れていきましょう．練習用のプロジェクトを作り，「置いてみてだめならほかの場所」方式でやり方を習得する方法も一つの手段です．

ユーザ・モジュールを配置した後は，配線を行います．図2-2のように，ユーザ・モジュールの周りを縦と横に引かれている線が囲んでいます．この線にユーザ・モジュールを接続してI/Oポートに信号を出力したり，ほかのモジュールに入力して回路を接続したりします．

## 2-3 本書でよく使うユーザ・モジュールの例

実際の数値の設定などは，第5章以降で実例とともに設定のリストを掲載します．ここではよく使うユーザ・モジュールの一例を少しだけ紹介します．

### ●ディジタル系

『Counter8』（カウンタ8）

8ビット幅のダウン・カウンタで，最大255から0まで－1ずつカウントしていく内部カウンタをもっています．幅の違う連続パルス（PWM波とも呼ぶ）の作成や，内蔵クロックを分周して任意のクロックを作るのに用います．

## 1ST AREA

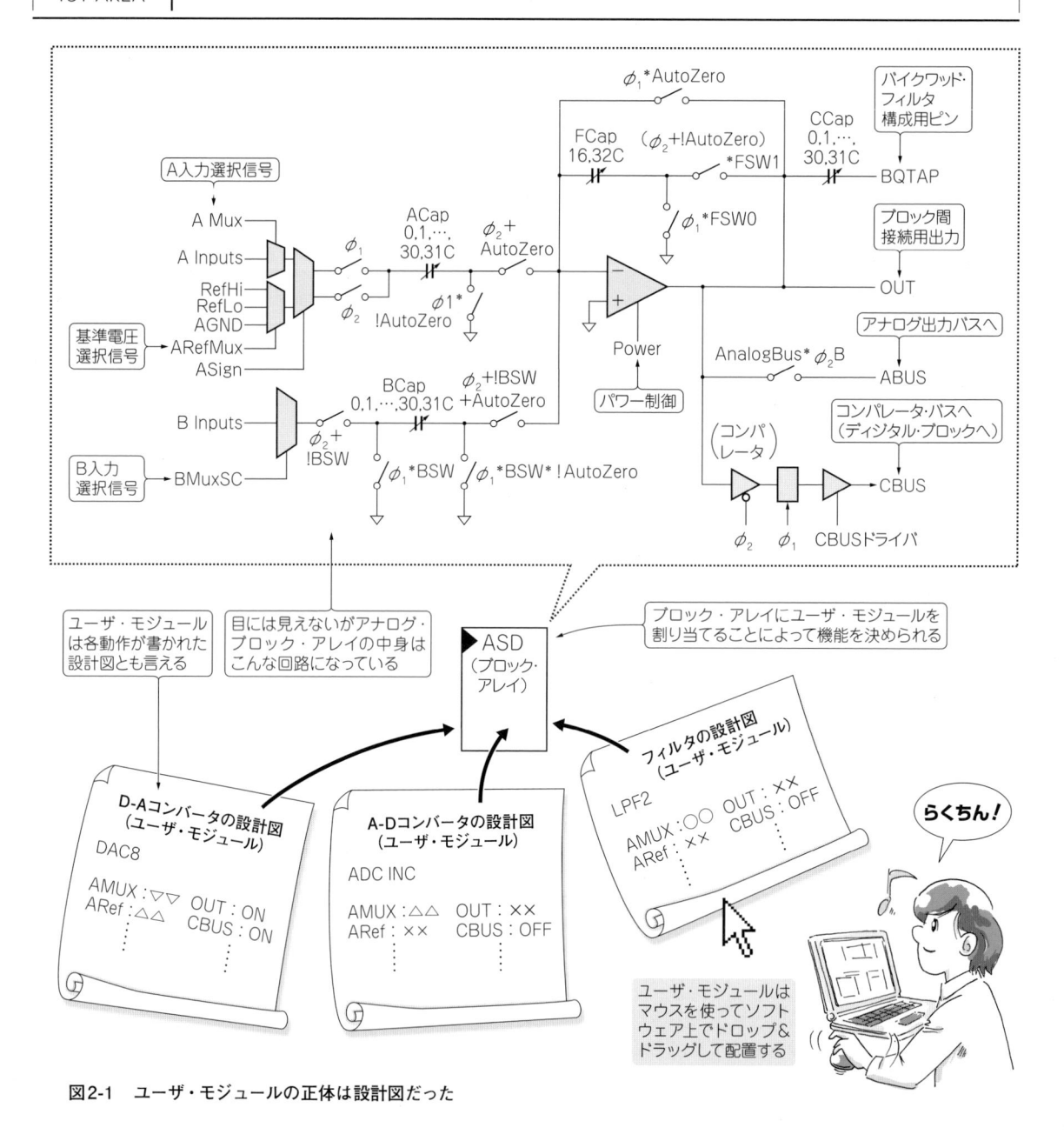

**図2-1 ユーザ・モジュールの正体は設計図だった**

同じく8ビット幅の周期設定器（Period Register）と比較器（Compare Register）をもっています．内部カウンタは周期設定器の値（Pとする）～0までをカウントし，0になったらPに戻りタイミング信号を出します．その途中，比較器の値（Cとする）を下回ったら，ディジタル出力の「CompareOut」（コンペア出力）へ比較信号を発生させます．

例として，タイミングの基準となるパルス信号クロック1kHz（周期1ミリ秒），周期設定器：99，比較器：19にセットすると，周期100ミリ秒，パルス幅20ミリ秒の連続パルスがCompareOutに出力されます（**図2-4**）．ほかに同様の機能をもつTimer8やPWM8などありますが，筆者は全部Counterで済ませています．ビット幅が16，24，32のCounter16，Counter24，Counter32があり，ビット数が8より長いだけで機能は同じです．

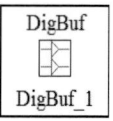

『DigBuf』（デジバッファ）
ディジタル信号を別の配線につなげる用途に使用しています．ディジタル信

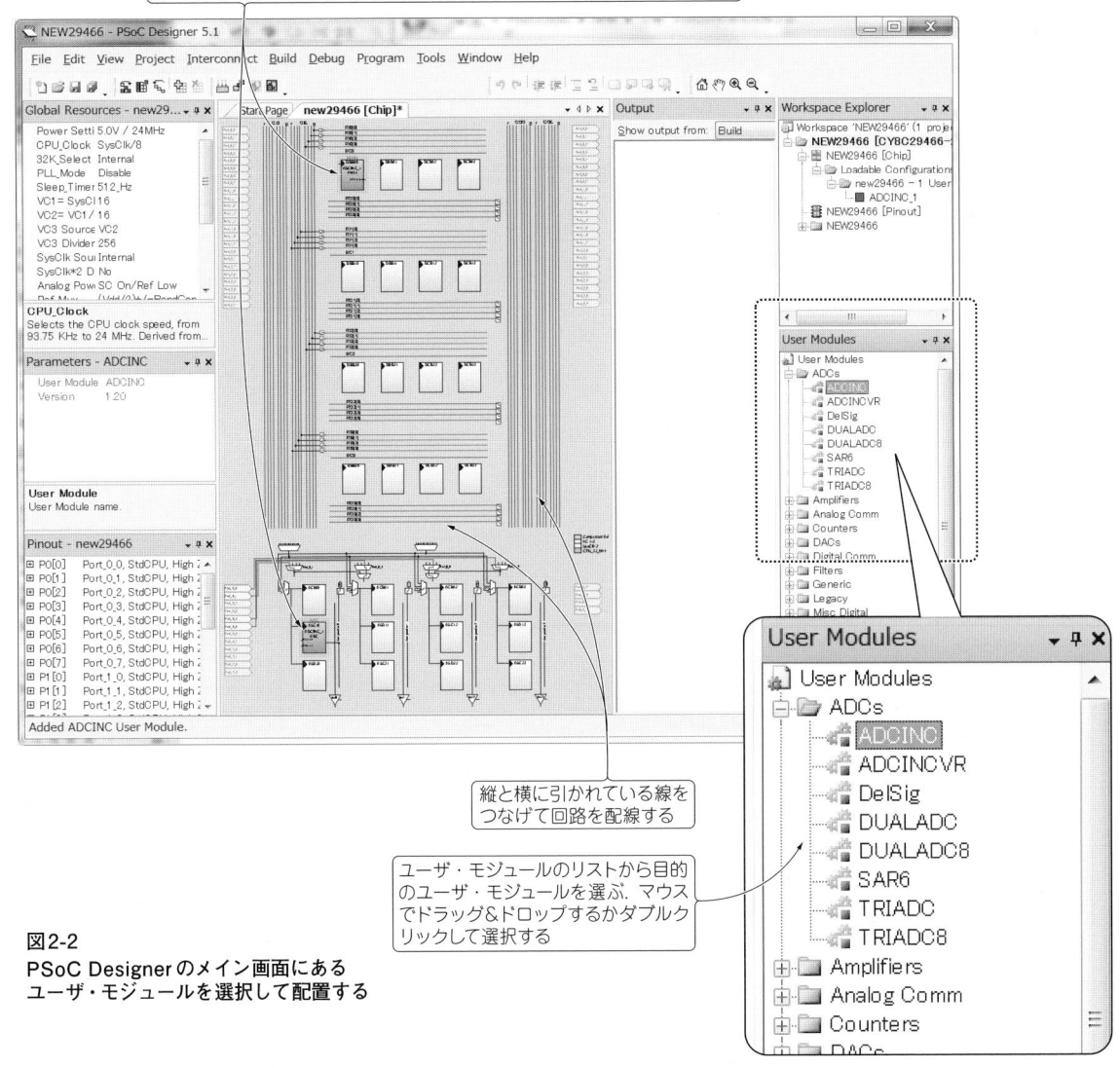

第 2 章 　 PSoCの中身を攻略する

ADCINCを配置した．配置してみるとこのユーザ・モジュールはディジタルとアナログのブロック・アレイを一つずつ使っているのがわかる

縦と横に引かれている線をつなげて回路を配線する

ユーザ・モジュールのリストから目的のユーザ・モジュールを選ぶ．マウスでドラッグ&ドロップするかダブルクリックして選択する

**図2-2**
PSoC Designerのメイン画面にある
ユーザ・モジュールを選択して配置する

## PSoCのCY8C29466-24PXI

ディジタル・ブロック・アレイ: DB × 8, DC × 8

アナログ・ブロック・アレイ: CT × 4, ASC/ASD × 8

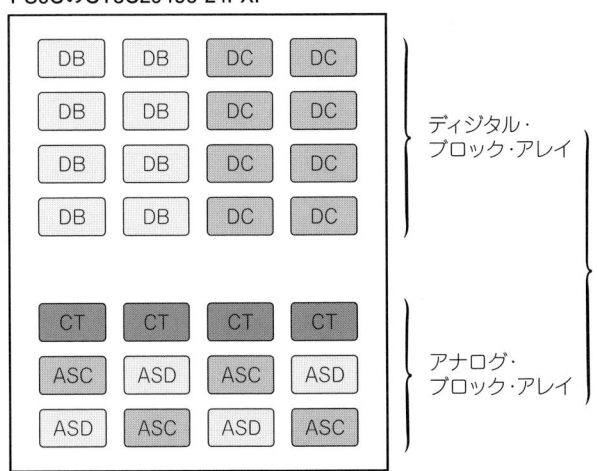

### ブロック・アレイの種類

| | 読み方 | ブロック・アレイに配置するユーザ・モジュールの種類 |
|---|---|---|
| DB | ディジタル・ベーシック・ブロック・アレイ | タイマ・PWM・PRSなどの機能 |
| DC | ディジタル・コミュニケーション・ブロック・アレイ | DBにSPI・UARTなどの通信機能が加わる |
| CT | アナログ・CTブロック・アレイ | 純粋なアナログ・OPアンプ/スイッチ/コンパレータ回路 |
| ASC | アナログ・SCブロック・アレイCタイプ | スイッチト・キャパシタ構成のディジタルOPアンプ回路 |
| ASD | アナログ・SCブロック・アレイDタイプ | スイッチト・キャパシタ構成のディジタルOPアンプ回路 |

**図2-3**　CY8C29466-24PXIのブロック・アレイの配置と種類

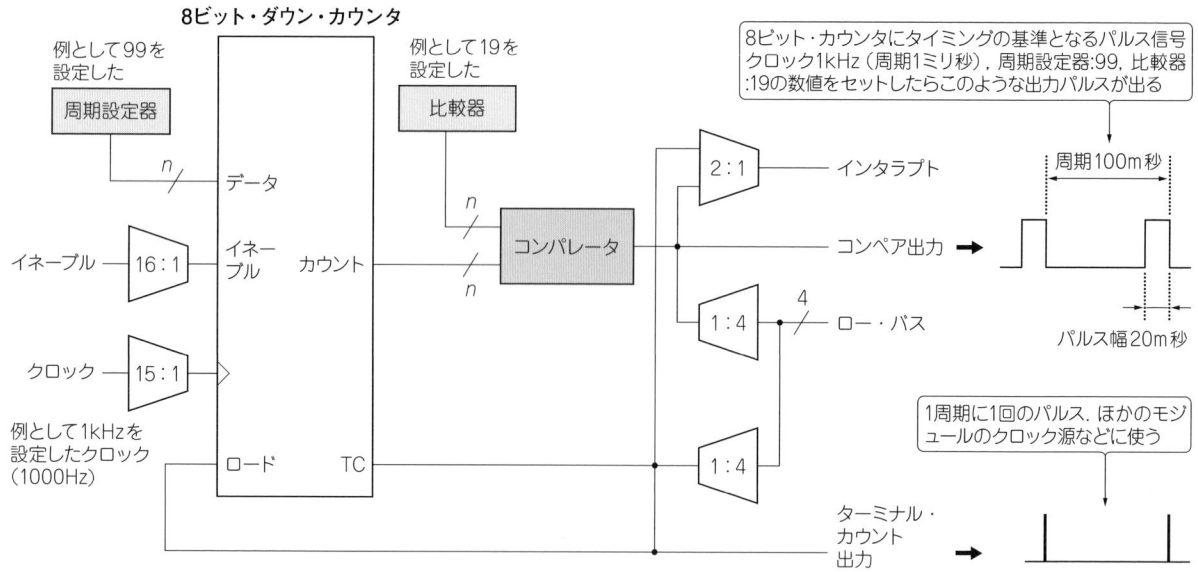

**図2-4** Counter8のブロック図と例

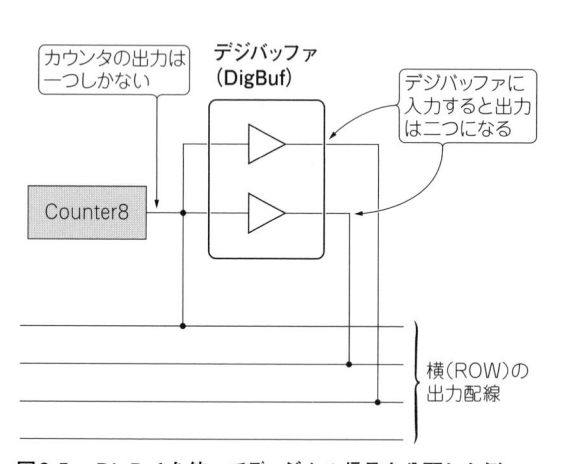

**図2-5** DigBufを使ってディジタル信号を分配した例

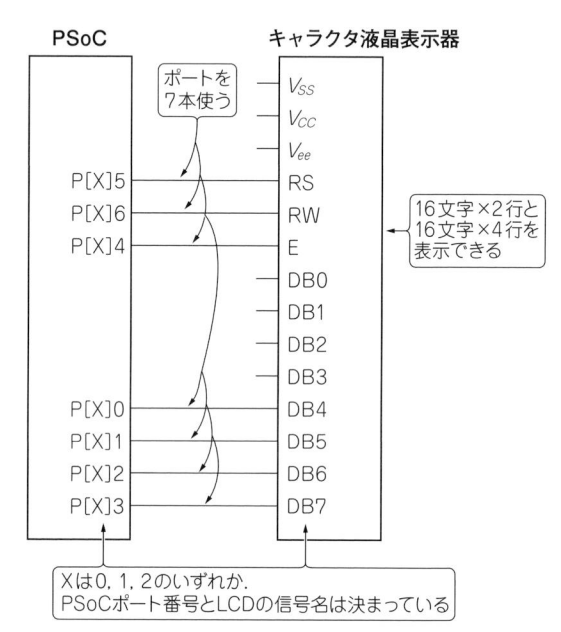

**図2-6** PSoCとキャラクタ液晶表示器（LCD）は必ずポートを7本使う

号のDigBufが2個入っています．例としてCounterの一つしかない信号をDigBufに入力させ，その出力を別の配線へ分配してみました（**図2-5**）．

**『LCD』（キャラクタ液晶表示器）**
　キャラクタ液晶表示器に表示させるためのモジュールです．キャラクタ液晶表示器の多くは同じICが使われており，どのメーカのものでも同じコマンドと信号を使って表示できます（詳細はp.63）．P0，P1，P2のいずれかのポートを7本使用します（**図2-6**）．ブロック・アレイは使わず，プログラム（表には出てこない）で構成された抽象型のユーザ・モジュールです（pp.20～21の**図1-8**で鞄として表現しているそのほかのユーザ・モジュール）．対応する表示サイズは16文字×2行です．

●アナログ系

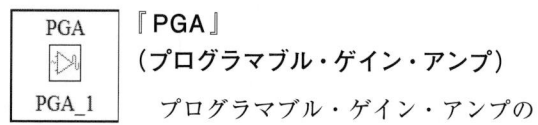

**『PGA』（プログラマブル・ゲイン・アンプ）**
　プログラマブル・ゲイン・アンプの

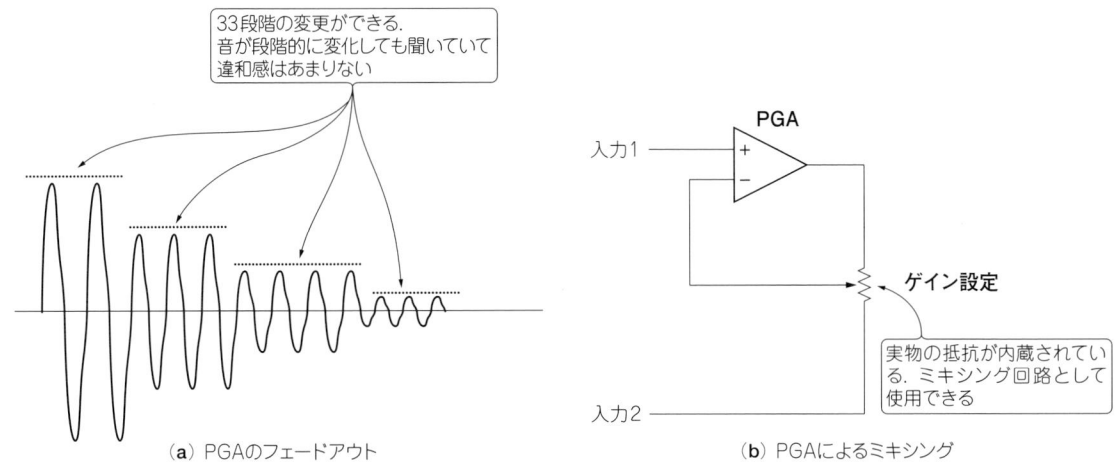

**(a) PGAのフェードアウト**　　**(b) PGAによるミキシング**

33段階の変更ができる．音が段階的に変化しても聞いていて違和感はあまりない

PGA
入力1
ゲイン設定
実物の抵抗が内蔵されている．ミキシング回路として使用できる
入力2

**図2-7　プログラマブル・ゲイン・アンプ"PGA"の特徴**

ここの数値を変更する

| | A | B | C | D | E | F | G | H | I | J | K | L | M | N | O |
|---|---|---|---|---|---|---|---|---|---|---|---|---|---|---|---|
| 1 | Cypress MicroSystems | | | 1 Pole Pair Band Pass Filter Design, Rev 2.1 | | | | | Design Procedure | | | | | | |
| 2 | Design Requirements | | | | | | | | | | | | | | |
| 3 | Enter: | | | Center Frequency (Hz) | | 2000.0 | | | Enter Filter Specification (data fields in yellow) | | | | | | |
| 4 | Enter: | | | Bandwidth (Hz) | | 1000.0 | | | Enter C2 value ( range 1:31) | | | | | | |
| 5 | Enter: | | | Gain (dB) | | 0.00 | | | Verify C1-4 values in range 1:31 | | | | | | |
| 6 | Enter: | | | Sample Frequency | | 50000.0 | | | Select Plot Resolution, adjust scales as necessary | | | | | | |
| 7 | | | | | | | | | Verify expected filter performance, adjust C2 and Sample Frequency | | | | | | |
| 8 | | | | | | | | | Transfer values for C1,C2,C3,C4,CA,CB to User Module Parameter Table | | | | | | |
| | | | | | | | | | Select clock source and dividers (24V1,2 or dig block), set for div by n | | | | | | |
| 11 | Derived Filter Section Requirements | | | | | | | | | | | | | | |
| 12 | | | | Q | | 2.000 | | | Enter resolution | | 0 for Narrow Band, 1 for Wide Band | | | 0.000 | |
| 13 | | | | osr | | 25.000 | | | | | | | | | |
| 14 | | | | f0 (with pre-warp) | | 2010.5945 | | | | | | | | | |
| 15 | | | | Gain (V/V) | | 1.000 | | | | | | | | | |
| 17 | User Module Design Parameters | | | | | | | | | | | | | | |
| 18 | Enter: | | | C2 ( to UM) | | 7 | | | | | | | | | |
| 19 | | | | CA (default to UM) | | 32 | | | | | | | | | |
| 20 | | | | CB (default to UM) | | 32 | | | | | | | | | |
| 21 | | | | C3 (calculated) | | 8.65 | | | | | | | | | |
| 22 | | | | C3 ( to UM) | | 9 | | | | | | | | | |
| 23 | | | | C4 (calculated) | | 13.571 | | | | | | | | | |
| 24 | | | | C4 ( to UM) | | 14 | | | | | | | | | |
| 25 | | | | C1 (calculated) | | 3.938 | | | | | | | | | |
| 26 | | | | C1 ( to UM) | | 4 | | | | | | | | | |
| 27 | | | | Calculated Q | | 1.937 | | | | | | | | | |
| 28 | | | | Required fs | | 50000.000 | | | | | | | | | |
| 29 | | | | Divide by n (Calculated for 24 MHz clock) | | 120.00 | | | | | | | | | |
| 30 | | | | Adjusted divide by n | | 120 | | | | | | | | | |
| 31 | | | | Sample Clock (Hz) | | 50000.000 | | | | | | | | | |
| 32 | | | | Calculated Gain (V/V) | | 1.016 | | | | | | | | | |

この数値が小さいと波形のギザギザが増える

計算値が割り切れないので特性が少しずれる

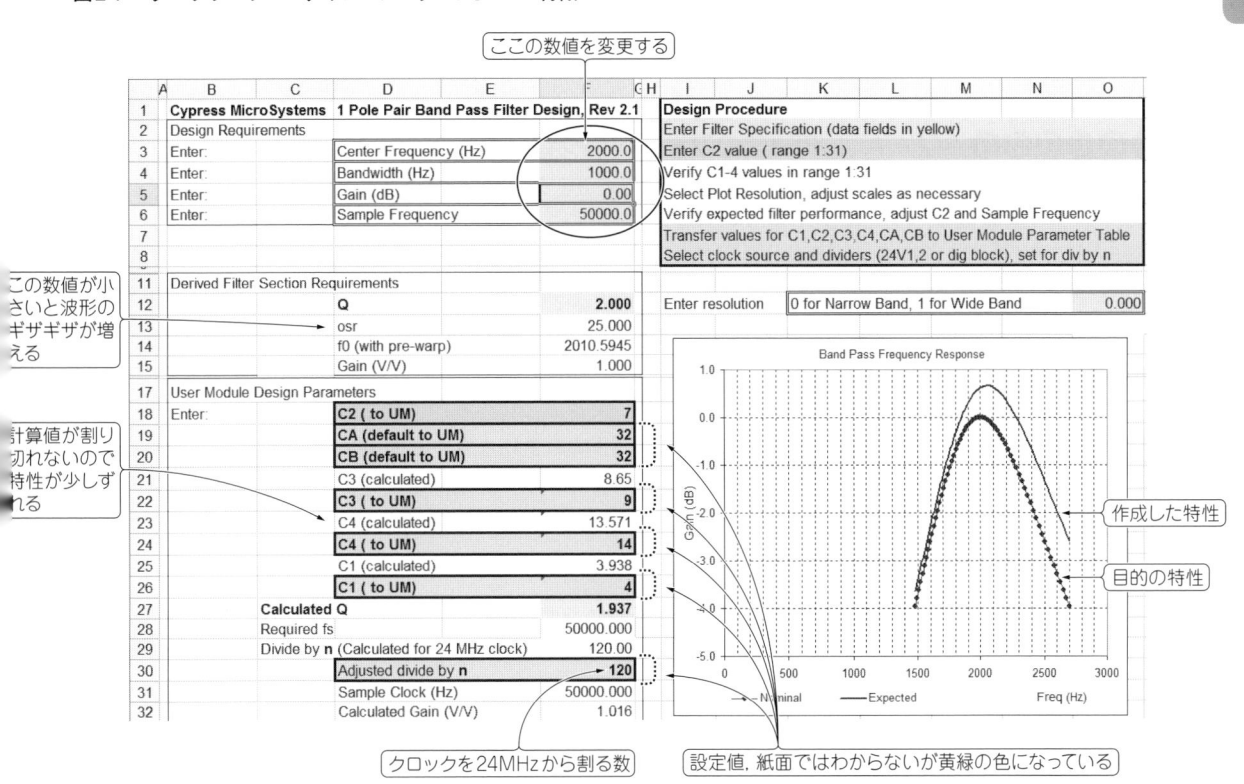

Band Pass Frequency Response
作成した特性
目的の特性

クロックを24MHzから割る数　　設定値．紙面ではわからないが黄緑の色になっている

**図2-8　フィルタのデザイン・シート**

頭文字を取って「PGA」です．電圧を拡大・縮小するゲインを変えて音を強弱させたり[**図2-7(a)**]，また，1倍以下のゲインでは信号の加算ができるのでミキサとして使用しています[**図2-7(b)**]．ゲイン(増幅率)は0.06倍から48倍まで，33段階で変更できます．このモジュールが使用できるのはCTブロック(**図2-3**)だけで，配置できる数は最大4個です．

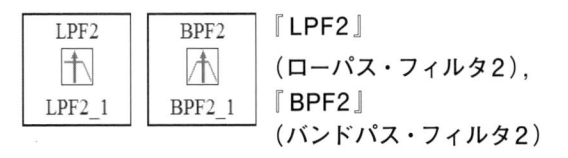

LPF2　　BPF2
LPF2_1　BPF2_1

『**LPF2**』(ローパス・フィルタ2)，『**BPF2**』(バンドパス・フィルタ2)

「この値以上の高い周波数は通さない」という遮断周波数を決めてそれより上をカットするのがLPF，「決めた通過周波数だけ通す」のがBPFです．マイクで拾った声を加工したり，パルス波形から

sin波形を作るのに使っています．

　回路設計がめんどうなフィルタが数値の設定で使えるうえ，遮断周波数の変更は入力クロックの変更だけでできるのでたいへん重宝しています．フィルタの設定を行うツール「デザイン・シート」があります（**図2-8**）．

『**ADCINC**』（積分型A-Dコンバータ）
　アナログ–ディジタル変換をする際の細かさを分解能といい，ADCINCはこの分解能を6〜14ビットの設定ができます．分解能を上げると変換速度が遅くなり，14ビットで121サンプル/秒となります．これを使うためには，CPUの割り込みを許可させておく必要があります．

『**SCBLOCK**』（SCブロック）
　アナログ・SCブロック・アレイそのものを操作するユーザ・モジュールです（**図2-3**）．スイッチト・キャパシタ回路の理解が必要ですが，設定方法は第8章の工作例の中に記載します．加算（PGAでも可能），積分，変調の役割に使っています．

---

### COLUMN　2-Ⓐ　PSoCのフィルタのクロックとギザギザの関係

　フィルタの計算値は，ツール上で割り切れないことが多く（フィルタ設計ツールのグリーンのセルの上の数値が実際の計算値），期待した特性と少しずれることがあります．また，サンプル・クロックの設定にはさまざまな値を取ることができてしまいます．

　そこで，サンプル・クロックの目安として「OSR」という数値に注目します．これは「オーバー・サンプリング・レシオ」と呼ばれる「ギザギザの度合い」のような数値です．後述の第4章のレッスンではVC2を使う都合で「OSR」は25です．出力周期1サイクルで25個のギザギザができているようなものと思ってください．

　この「OSR」が低いとギザギザが大きくなり，大きいとなめらかになりますが（**図2-A**），思うようにあまり大きくできません．50前後を目指して設計するのが効率が良いようです．

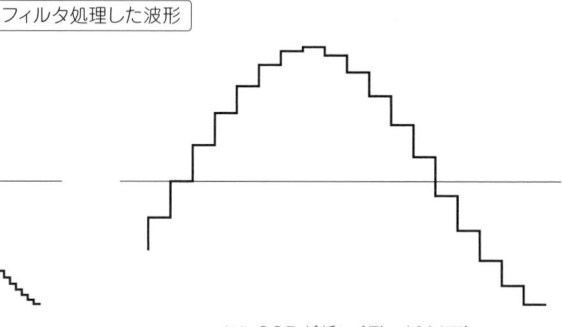

（a）OSRが高い　　　　　（b）OSRが低い（例：10以下）

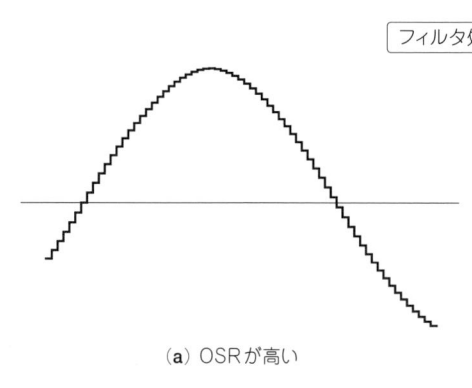

**図2-A　フィルタのOSRと波形の関係**

第3章 準備する道具とインストール方法

# 第3章 部品を使いやすくする加工から開発環境の設定までの下ごしらえ
# 準備する道具とインストール方法

PSoC開発において必要になる道具や，部品を使いやすくする加工方法，開発環境をインストールする手順と詳細な設定を紹介します．はんだ付けなどで加工する部品や，製作する実験ベンチは今後の章で何度も繰り返し使用するので，ぜひ作ってみてください．

## 3-1 準備する道具と部品

あるとべんりな道具や必要な部品など（表3-1）を紹介します．筆者が工作をしていて気づいた工夫も合わせて記載するので参考にしてください．ここで紹介する道具や部品などはホーム・センタや電子部品ショップで購入できます．

◆ パソコン

　Windowsパソコンが必要です．筆者が動作を

表3-1　本書で使う部品と道具

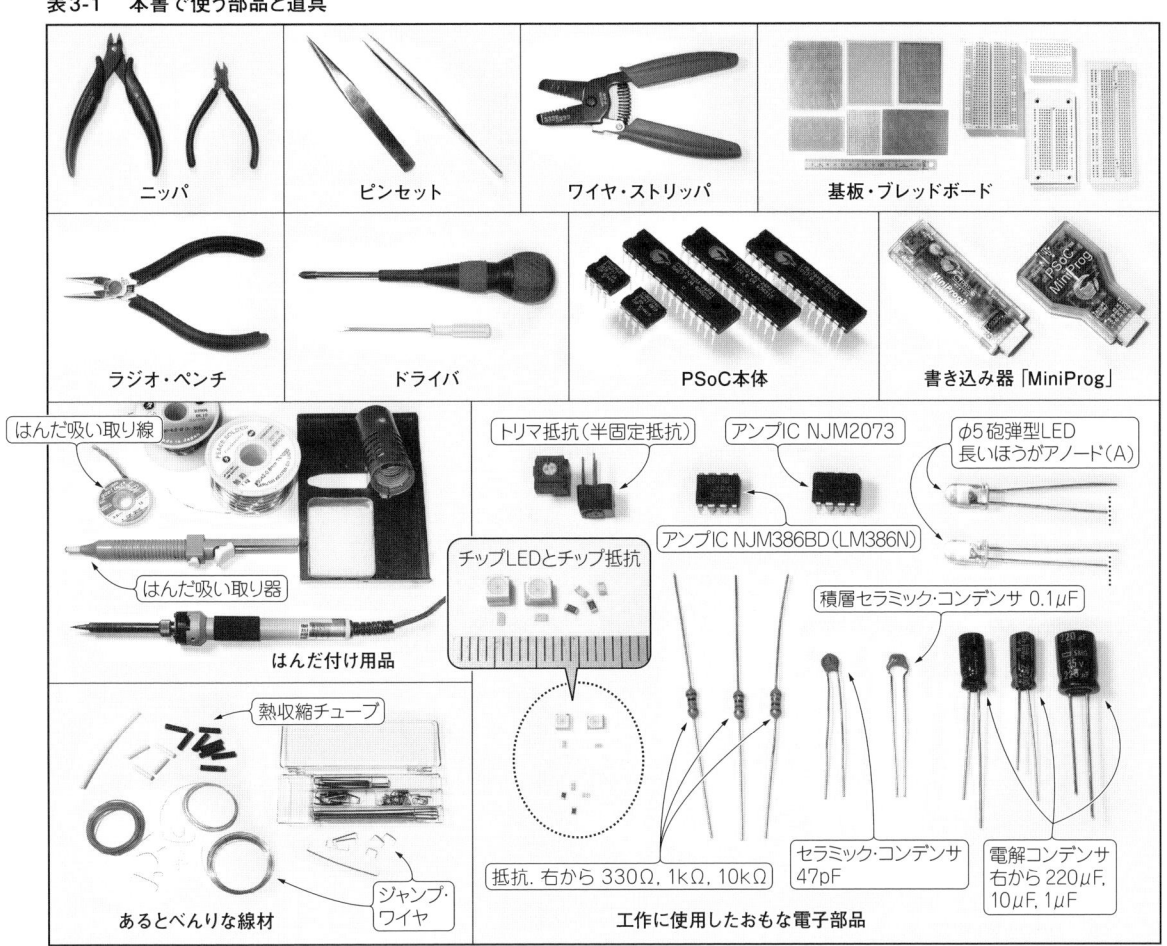

- ニッパ
- ピンセット
- ワイヤ・ストリッパ
- 基板・ブレッドボード
- ラジオ・ペンチ
- ドライバ
- PSoC本体
- 書き込み器「MiniProg」
- はんだ吸い取り線
- はんだ吸い取り器
- はんだ付け用品
- トリマ抵抗（半固定抵抗）
- アンプIC NJM2073
- φ5 砲弾型LED 長いほうがアノード（A）
- チップLEDとチップ抵抗
- アンプIC NJM386BD（LM386N）
- 積層セラミック・コンデンサ 0.1μF
- 熱収縮チューブ
- ジャンプ・ワイヤ
- あるとべんりな線材
- 抵抗．右から 330Ω，1kΩ，10kΩ
- セラミック・コンデンサ 47pF
- 電解コンデンサ 右から 220μF，10μF，1μF
- 工作に使用したおもな電子部品

表3-2 使用するパソコンの最低限のスペック

| 機能 | スペック |
|---|---|
| プロセッサ・スピード | 2GHz |
| RAM | 2GB |
| モニタ画素 | 1024×768 |
| 空きハードディスク容量 | 1GB |
| USB | FullSpeed |

確認したOSの種類はWindows XP/7（32ビット）です．

そのほかWindows Vistaも使えるようです．パソコンと書き込み器MiniProgの間にUSB-Mini-Bケーブルを接続するので，パソコン側はUSBポートを一つ使います（**表3-2**）．

◆ デザイン・ソフトウェア「PSoC Designer」

本書で使う開発環境「PSoC Designer 5.1 SP2.1」はサイプレス セミコンダクタのWebサイト（http://japan.cypress.com/）からダウンロードできます．本書付録のCD-ROMにも収録しています．

◆ Cプログラム言語「ImageCraft C」

「PSoC Designer 5.1 SP2.1」に無償で付属しており，インストール時に自動的に組み込まれます．

## 3-2 機材・部材の加工

本書では，音を使った工作をブレッドボード上で実験しました．音響部品（**写真3-1**）は線材などをはんだ付けしないとブレッドボードに使用できないものもあるので加工しました．

● イヤホンの加工

本書の音工作では電子部品ショップで入手したイヤホンを使いました（**写真3-2**）．クリスタル・イヤホンと呼ばれているイヤホンですが，今は中身が圧電素子に変わっているので圧電イヤホンとも呼ばれます．抵抗値が高いのでPSoCに直結できますが，念のため1kの抵抗と0.1μのコンデンサをはんだ付けして**写真3-2**のようにブレッドボードでも使えるように加工しました．片耳だけなので極性はどちらでもかまいません．

100円ショップでもイヤホンが入手できます[注1]．

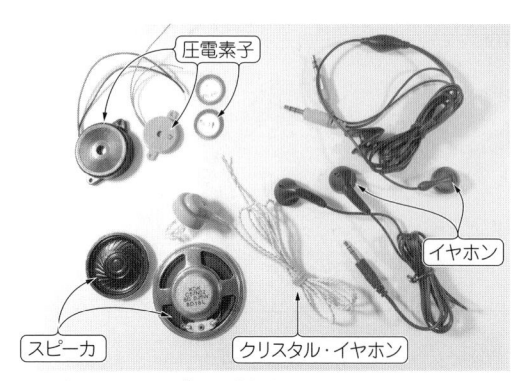

写真3-1 さまざまな音響部品

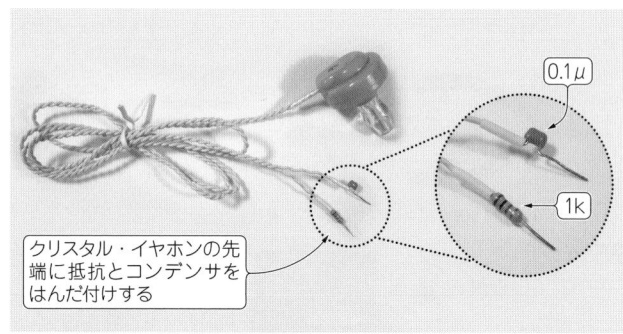

写真3-2 加工したクリスタル・イヤホン
1kの抵抗と0.1μのコンデンサをはんだ付けした

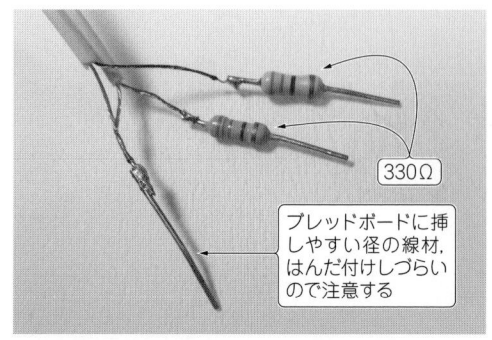

写真3-3 線材は細いのではんだ付けしづらい

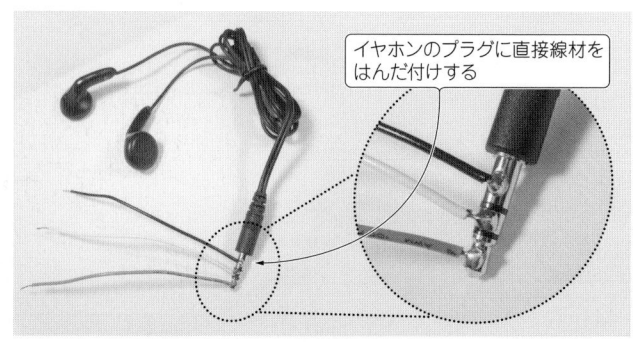

写真3-4 プラグに直接はんだ付けする方法もある

第3章 | 準備する道具とインストール方法

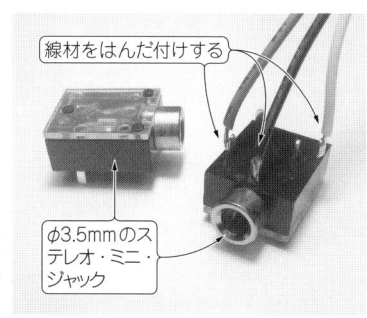

**写真3-5**
イヤホン・ジャック（ステレオ・ミニ・ジャック）に線材をはんだ付けする方法もある

- 線材をはんだ付けする
- φ3.5mmのステレオ・ミニ・ジャック

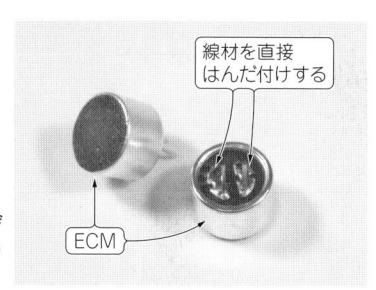

**写真3-6**
エレクトレット・コンデンサ・マイク（ECM）の外観

- 線材を直接はんだ付けする
- ECM

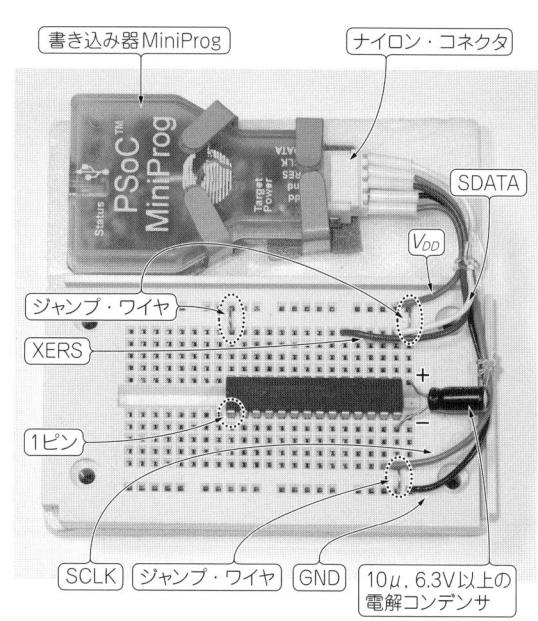

**写真3-7 実験の際とても役に立つ実験ベンチ**

- 書き込み器MiniProg
- ナイロン・コネクタ
- SDATA
- $V_{DD}$
- ジャンプ・ワイヤ
- XERS
- 1ピン
- SCLK
- ジャンプ・ワイヤ
- GND
- 10μ, 6.3V以上の電解コンデンサ

マグネチック・イヤホンと呼ばれ，抵抗値が低いものが多いです．仕様を見て，32Ω以上のものなら直接つなげることができます．線材は**写真3-3**のように細いので，直接加工するのは熟練した人向けです．**写真3-4**のようにプラグに直接はんだ付けするほうがいくぶん楽です．作業の際はやけどに注意してください．また，先端はイヤホン・ジャックに挿すので，ジャックを用意して加工すればいくらかスマートですが，線材のはんだ付けは必要です（**写真3-5**）．

● マイクの加工

工作にはエレクトレット・コンデンサ・マイク（ECM，**写真3-6**）を多く使いました．電子部品ショップでは単体で売っています．プラスとマイナスの極性をもっています．安価なヘッド・セットのマイクもECMが使われていたりします．イヤホンと同様，プラグにはんだ付けするなどの方法でブレッドボード用に加工します．

## 3-3 実験ベンチの製作

MiniProg（書き込み器）との配線は今後出てくる実験で毎回同じです．ぶらぶらさせているとひじょうに使いづらくて危険なので，「実験ベンチ」（**写真3-7**）を作りました．簡単な工作なのでぜひ作ってみてください（p.34の**図3-1**）．

ベンチの台は5mm厚のカラー・ボード（発泡スチレン・ボード）ですが，材料は何でもかまいません．この程度の工作でも数百回の書き込み実験でびくともしませんでした．

コネクタの配線は一列のピン・ヘッダを5ピンにカットします．**写真3-7**ではナイロン・コネクタを使いましたが，ナイロンの一部がぶつかるのでカットしました．ビニル線を所定の長さにカットしてはんだ付けしますが，持ちづらいのでやけどに注意してください．折れやすいのでチューブをかぶせるとよいでしょう．

MiniProgの固定にはワイヤ・ステッカーを使用しました．ホーム・センタで販売しています．サイズはいろいろあるので**図3-1**に似たものを選びましょう．使用したものはスポンジ付きでしたが，スポンジなしのタイプが多いので，スポンジなしのものは**図3-1**のように金魚ポンプのチューブやビニル・テープで保護しましょう．

(注1)：ここで紹介しているイヤホンは安価な（100円ショップで販売されているような）イヤホンのことです．真摯に音を追求する音響メーカのイヤホンと安価なイヤホンではものの作りがまったく違い，高価なものは高価なりの理由があるので絶対に加工しないでください．電子ショップで販売されている圧電イヤホンは加工しても大丈夫です．

# 1ST AREA

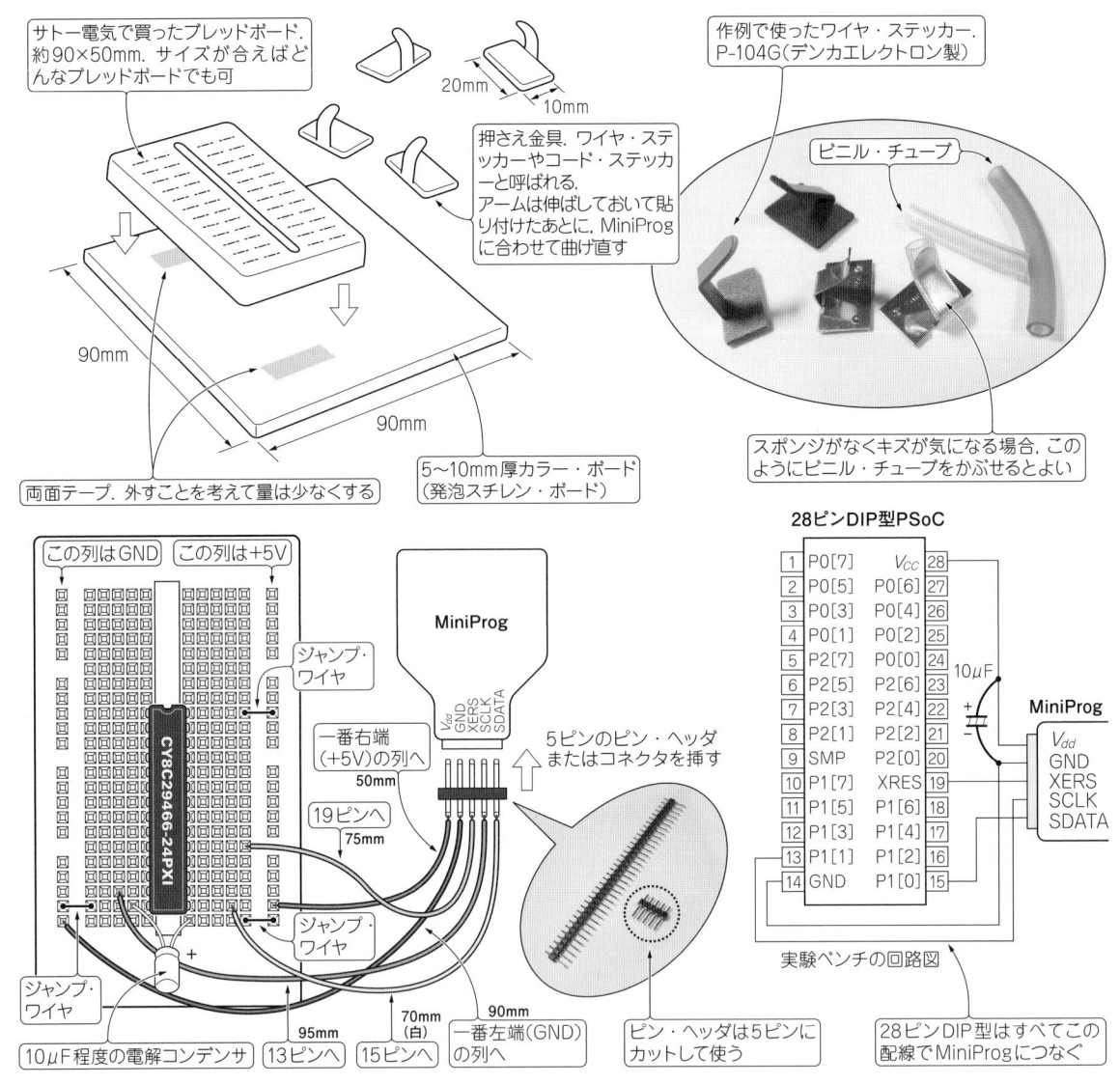

**図3-1** 実験ベンチの製作図と実体配線図

## 3-4 パソコンとフリー・ソフトウェアを使う

PSoCで音の実験をするとき，フリー・ソフトウェアの力を借りました．作った音はパソコンのマイク入力で処理できます．機能は重複していますが，業界でも有名で役に立つソフトウェアを紹介します．

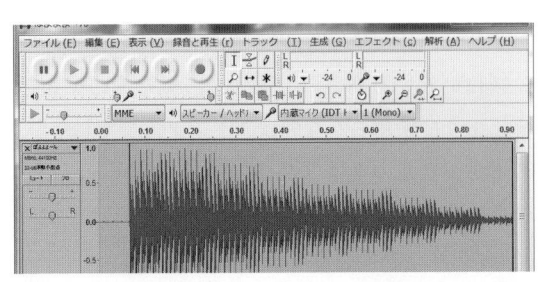

**図3-2** Audacityでぼよよよ～んの音を採取している画面

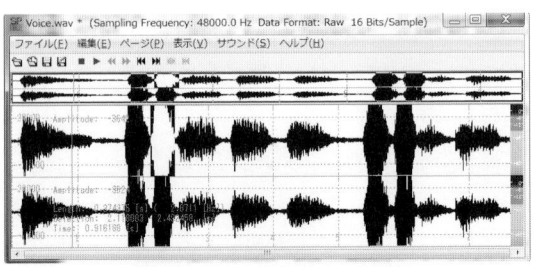

**図3-3** SPWaveでサンプル周波数48000.0Hz，データ・フォーマット16ビットの波形が出ている画面

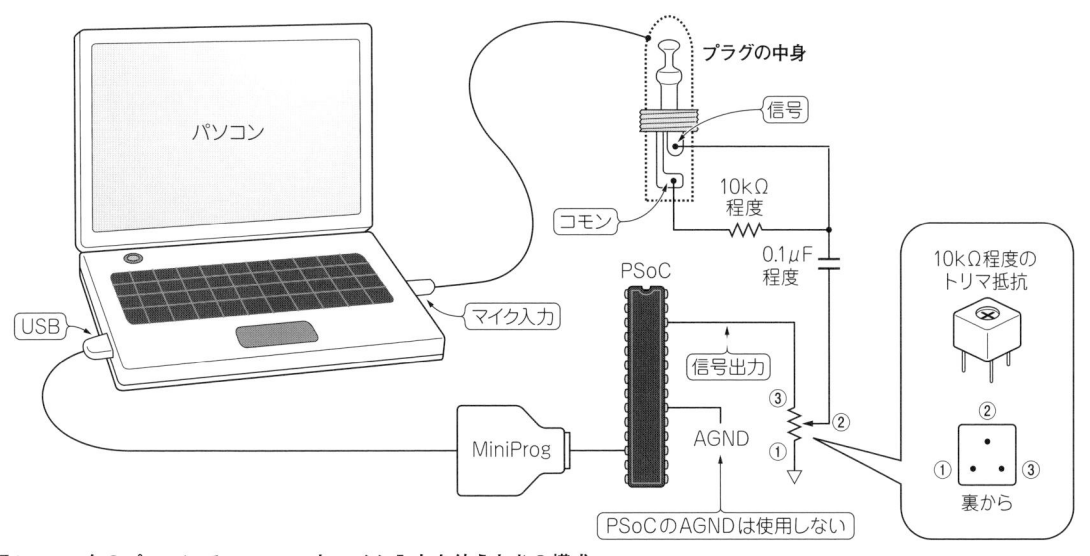

**図3-4** 1台のパソコンでMiniProgとマイク入力を使うときの構成

- ▶ Audacity（オーダシティ）
- ▶ SPWave（エスピーウェーブ）

「Audacity」（**図3-2**）は，音をサンプル（採取）してmp3やwavファイルに変換するために使いました．「SPWave」（**図3-3**）はサンプルした音をプログラムのデータとしてテキスト・ファイル

---

## COLUMN 3-Ⓐ 8ピン，20ピン，28ピンで使える書き込みアダプタ・モジュールを製作

以前サイプレス セミコンダクタから販売されていたデザイン・キットCY3210の基板を参考にして「単独用の書き込みアダプタ・モジュール」を作りました．基板の回路は単体の書き込み器として使えます．MiniProgとの配線は同じですが，電源ピンを変更することで8/20/28ピンに対応します．

写真3-Aの中の手作りのものは，その回路で単体の書き込み器にしたものです．

図3-Aの回路図を見ると電源ピンを切り替えているだけで，あとは同じ位置のピンで書き込んでいます．

**写真3-A** 製作した単独用の書き込みアダプタ・モジュール

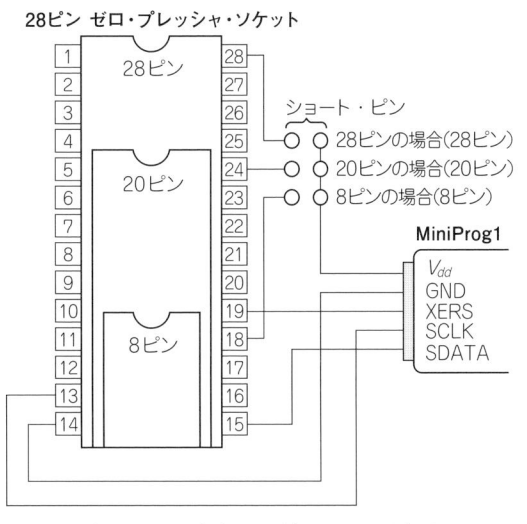

**図3-A** 書き込みアダプタ・モジュールの回路図

に変換するために使用しました．有益なソフトウェアを作成・提供されている方々に感謝です．

　マイク入力は微小信号を目的に作られており，抵抗の値によってレベルを下げることが必要です．「Audacity」はマイク入力レベルを下げれますが，それでもまだ大きすぎる場合が多く，**図3-4**のようにトリマ抵抗を入れたほうが良好です．また，1台のパソコンでPSoCをMiniProgで書き込みながら作成した音をパソコンに入力するときは注意が必要です．MiniProgのGNDとPSoCのアナログ・コモンが干渉する可能性があります．別々のパソコンで開発と発音を分ければ問題ありませんが，1台で作業を行うときは，**図3-4**のように，コモンの線を省略し，コンデンサと抵抗で直流カットの回路を挿入してください．

## 3-5 開発環境のインストール

　インストール・ファイルはサイプレス セミコンダクタのWebサイトから最新版をダウンロードできます．ここでは執筆時点の開発環境「PSoC Designer 5.1 SP2.1」について本書付録のCD-ROMからインストール・ファイルを使うことを前提で説明します．

① インストール・ファイル名は「PSoCDesignerSetup.exe」です．実行すると**図3-5**の画面が現れます．

② インストール・フォルダに変更がなければ，「Next」

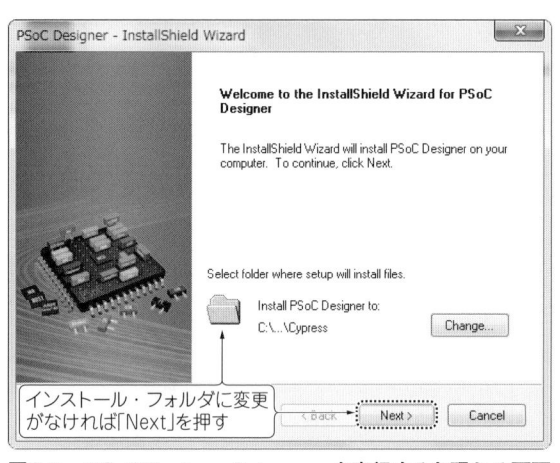

**図3-5**　PSoCDesignerSetup.exe を実行すると現れる画面

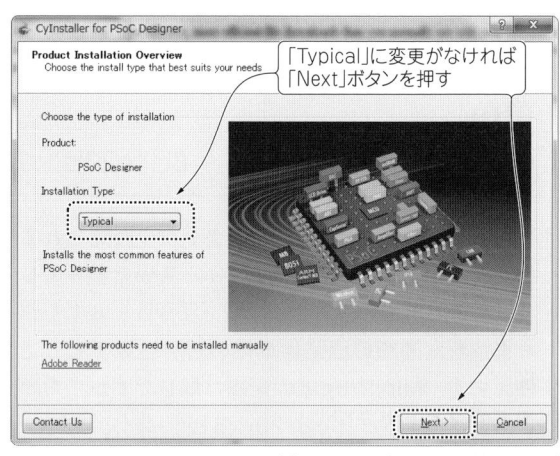

**図3-6**　インストール・タイプ「Typical」に変更がなければ「Next」ボタンを押す

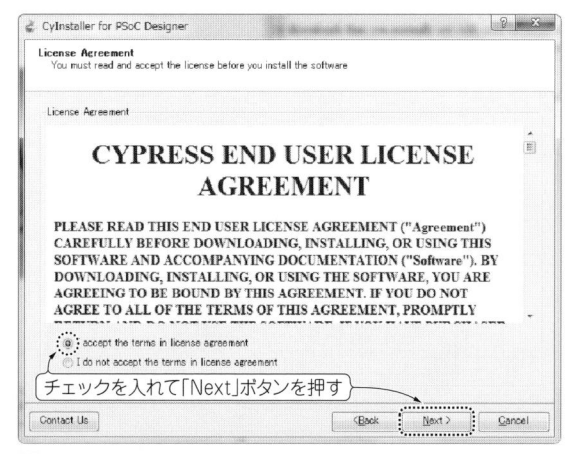

**図3-7**　I accept the terms in license agreement にチェックを入れて「Next」ボタンを押す

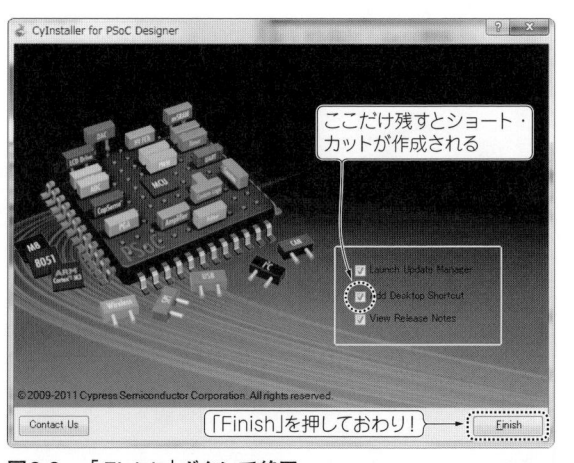

**図3-8**　「Finish」ボタンで終了

ボタンを押します．ファイルを自己展開し，画面が変わります．

③ インストール・タイプの「Typical」で通常はOKなので，「Next」ボタンを押します（図3-6）．

④ ライセンス項目の表示と同意を求められます．「I accept the terms in license agreement」にチェックを入れて「Next」ボタンを押します（図3-7）．

⑤ インストールが始まります．インストール作業はパソコンによっては20分以上かかることがあります．図3-8の真ん中のチェックを残しておくとディスク・トップにショートカットが作成されます．「Finish」ボタンで終了です．

⑥ 確認のため，さっそく起動してみましょう．図3-9がスタート画面です．この画面が表示されればインストールは成功です．このときサイプレスに登録を求められる場合があります．またインストール・ファイルをダウンロードするときに行う作業には，メール・アドレスなどの個人情報が必要です．

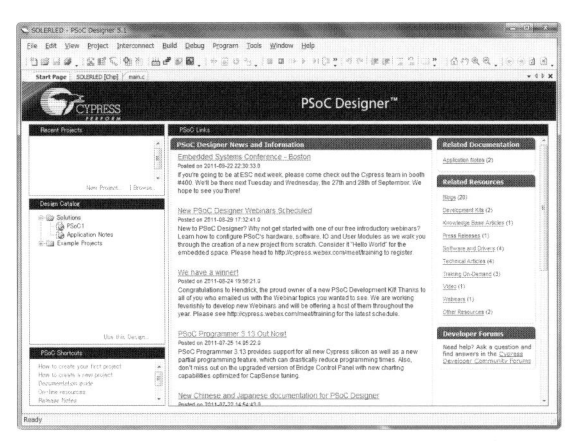

図3-9 このスタート画面が現れたらインストールは成功！

## COLUMN 3-Ⓑ CY8C29466についての心得

DIP型のPSoCの最高峰です．頂点なりの事柄（特徴）があるので覚えておくと便利です．

◆ 書き込み時間

プログラムの大小にかかわらず40秒以上かかります（下のランクのCY8C27443などは10秒程度）．

◆ 処理スピードが少し落ちる場合がある

容量の大きいRAMがバンク切り替え方式なので，切り替えの時間がかかります．ほかのPSoCと比較して，割り込みやスタック操作に時間がかかり，RAMを大量に使用しない用途では，バンク切り替えをやめる方法があります．

メイン・メニュー「Project」-「Setting…」の「Compiler」の項目で「Enable Paging」のチェックを外すと（図3-B），RAMのバンク0（256バイト）しか使わなくなるので，出力コード・サイズが小さくなり処理スピードもアップします．ただし，製作例に出てくる「エコー」や「ボイスチェンジャ・リングバッファ」でのラージ・メモリの使用はできなくなります．

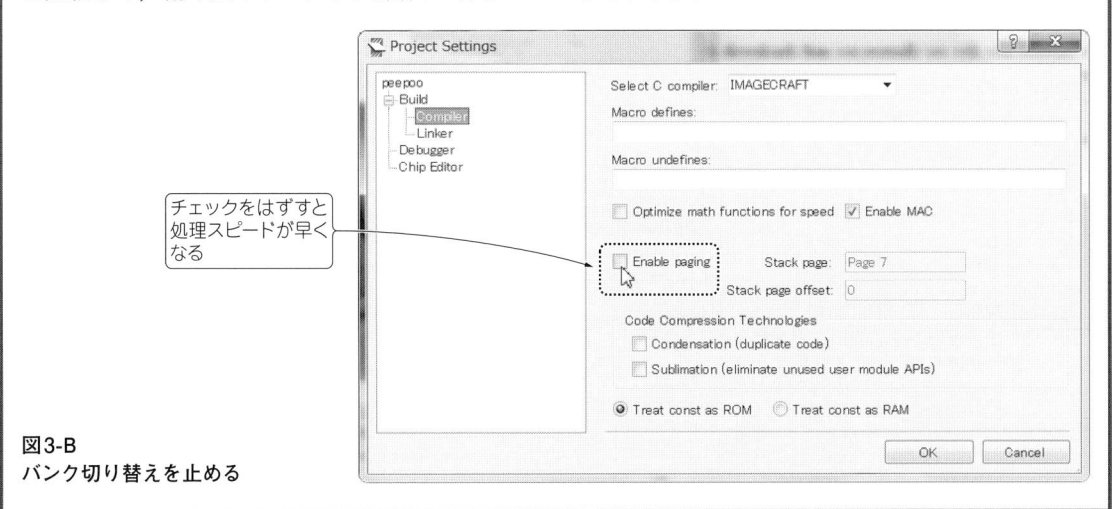

図3-B
バンク切り替えを止める

## COLUMN 3-ⓒ　はじめて PSoC Designer をインストールしたときに起こること

はじめて PSoC Designer をインストールしたときに出てくる画面と操作について順番を追って説明していきます．

◆ 手順1

PSoC Designer のセットアップの最後は，図3-C のような画面が出てくるので，中央のチェックはそのままにして上と下のチェックは外すとよいでしょう．その場で「アップデート・マネージャ」（図3-D）が出てくることはなくなります．

◆ 手順2

しかし，それ以降も「アップデート・マネージャ」は出てきます．初期設定が「毎日」出てくる設定になっているので，「Preferences」ボタンを押して，図3-E のように「Monthly」（毎月）にするか，「Disable Check For Updates」（アップデートの確認を無効）にチェックを入れると出てこなくなります．

◆ 手順3

図3-F の「Registration」（登録ウィンドウ）が出てきたら，すでに登録してあればパスワードを入力します．新規に登録する場合は「Create new account」から入ります．

ブラウザが起動され図3-G の画面で「New Users」（新しいユーザ）の欄にメール・アドレスを入れ，「Register」（登録）ボタンで進みます．

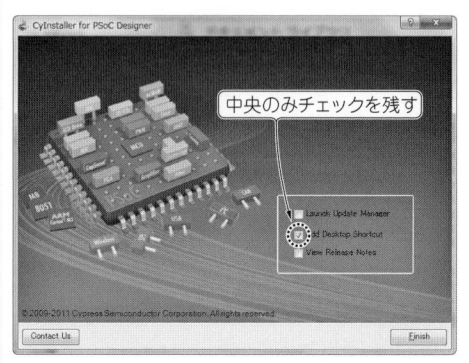

図3-C　インストールが完了すると出てくる画面

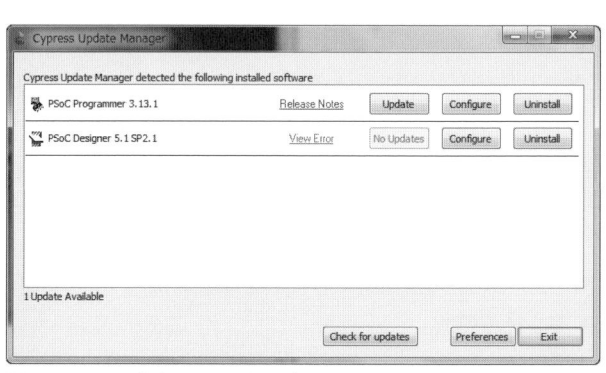

図3-D　アップデート・マネージャの画面

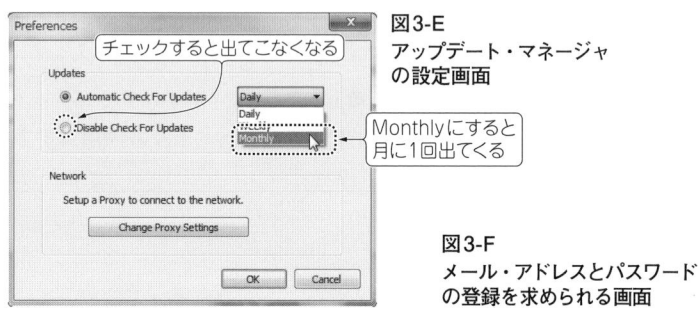

図3-E　アップデート・マネージャの設定画面

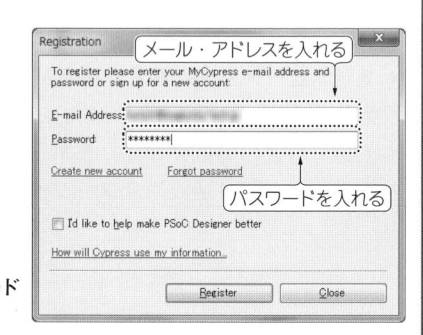

図3-F　メール・アドレスとパスワードの登録を求められる画面

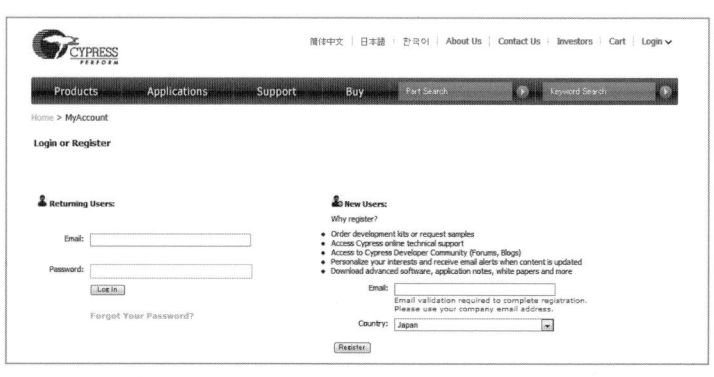

図3-G　アップデートしたいときなどはサイプレス セミコンダクタのこの画面からログインできる．「トップページ」→「ログイン」→「マイアカウント」を選ぶ（http://secure.cypress.com/myaccount/）

# 第4章 PSoC Designerを動かす手順

スタート命令やフィルタの設定方法が身につくレッスン

PSoC Designerを動かすときの初期設定「グローバル・リソース」や，ユーザ・モジュールを画面上に置いて配線する基礎的な使い方を解説します．またフィルタを使ったビープ音を鳴らすレッスンを手順を追って示しますので，まねをして実験してみてください．

## 4-1 ディジタルとアナログの経路

PSoC Designerを使ううえで欠かすことのできないPSoCの信号経路を押さえていきましょう．

① 発振はシステム・クロックからVC1，VC2，VC3を通して使う．さらに低いクロックはCounter8や16で分周する
② ディジタル・ブロックの信号はほとんどのポートに入力できる
③ ディジタル・ブロックの信号はほとんどのポートから出力できる
④ アナログ・ブロックの信号入力はポートP0[0]～P0[7]に限定される
⑤ アナログ・ブロックの信号出力はポートP0[2]～P0[5]の四つである
⑥ ディジタル・ブロックからアナログ・ブロックへの信号の受け渡しはポート経由（P0[0]～P0[7]）
⑦ アナログ・ブロックからディジタル・ブロックへの信号受け渡しは，コンパレータ（COMP）などを一つ使い，4本あるコンパレータ・バスを使う
⑧ 一つのポートにアナログ出力とディジタル出力の混在はできない

## 4-2 グローバル・リソースのセッティング

グローバル・リソースとは，システム内の共通項目です（図4-1）．デフォルトのままで使える場合もありますが，新規にデザイン（プロジェクト）を作成したときはひととおり目を通しましょう．

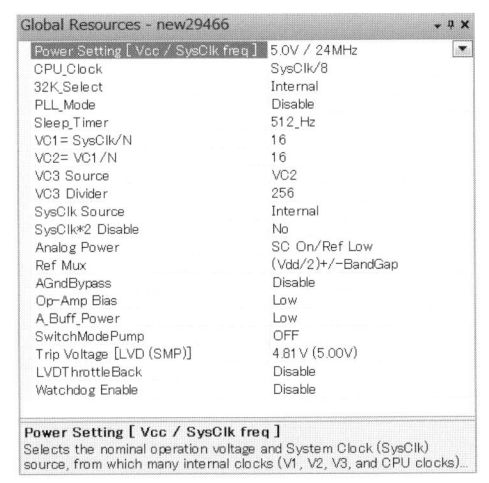

図4-1 CY8C29466のグローバル・リソースの一覧兼セッティング画面

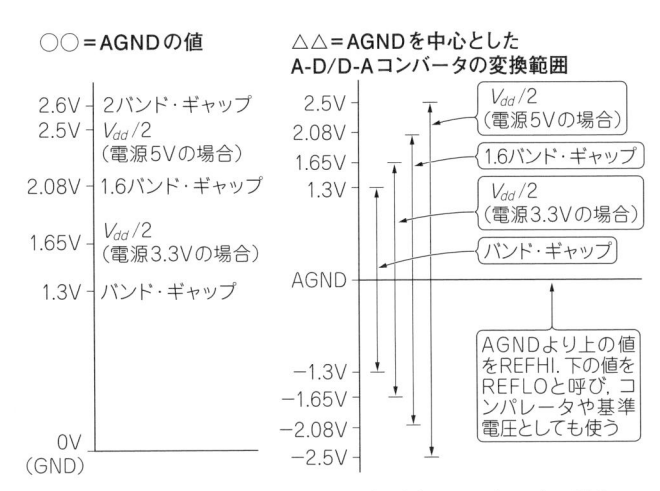

図4-2 RefMuxの関係．RefMuxが（○○）+/-（△△）の場合

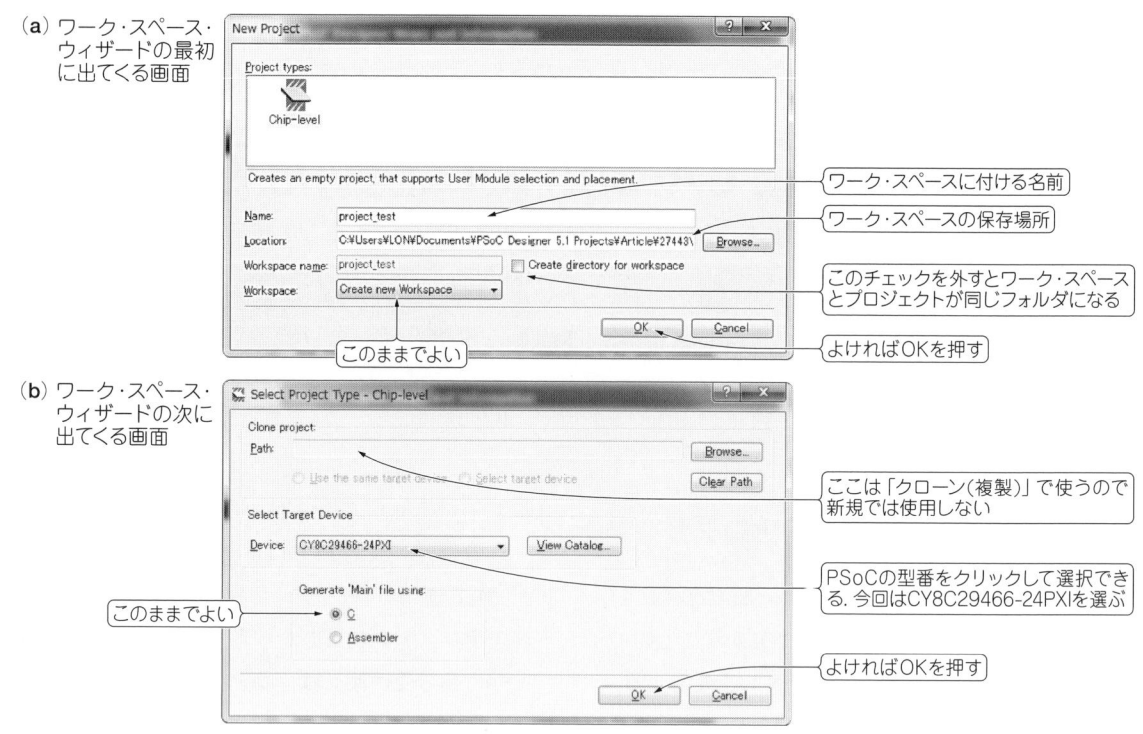

**図4-3 ワーク・スペースの作成手順**

(a) ワーク・スペース・ウィザードの最初に出てくる画面
- ワーク・スペースに付ける名前
- ワーク・スペースの保存場所
- このチェックを外すとワーク・スペースとプロジェクトが同じフォルダになる
- このままでよい
- よければOKを押す

(b) ワーク・スペース・ウィザードの次に出てくる画面
- ここは「クローン(複製)」で使うので新規では使用しない
- PSoCの型番をクリックして選択できる．今回はCY8C29466-24PXIを選ぶ
- このままでよい
- よければOKを押す

アナログ系で重要な設定値は「RefMux」というAGNDを決める項目です．

PSoCにはバンド・ギャップ（BandGap）と呼ぶ1.3Vの高精度基準電源が内蔵されています．RefMuxは特に精度を必要としなければ $(V_{dd}/2)+/-V_{dd}/2$，センサ計測では $(2BandGap)+/-BandGap$ が適当です．**図4-2**にあるように，前半の（○○）はAGNDの値，後半の「$+/-(△△)$」はA-D/D-Aコンバータやコンパレータで必要になります．

## 4-3 開発環境を使う

PSoCの開発は複数のフォルダとファイルで構成され，「ワーク・スペース」という呼び方で管理されています．本来ワークシートの中に単一，あるいは複数のプロジェクトが作成されますが，本書では単一機能として扱うので，「ワークシート」と「プロジェクト」は同じものとして扱います．

### 手順1 ワーク・スペースを作成する

「PSoC Designer 5.1 SP2.1」のスタート画面から「File」「New Project...」を選択すると，ワーク・スペース作成ウィザードが始まります（**図4-3**）．「Create directry...」にチェックを入れるとワークシートのフォルダの下にプロジェクト・フォルダができます．筆者は単一のプロジェクトの製作なので「チェック」を外しています．

デザイン画面は，パソコン画面の解像度で違いますが，どの表も一部分しか表示できていません．そこで縦のタブ形式にする方法があります．「Window」メニューから「Auto Hide All」をセレクトすると**図4-4**のような縦タブ形式になります．

### 手順2 ヘルプを活用しよう

本書付属CD-ROMにはサイプレス セミコンダクタから協力を得て日本語のデータシートや，アプリケーション・ノートを格納しています．この資料をデザイン中に見たくなることが多く出てくると思います．いく通りかこの資料を参照する方法があるので，場面にあった参照方法で効率の良い開発をしましょう（**図4-5**）．

ユーザ・モジュールの日本語版データシートは全部そろっているわけではありませんが，英文と

第4章　PSoC Designerを動かす手順

「Window」メニューで「Auto Hide All」を選ぶ

縦タブをクリックした例．
一つ一つのウィンドウは見やすくなる

Auto Hide All表示にした画面

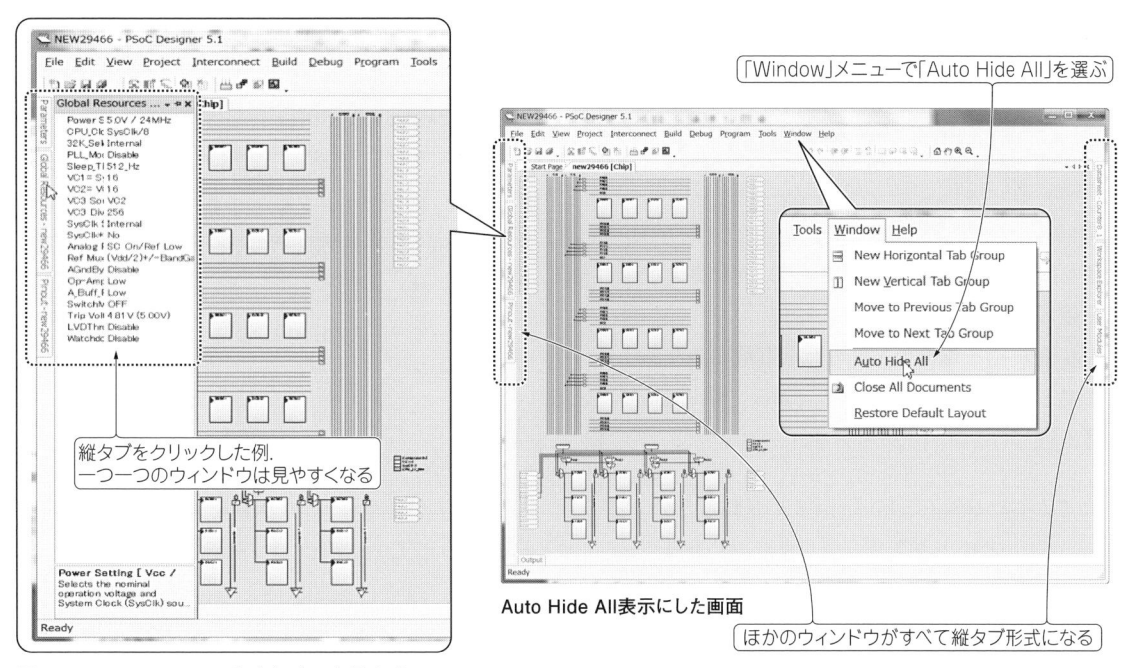

ほかのウィンドウがすべて縦タブ形式になる

**図4-4　Auto Hide Allを実行すると見やすい**

■1 テクニカル・リファレンス・マニュアルや個別のデータシートはメニューの「Help」からたどる

■2 ユーザ・モジュールのデータシートの閲覧方法は何通りかある

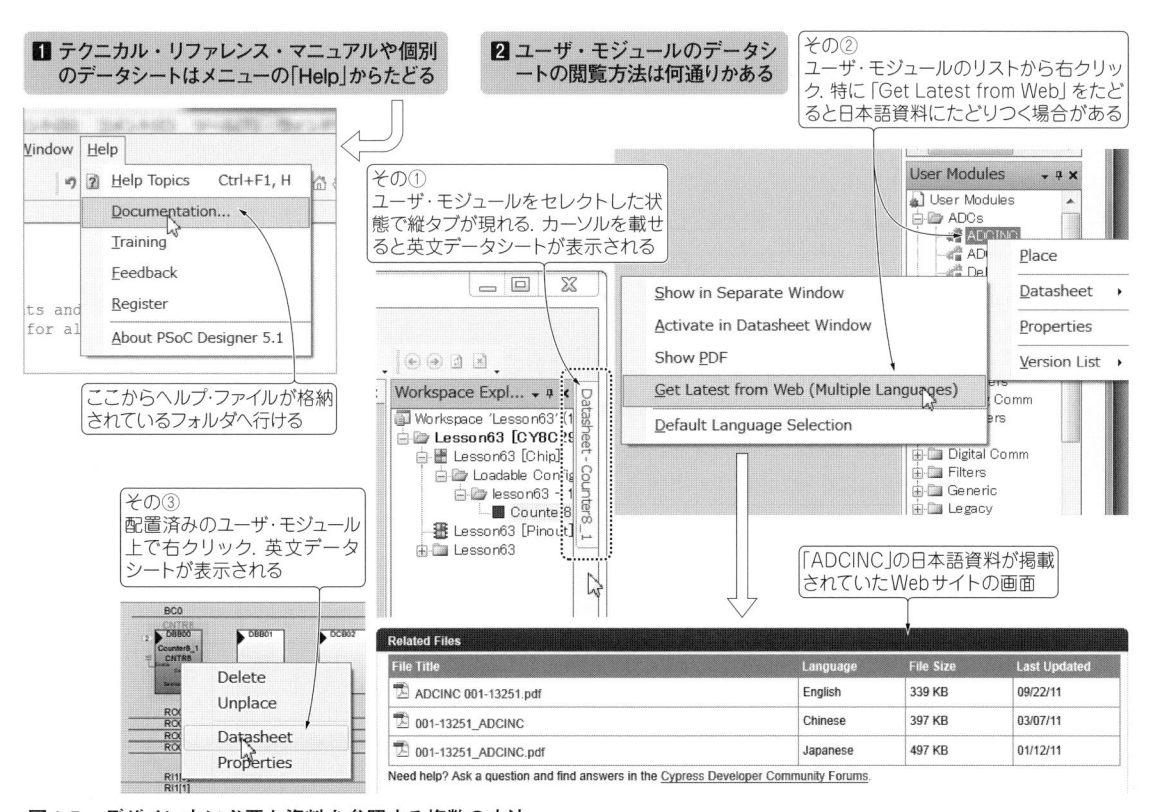

その①
ユーザ・モジュールをセレクトした状態で縦タブが現れる．カーソルを載せると英文データシートが表示される

その②
ユーザ・モジュールのリストから右クリック．特に「Get Latest from Web」をたどると日本語資料にたどりつく場合がある

ここからヘルプ・ファイルが格納されているフォルダへ行ける

その③
配置済みのユーザ・モジュール上で右クリック．英文データシートが表示される

「ADCINC」の日本語資料が掲載されていたWebサイトの画面

**図4-5　デザイン中に必要な資料を参照する複数の方法**

構成が同じなので，データシートの読み方がわかるようになります．データシートの前半に書かれているブロック図と後半の関数の解説と用例は困ったときには何度も眺めてみましょう．どこかに解決の糸口が見つかるはずです．

## レッスン❶
## 4-4 ディジタル波形でビープ音を鳴らしてみよう

> **注　意**
> 音を操作する項目が増えてきます．イヤホンで音を確認する場合，電源投入時に「バリッ」と過大な音が出る場合があり思わぬ事故につながります．イヤホンは電源を入れてから，ゆっくりと耳に近づけるようにしてください．

ここからはPSoC Designerに慣れるため，手を動かして実験できるレッスンをはじめます．

ビープ音とは，数kHzのパルス波形で圧電素子（圧電サウンダとも呼ぶ）を直接駆動して鳴る高めの「ピー」音です．2kHzで駆動してみましょう．

### 手順1　構成を考える

図4-6を見ながら説明します．

① ディジタル出力なのでどのポートからも出力できます．今回はP0[0]に出力します．

② システム・クロックの24MHz（24,000,000Hz）から2kHz（2,000Hz）を作成するには，システム・クロック源VC1で1/12，VC2で1/10，8ビットのカウンタを一つ配置して，1/100にして2kHzを作成してみます．VC3は使わないことにしましたが，ほかのモジュールで使用しないなら1/12000にするだけなので，どんな組み合わせも可能です．

③ 圧電素子は直流成分があっても動作するので，一般的にディジタル出力とGNDで使う例が多いですが，今回はAGNDを出力しました．

### 手順2　グローバル・リソースを決める

VC1，VC2は図4-7のようにそれぞれ12と10を入力してください．また，AGNDを出力したいのでRefMuxの項目を見ると初期値の「（$V_{dd}/2$）＋/－BandGap」となっています．前半の部分が（$V_{dd}/2$）であれば，電源電圧の半分をAGNDとできます．後半の「＋/－BandGap」はこの例で

---

### COLUMN 4-Ⓐ　PSoC Designerがバージョンアップしたら

執筆終了時点（2012年4月時点）では「PSoC Designer」のバージョンが5.2 SP2.1に上がっています．付属CD-ROMに入っているサンプル・プログラムをこの新バージョンで読み出すと図4-Aのようなメッセージが出ます．ラジオ・ボタン「Keep the current boot.tpl」にマークされていれば，そのままOKボタンを押すだけで多くの場合は大丈夫です．いくつか「Replace…」しましたが，問題はまだ出ていません．図4-A内にはありませんが「Preserve…」チェック・ボックスはカスタム・コードを書くハイパワー・ユーザ用なので割愛します．毎回メッセージが出ないようにするには，左下の「Don't show…」チェック・ボックスにチェックを入れてください．

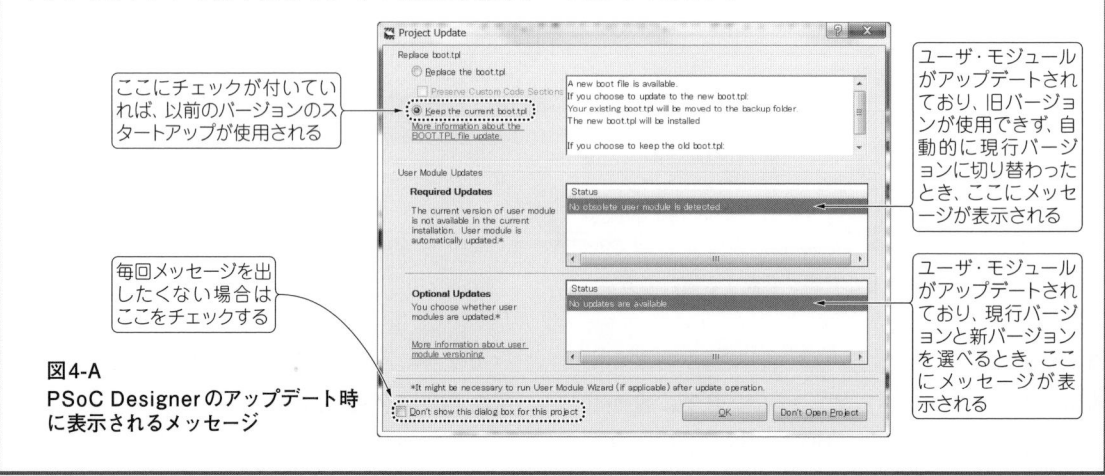

図4-A　PSoC Designerのアップデート時に表示されるメッセージ

第4章 PSoC Designerを動かす手順

**図4-6** 本章のレッスン①，②，③で使用する配線図（電源，書き込み器の接続は省略してある）

圧電素子
P0[4] 26 — レッスン②，レッスン③ 接続
P0[2] 25 — AGND
P0[0] 24 — レッスン①の接続

**Global Resources - Lesson4_1to2**

| | |
|---|---|
| Power Setting [ Vcc / SysClk freq ] | 5.0V / 24MHz |
| CPU_Clock | SysClk/8 |
| 32K_Select | Internal |
| PLL_Mode | Disable |
| Sleep_Timer | 512_Hz |
| VC1 = SysClk/N | 12 |
| VC2 = VC1/N | 10 |
| VC3 Source | VC2 |
| VC3 Divider | 256 |
| SysClk Source | Internal |
| SysClk*2 Disable | No |
| Analog Power | SC On/Ref Low |
| Ref Mux | (Vdd/2)+/-BandGap |
| AGndBypass | Disable |
| Op-Amp Bias | Low |
| A_Buff_Power | Low |
| SwitchModePump | OFF |
| Trip Voltage [LVD (SMP)] | 4.81 V (5.00V) |
| LVDThrottleBack | Disable |
| Watchdog Enable | Disable |

- VC1は24MHzを12分周した2MHz
- VC2はVC1をさらに10分周した200kHz
- VC3はこのレッスンで使用しない
- AGNDは $V_{dd}$ の半分の2.5V

**図4-7** グローバル・リソースは初期値でよい項目も目を通しておこう

① 「Counter8」をダブルクリックか右クリックして「Place」を選ぶ

② ディジタル・ブロック・アレイの左上に「Counter8_1」が配置された

③ 「Counter8」のパラメータ・ウィンドウで設定する

④ この設定の結果，200kHzを1/100にして50/100の比率のパルスが出力される

**Parameters - Counter8_1**

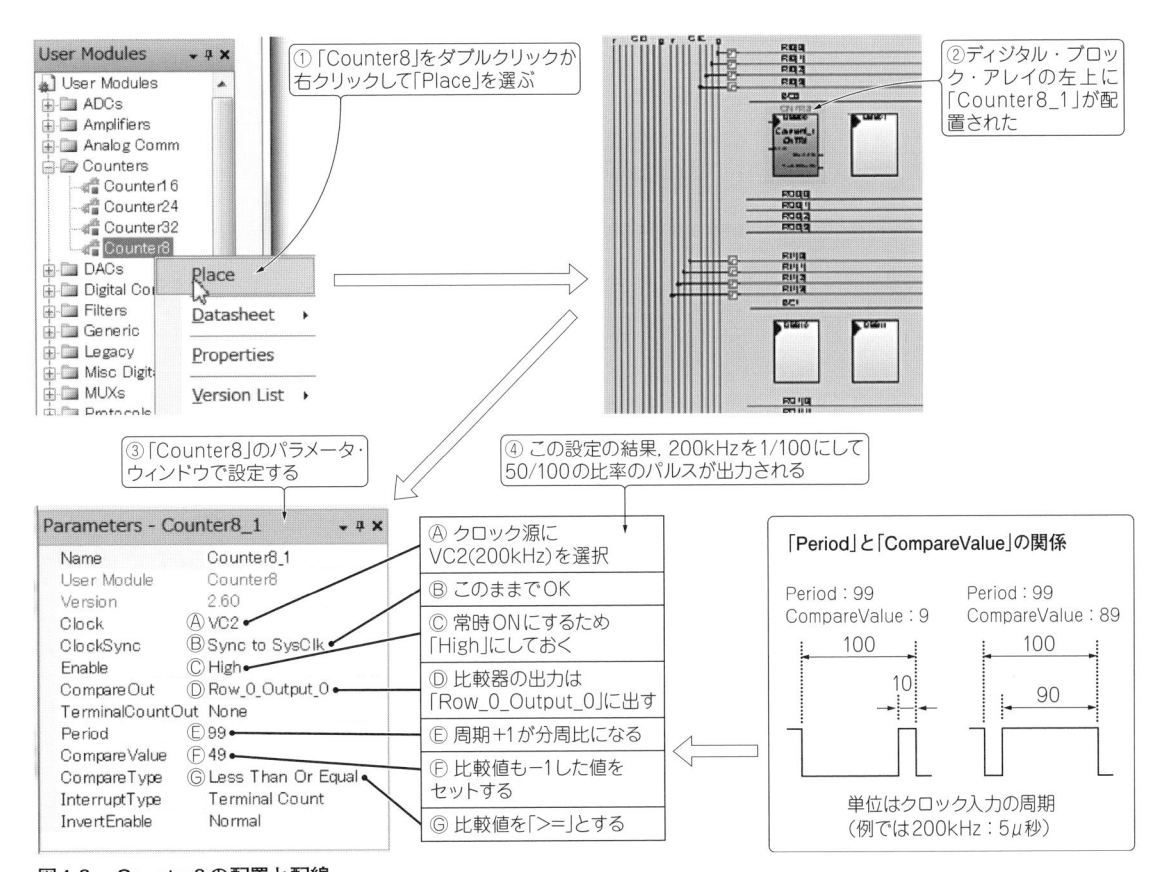

| | |
|---|---|
| Name | Counter8_1 |
| User Module | Counter8 |
| Version | 2.60 |
| Clock | Ⓐ VC2 |
| ClockSync | Ⓑ Sync to SysClk |
| Enable | Ⓒ High |
| CompareOut | Ⓓ Row_0_Output_0 |
| TerminalCountOut | None |
| Period | Ⓔ 99 |
| CompareValue | Ⓕ 49 |
| CompareType | Ⓖ Less Than Or Equal |
| InterruptType | Terminal Count |
| InvertEnable | Normal |

Ⓐ クロック源にVC2(200kHz)を選択
Ⓑ このままでOK
Ⓒ 常時ONにするため「High」にしておく
Ⓓ 比較器の出力は「Row_0_Output_0」に出す
Ⓔ 周期+1が分周比になる
Ⓕ 比較値も-1した値をセットする
Ⓖ 比較値を「>=」とする

「Period」と「CompareValue」の関係

Period : 99  CompareValue : 9
Period : 99  CompareValue : 89

単位はクロック入力の周期（例では200kHz：5μ秒）

**図4-8** Counter8の配置と配線

は使用しないので，なんでもOKです．

**手順3** Counter8の配置

図4-8のようにユーザ・モジュール・ウィンドウのCountersカテゴリを開き，Counter8をダブルクリックするか，右クリックすると現れるメニューの「Place」を選択します．ドラッグ＆ドロップでも可能です．自動的にブロック・アレイの左上から配置されますが，あとから変更できます．

このとき，Counter8_1と自動的に番号がふられます．名前はあとから編集できます．

**手順4** Counter8_1の設定

Counter8_1の設定が空なので，図4-8のように設定しましょう．なお，ディジタル系ユーザ・モジュールの出力は，いったんモジュールの下の

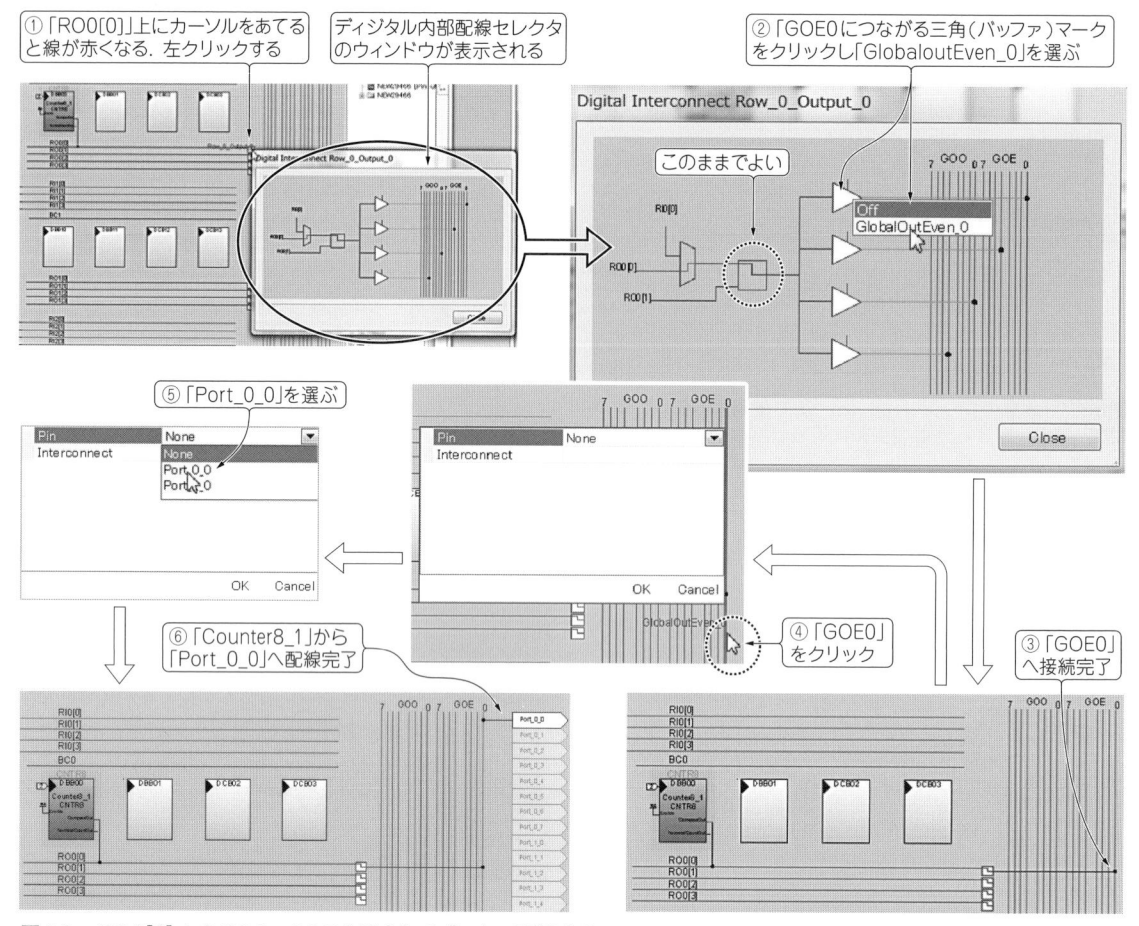

① 「RO0[0]」上にカーソルをあてると線が赤くなる. 左クリックする

② 「GOE0につながる三角(バッファ)マークをクリックし「GlobaloutEven_0」を選ぶ

ディジタル内部配線セレクタのウィンドウが表示される

このままでよい

⑤ 「Port_0_0」を選ぶ

⑥ 「Counter8_1」から「Port_0_0」へ配線完了

④ 「GOE0」をクリック

③ 「GOE0」へ接続完了

図4-9 RO0[0]からGOO, GOEを経由してポートへ配線する

4本の線(行出力線)に出します. この末尾番号0～3は出力ポートの0～3, 4～7と連動するので, P0[0]に出す場合は一番上のRow_0_Output_0に出力させます.

**手順5 カウンタからポートへの出力**

Counter8_1の項目「CompareOut」を「Row_0_Output_0」(以降RO0[0]と呼ぶ)にしたので, すでに線が引かれています. 今度はRO0[0]からポートに出すには列出力線[グローバル・アウトプット：GOO, GOE(Global Output Odd/Even)]を経由します(図4-9). この番号もポート番号と密接な関係があります. P0[0]に接続できるのはGOE[0]です.

**手順6 AGNDの出力**

続いてアナログ・ブロックを使ってAGNDを出力してみましょう. RefMuxユーザ・モジュールを使ってピンP0[2]に出します. MUXsカテゴリの中のRefMuxを配置します. 最初はやはり左上に配置されてしまいますが, 図4-10の手順で配置を変更します.

アナログ出力は4本しかなく, RefMuxをP0[2]に接続するには, ACB03へ移動させましょう. マウスでドラッグ＆ドロップするか, メニューの「Interconnect」の「Next Allowed Placement」で順番に送る方法があります. 誌面ではわかりませんが, 配置できる場所があればブロック・アレイが緑色に変色します. 次にRefMuxのパラメータを設定し, AGNDにします. このRefMuxは自動的にアナログ出力バス(AnalogOutputBus_3)へ接続されるので, その先端にあるアナログ・バッファ「AnalogOutputBuf_3」の出力をP0[2]にします.

これで内部回路の配線は終了です. 単語が長く

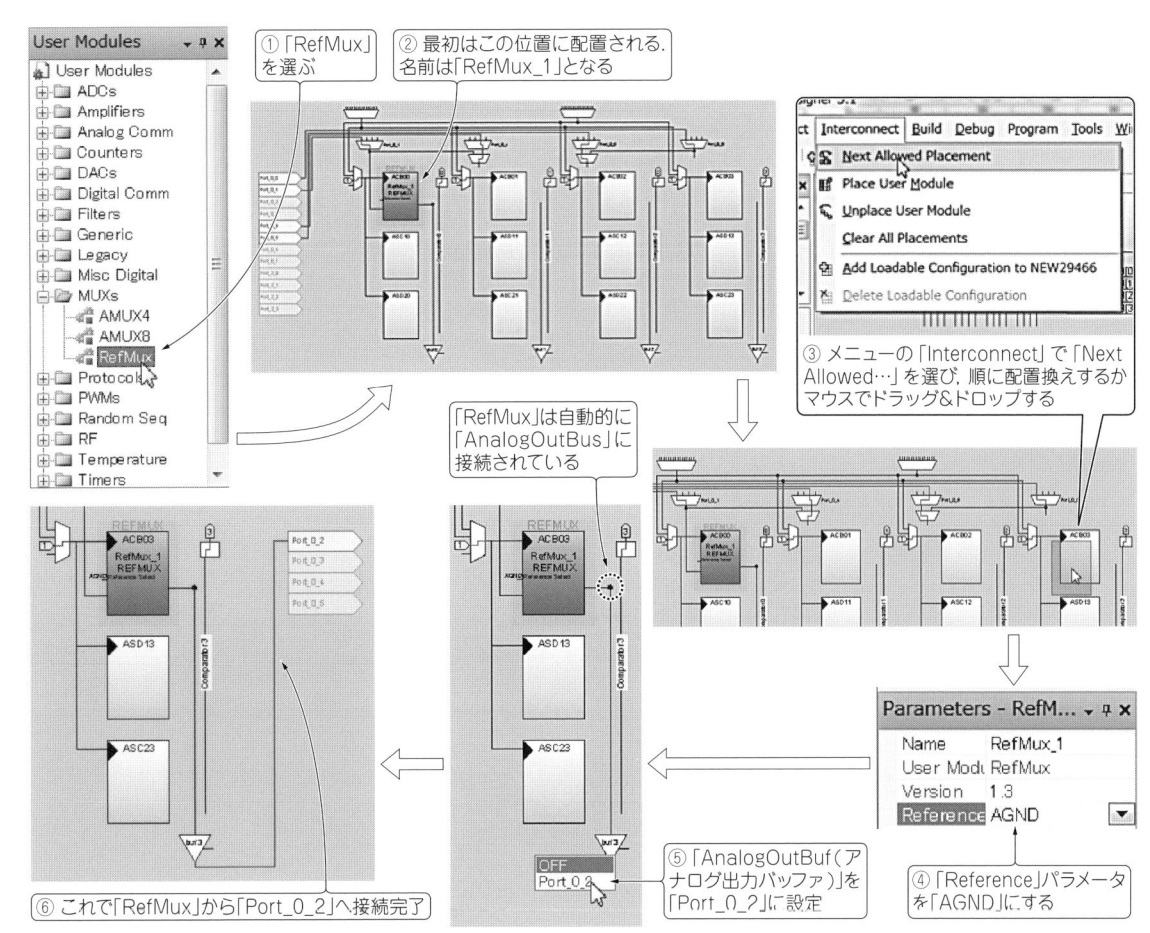

図4-10 RefMuxの配置からポートまでの接続

読み分けるのが大変ですが、慣れてしまいましょう。

### 手順7 ユーザ・モジュールの起動指示を書く

これだけはプログラムで記載しないとユーザ・モジュールが動作しません．ワーク・スペースを作成したときに「main.c」というプログラムが作成されています．これにAPI関数と呼ばれる起動のコードを書き加えます．ところが，スタート直後にはmain.cが表示されていないので，それを探すところから始めましょう．

図4-11のように「Workspace Explorer」（初期画面では右上）から探します．見つかったmain.cはダブルクリックするか，右クリック・メニューの「Open」で表示できます．すでにひな型ができており，これにコードを書き加えます．

配置したユーザ・モジュールに対して一つ以上のスタート命令が必要です．ディジタル系には引数（かっこ内の定数）がない場合が多く，アナログ系はパワーを決める「○○_HIGHPOWER」が入ります．

まずはユーザ・モジュール一つにつき暗黙的にスタート命令を追加する習慣をつけましょう．これを記述しないと絶対に動きません．

### 手順8 プロジェクトのビルド

いよいよ，作り上げたデザインを実現化する「ビルド」という作業をします

ブロック・アレイに配置したユーザ・モジュールなどのデザインもmain.cもオブジェクト・コードと呼ばれる中間コードに変換します．Generate（生成）という作業です．これにいくつかほかのオブジェクト・コードと合体させPSoCに書き込むデータ形式にするのがビルドと呼ぶ作業です．

配置したユーザ・モジュールなどのデザインと，

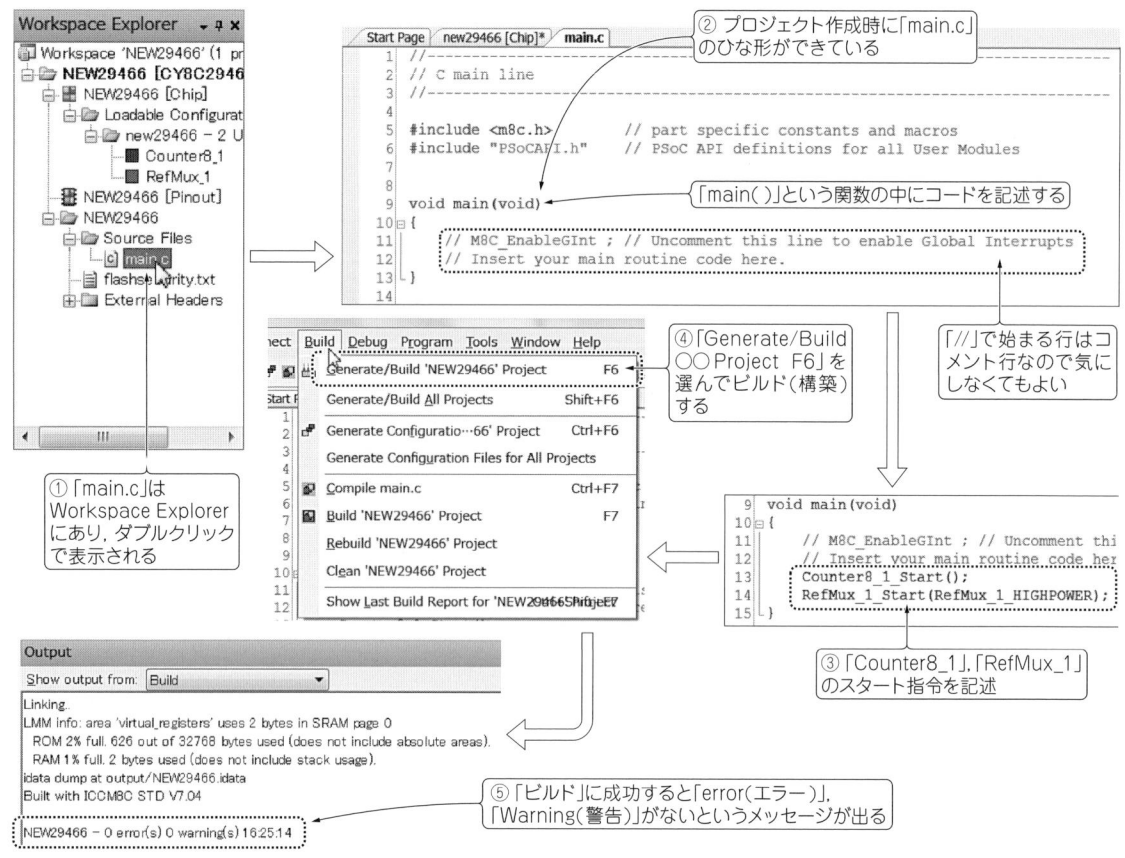

**図4-11** main.cへのスタート命令の記述とビルドまでの手順

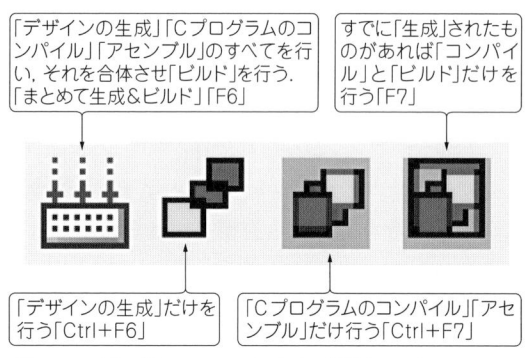

**図4-12** ビルドのメニューにある4種類のアイコン

main.cを個別に生成するときは，デザインを先に構築します．main.cで使うスタート命令などのAPI関数はデザインを生成するまで存在しないからです．

その関係をアイコンで説明したのが**図4-12**です．通常はまとめて生成＆ビルドを行える「F6」でよいです．デザインはOKでプログラムだけ何回もコンパイルしたいときには，「Ctrl+F7」を使うほうが速いです．

### 手順9 PSoCへの書き込み

すでにPSoCとMiniProgが配線され，USBケーブルでパソコンに接続されている環境を前提にします．メニューから「Program」「Program Part...」あるいは「Ctrl+F10」で書き込みウィンドウが出てきます（**図4-13**）．

右下にある書き込み開始の矢印ボタンを押すと書き込みが開始されます．CY8C29466への書き込み時間は40秒以上かかります．

このままMiniProgから5Vの電源を出すことができます．まず，配線を確認してみましょう（**写真4-1**）．P0[0]（24番ピン）とP0[2]（25番ピン）に圧電素子を接続します．電源をONにしてみましょう．成功すれば「ピー」という甲高い音が鳴るはずです．

第4章　PSoC Designerを動かす手順

①メニューの「Program」から「Program Part…」を選ぶ

「MiniProg」が認識されていることを確認

「MiniProg」から電源を供給できる「電源」ボタン

書き込みステータス・バー

書き込み中など電源が供給されていると表示が変わる

書き込み開始ボタン．ビルドが成功していればそのファイルを使うので，フォルダを意識することはない

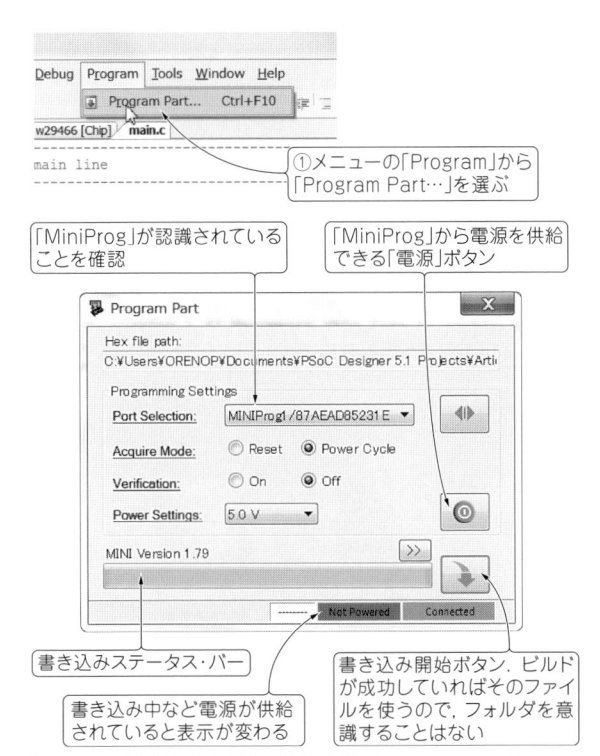

図4-13　書き込みから電源ONまでをするProgram Part

3章で作った実験ベンチ

圧電素子を24番ピンと25番ピンに接続する

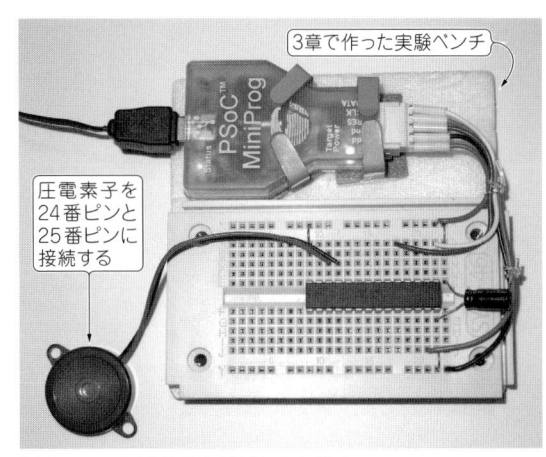

写真4-1　圧電素子を接続したようす

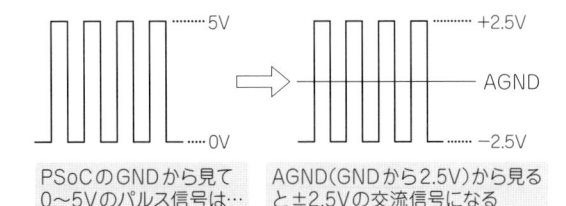

PSoCのGNDから見て0～5Vのパルス信号は…

AGND(GNDから2.5V)から見ると±2.5Vの交流信号になる

図4-14　AGNDを基準にすると0～5Vのパルスは交流波形

### 手順10　最後に確認しよう

P0[2]（25番ピン）から出力したAGNDをテスタで測ってみましょう．グローバル・リソースでAGND=$V_{dd}/2$に設定してあるので，動作していれば2.5Vが出ているはずです．筆者の環境では$V_{dd}$が5.038Vで見事に半分の2.519VがP0[2]に出ていました．

周波数も測定できるテスタなら，P0[0]（24番ピン）の周波数も測定しましょう．こちらは，2030Hzでした．30Hzの違いはシステム発振器の精度範囲（±2.5％）内で収まっていることがわかります．

## レッスン❷
## 4-5　パルス波形をアナログに入力してみよう

P0[0]から出力した波形は，アナログ部に入力できます．0～5Vのパルス波形ですが，AGNDからみると±2.5Vの交流波形になります（図4-14）．

### 手順1　PGAの配置

アナログ回路で，この交流波形の振幅を1/2にしてみましょう（図4-15）．振幅を半分にするにはPGAユーザ・モジュールを使い，ゲインを0.5に設定します．出力をP0[2]のとなりのP0[4]に出したいので，ACB02の位置に配置しました．配置のやり方はレッスン①と同じです．

### 手順2　PGAの設定

次にPGAの設定を行います．ゲインを0.5にしています．また，信号の基準「Reference」をAGNDにします．

### 手順3　ポート00からの配線

入力を「AnalogColumn_InputSelect_2」を選び，その上の「AnalogColumn_InputMUX_3」を選びます．ディジタルと同じでクリックすると選べます．「AnalogColumn_InputMUX_3」はポート00，02，04，06を選べるのでPort_0_0（P0[0]のこと）をセレクトします．これで，P0[0]の信号をPGA_1へ入力させる配線ができました．

### 手順4　出力の配線

出力の配線はRefMuxと同じです．「buf2」と書いてあるバッファ（下向き三角）をクリックし

# 2ND AREA

**Parameters - PGA_1**

| | |
|---|---|
| Name | PGA_1 |
| User Module | PGA |
| Version | 3.2 |
| Gain | 0.500 |
| Input | AnalogColumn_InputSelect_2 |
| Reference | AGND |
| AnalogBus | AnalogOutBus_2 |

② PGAの設定をする
「ゲイン」は半分の0.5
入力は「AnalogColumn_InputSelect_2」を選ぶ
出力に「AnalogOutBus_2」を指定

① 「Amplifires」カテゴリから「PGA」を選んで配置し「ACB02」に移動する

③ 「AnalogColumn_InputSelect_2」の入力を「AnalogCoumn_InputMUX_3」にする

「AnalogCoumn_InputMUX_3」は「P0[0]」入力にする

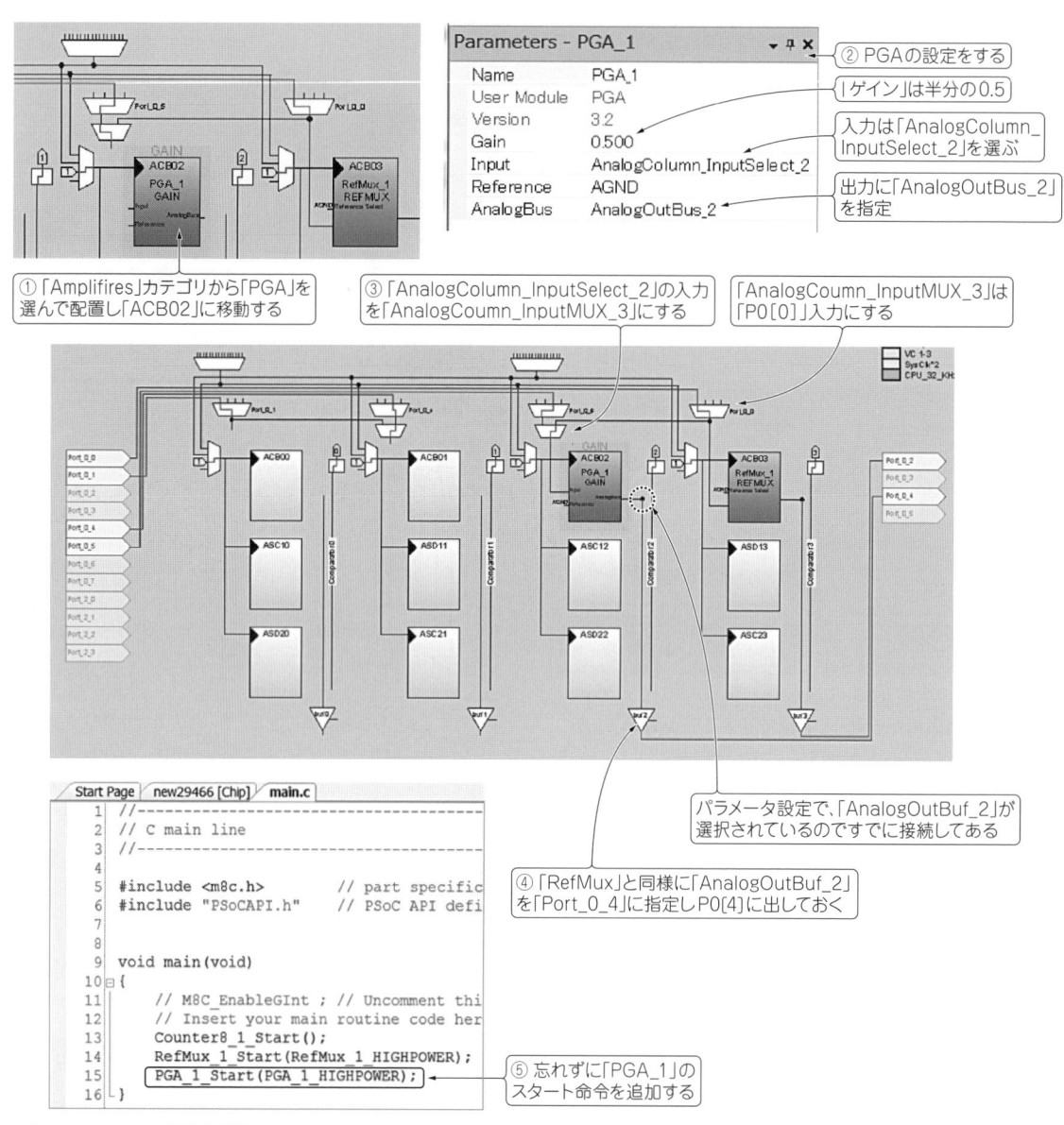

パラメータ設定で、「AnalogOutBuf_2」が選択されているのですでに接続してある

④ 「RefMux」と同様に「AnalogOutBuf_2」を「Port_0_4」に指定しP0[4]に出しておく

```c
//--------------------------------
// C main line
//--------------------------------

#include <m8c.h>       // part specific
#include "PSoCAPI.h"   // PSoC API defi


void main(void)
{
    // M8C_EnableGInt ; // Uncomment thi
    // Insert your main routine code her
    Counter8_1_Start();
    RefMux_1_Start(RefMux_1_HIGHPOWER);
    PGA_1_Start(PGA_1_HIGHPOWER);
}
```

⑤ 忘れずに「PGA_1」のスタート命令を追加する

**図4-15　PGAの配置と配線**

てP0[4]を選択します．これで配線は完了です．

### 手順5　忘れてはならないmain.cへのコード追加

PGAを追加したので，main.cへPGAのスタート命令を追加します．

### 手順6　ビルド，書き込み，電源ON！

AGNDを基準にしてP0[0]に接続したときとP0[4]に接続したときとでは，音の大きさが違うことがわかると思います（**図4-16**）．2.5V付近にラインを入れてあります．それぞれ，AGNDを中心に振れていることがわかります．また，上の

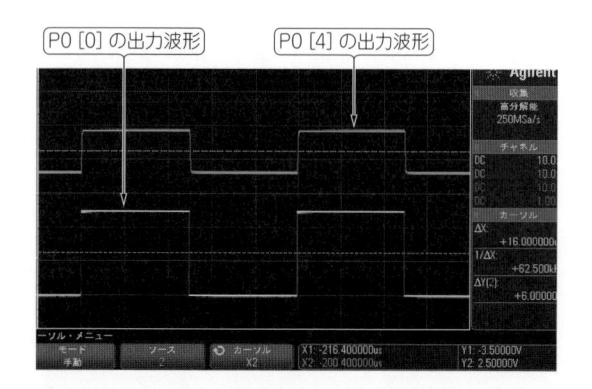

**図4-16　P0[0]（下）とP0[4]（上）の出力波形**（両方とも 2V/div, 100μs/div）

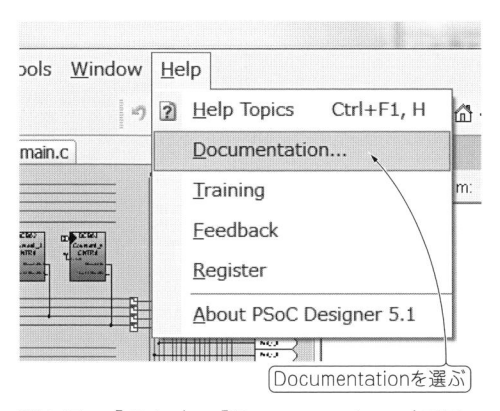

第4章 PSoC Designerを動かす手順

**図4-17** 「Help」→「Documentation...」でフォルダが開く

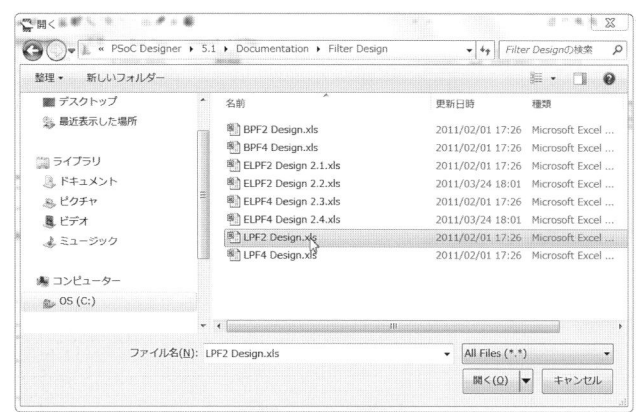

**図4-18** LPF2 Design.xls を選択する

- 黄色いセル内の数値を変更する．遮断周波数（Corner Freqency）を2000，増幅しないのでGainは0（1倍），サンプル・クロックを50000に設定した
- フィルタの種類を6種類から選ぶ．ここではバタワース・フィルタを選んだ
- 「オーバ・サンプリング・レシオ」本文参照
- 計算された値が緑色のセルに表示される．C1～C4，CA，CBを控えておく．クロックなどで値が外れてしまったときは赤字で表示される
- 24MHzからサンプル・クロックを作る分周値
- 計算された周波数特性のグラフ．緑が計算値，マーク付きの紺色の線は理想値（希望値）

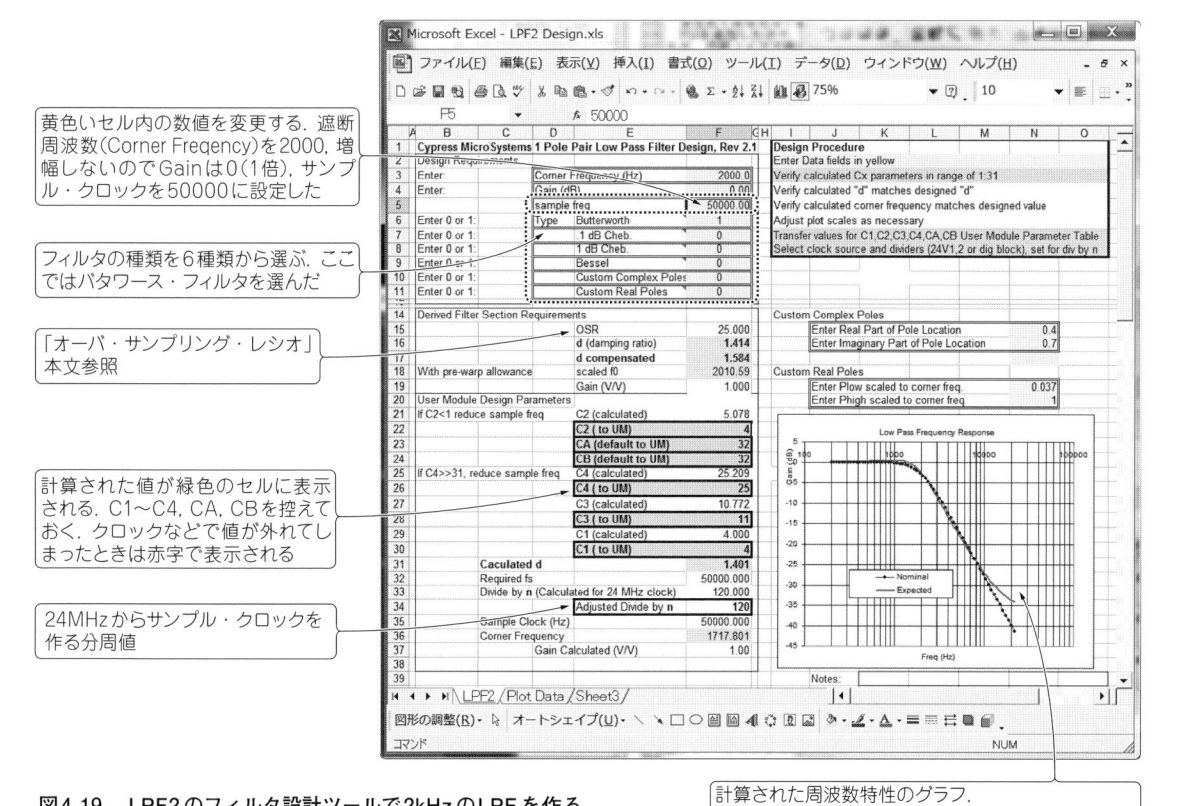

**図4-19** LPF2のフィルタ設計ツールで2kHzのLPFを作る
（セルやグラフ線の色は実際の画面参照）

波形はCTブロックを通したため少し波形が鈍ってアナログ的な波形になっています．

## 4-6 レッスン③ フィルタを使う

レッスン②で振幅を半分にしたパルス信号にさらにローパス・フィルタ（LPF）をかけてみましょう．どんな結果になるでしょうか．

### 手順1 フィルタ設計ツールを使う

レッスン②で出力したパルス波形は2kHzです．そこで遮断周波数2kHzのLPFを設定しました（**図4-17〜図4-19**）．**図4-19**の計算された周波数特性を見ると，遮断周波数2kHzの手前からなだらかにレベルが落ちています．これはローパス・フィルタの性質です．ここでC1～C4，CA，CBの値が求まりました．次にLPF2ユーザ・モジュー

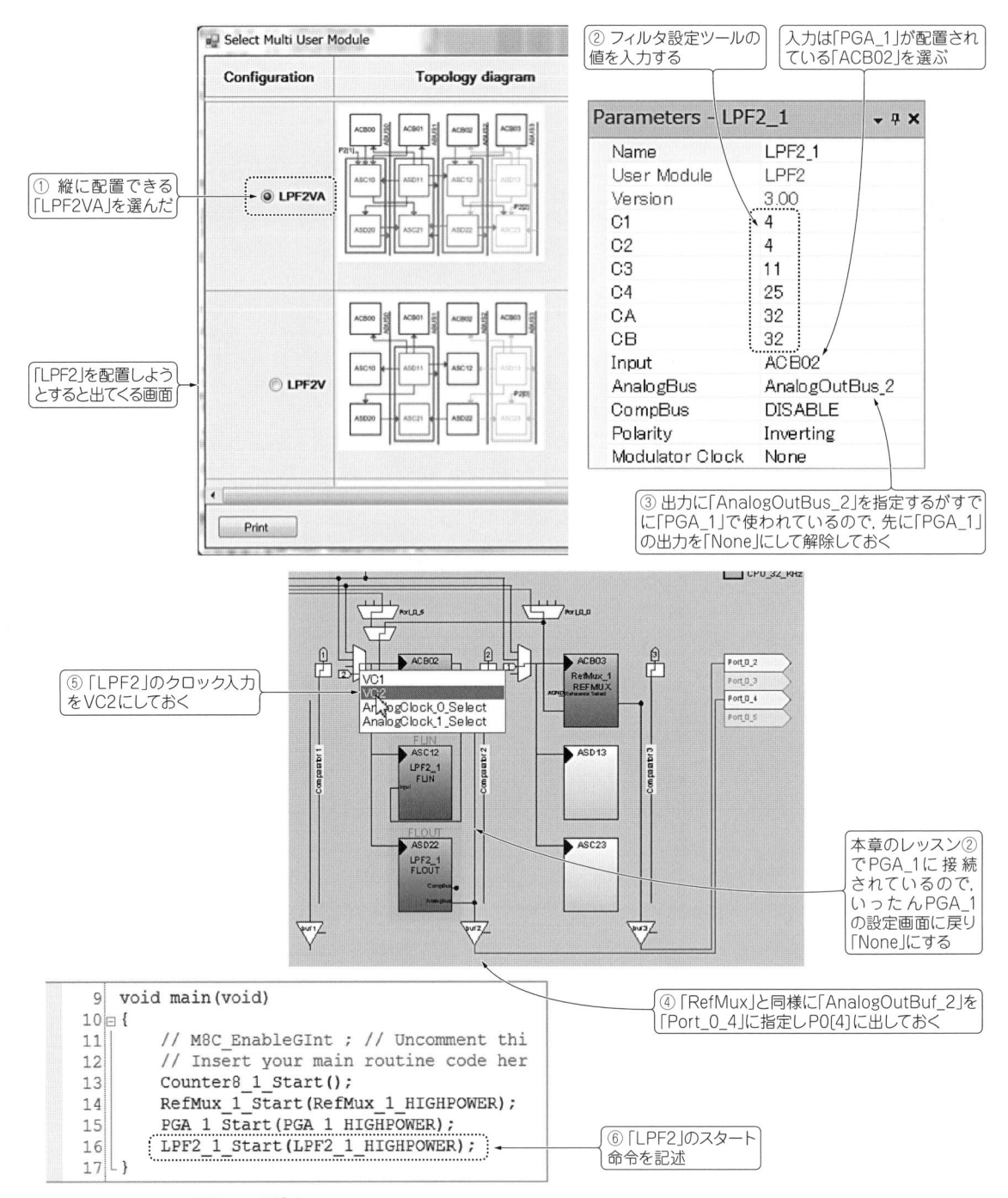

**図4-20 LPF2の配置から配線まで**

ルを配置します．LPF2にはその配置方法で4通りの組み合わせがあります．ここでは縦に配置したいので「LPF2VA」を選択しました（**図4-20**の①）．

選択直後は左側に配置されるので，レッスン①と同じように配置換えします．アナログ出力バスはPGA_1に接続していたのでPGA_1でいったんNoneにしてから，LPF2に接続します．

フィルタ遮断周波数はサンプル・クロックの1/4と決められています．設定ツールで50kHzになっているので，4倍にあたる200kHzのVC2を使いました．

第4章 | PSoC Designerを動かす手順

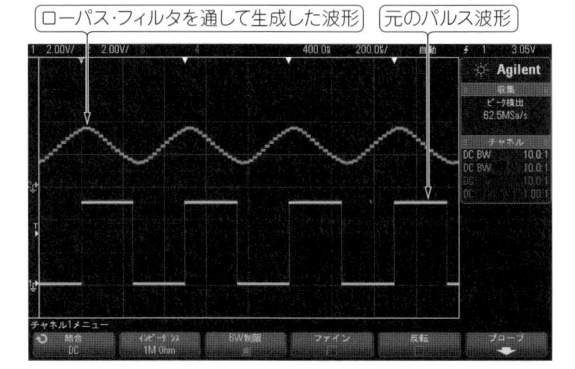

**図4-21** 元のパルス波形（下）とローパス・フィルタを通して生成した波形（上）（両方とも2V/div，200us/div）

- ローパス・フィルタを通して生成した波形
- 元のパルス波形

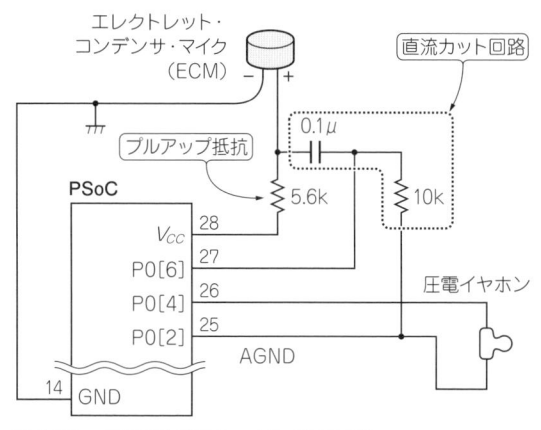

**図4-22** ECMを使うレッスン④の回路

### 手順3 最後にスタート命令を加える

いままでと同様に，スタート命令，

```
LPF2_1_Start(LPF2_1_HIGHPOWER);
```

の1行をmain( )の中に加えます．

### 手順4 ビルドして実行

P0[4]からはフィルタを経由した信号が出てきました．波形はギザギザしていますが，これがスイッチト・キャパシタ回路特有のもので正常な波形です．また，フィルタの特性がゆるやかなので，sin波形に近づいてはいるものの少し歪が見られます（図4-21）．イヤホンで聴いてみたところ，少しまろやかな「ピー」音になったようです．

## 4-7 レッスン④ マイク入力から出力まで

### ●マイク入力回路

エレクトレット・コンデンサ・マイク（ECM）を入力させて，増幅して出力します．せっかくなのでレッスン③までのデザインを応用してLPF2でマイク入力にフィルタをかけました．安価なヘッドセットなどのマイクもこのECMです．このマイクはプラスとマイナスの極性をもっています．また，自身で発電しないので，5.6kのプルアップ抵抗を用い外部から電源を加えて使います（図4-22）．

### 手順1 デザインの変更

マイク入力回路は5.6kΩで電源を加え，0.1μFと10kΩで直流をカットしPSoCのAGND基準で入力

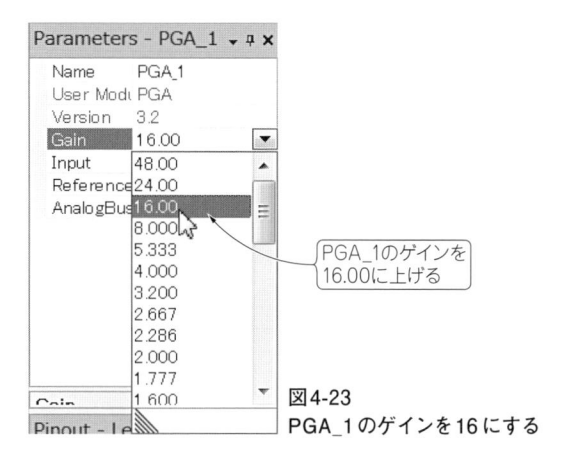

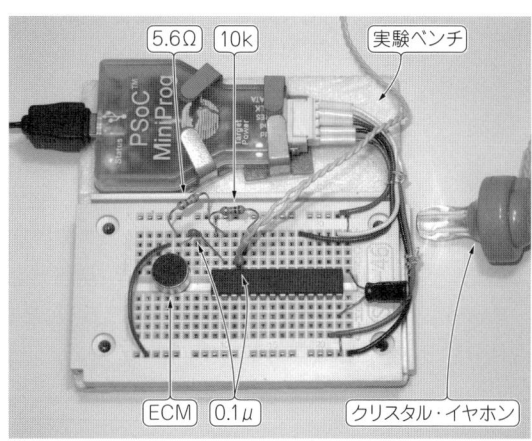

**図4-23** PGA_1のゲインを16にする

**写真4-2** マイク入力を実験しているようす

させています．パルスは出さないのでCounter8_1は使わなくなりますが，ここでは実験なのでそのままにしておきました．Counter8_1も電流を消費するので，気になる方は削除してください．

マイク入力の振幅は微少なので，PGA_1を通すときにゲインを上げておきます．マイクによっても

51

違いますが，今回は16倍にしました（図4-23）．

**手順2** ビルドして実行

出力にはイヤホンを接続して音を確認します（写真4-2）．フィルタの効果はいかがでしょうか．遮断周波数が2kHzなので，男性の普段の声にはあまり影響ないようですが，「キーッ」と高い声の入力には音が小さくなっています．フィルタの効果がよくわかる実験だと思います．出力される音は「シー」というノイズ音が混ざることがあります．ギザギザ波形の影響もあるかもしれません．このような「ノイズ」音は，抵抗とコンデンサのフィルタで簡単に除去できる場合も多いので，実験では気にしないでいきましょう．

---

## COLUMN 4-Ⓑ　PSoCの信号名称

すでにお気づきの方もいらっしゃるかと思いますが，PSoCで使用するフォルダや設定値などの名称には長いものが多く，省略したりそのままだったり，ソフトウェア内部の表現と物理的な表現が違うこともあり，戸惑うことも少なくありません．そこで，本書ではどのように表現しているのかを下記に示します．

◆ ポート名の表現

- ポート名「P_0_0」と「P0[0]」は同じ

キャプチャした画像以外，本書では後者に統一してあります．

- GlobalInputEven/Odd_N, Row_X_Input/Output_Nなどその頭文字を使ってGOE/O[N]，RI/OX[N]と表現してある

PSoC Designer上では両方の表記で表現されるので，慣れるしかありません．また，いったん紙に書くと"O"と"0"，"I"と"1"が混乱するので，筆者はメモする際は"GIE_1"などと表現しています．

参考までに，わざわざG0～15としないでEven/Oddに分けているのは，ポート数の多い品種だと，EvenにはP0,2,4…，OddにはP1,3,5…，と振り分けられるためと思われます．

◆ アナログ・ブロックの呼び方

アナログ・ブロックにいたっては，覚えの悪い筆者はフルスペルで読むのをあきらめており，勝手に独自の呼び方をしています．参考程度にみてください．

- AnalogColumn_InputMUX_N → AMXNまたはAMUXN（エーマクス）
- AnalogColumn_InputSelect_N → ASelN（エーセル）
- AnalogColumn_Clock_N → クロックセル
- AnalogClock_N_Select → デジクロックセル
- AnalogOutBus_N → ABusN（エーバスまたはアナバス）
- AnalogOutBuf_N → ABufN（エーバッファまたはアナバッファ）
- AnalogLUT_N（本書では「コンパレータ・バス」と表現）→ CBusN（シーバスまたはコンプバス）など

AMUXは，ユーザ・モジュール「AMUX4」が使えるので，良い意味で混同して呼んでいます．

第5章 | ディジタル・ブロックの活用

# 第5章 ディジタル・ブロックの活用

ディジタル・ブロック配線の規則や機能をLEDで見るレッスン

ディジタル・ブロックの入力/出力を内部配線するときのルールや，アナログ・ブロックからディジタル・ブロックに入力するときに使うコンパレータなどを紹介します．レッスンではLEDを光らせて各機能の確認を行います．デザインは各レッスン共通です．

## 5-1 ディジタル・ブロックを動かす

ディジタル・ブロックの配線は縦でも横でも自由自在とはいかず，規則があります．

ディジタル・ブロックはポートから縦の入力配線「グローバル・インプット・バス：GIO，GIE」を通し，そこから横の入力配線「ROW_X_Input_N（X，Nは番号）」を経由してディジタル・ブロックへ入力します（図5-1）．また，出力は横の出力配線「ROW_X_Output_N（X，Nは番号）」に出した後，縦の出力配線「グローバル・アウト

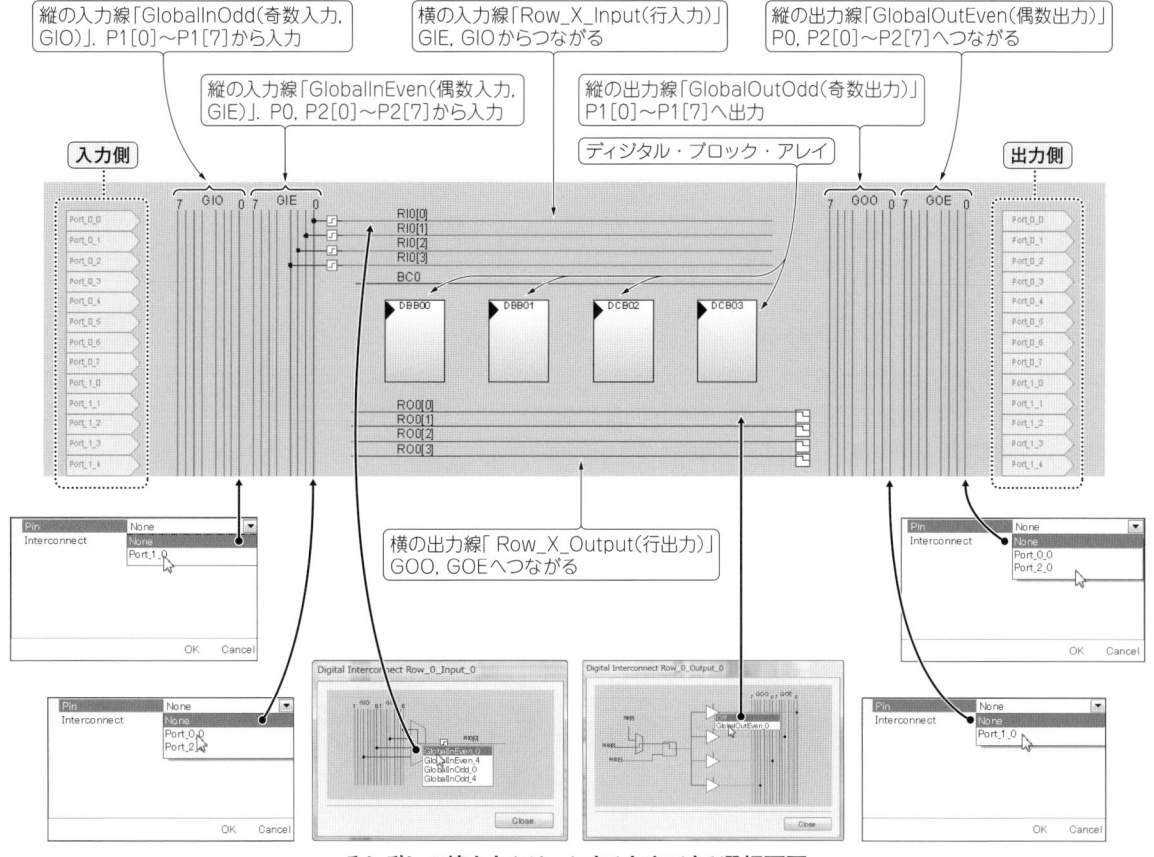

それぞれの線を左クリックすると出てくる選択画面

図5-1 ディジタル・ブロック周辺の配線

## 2ND AREA

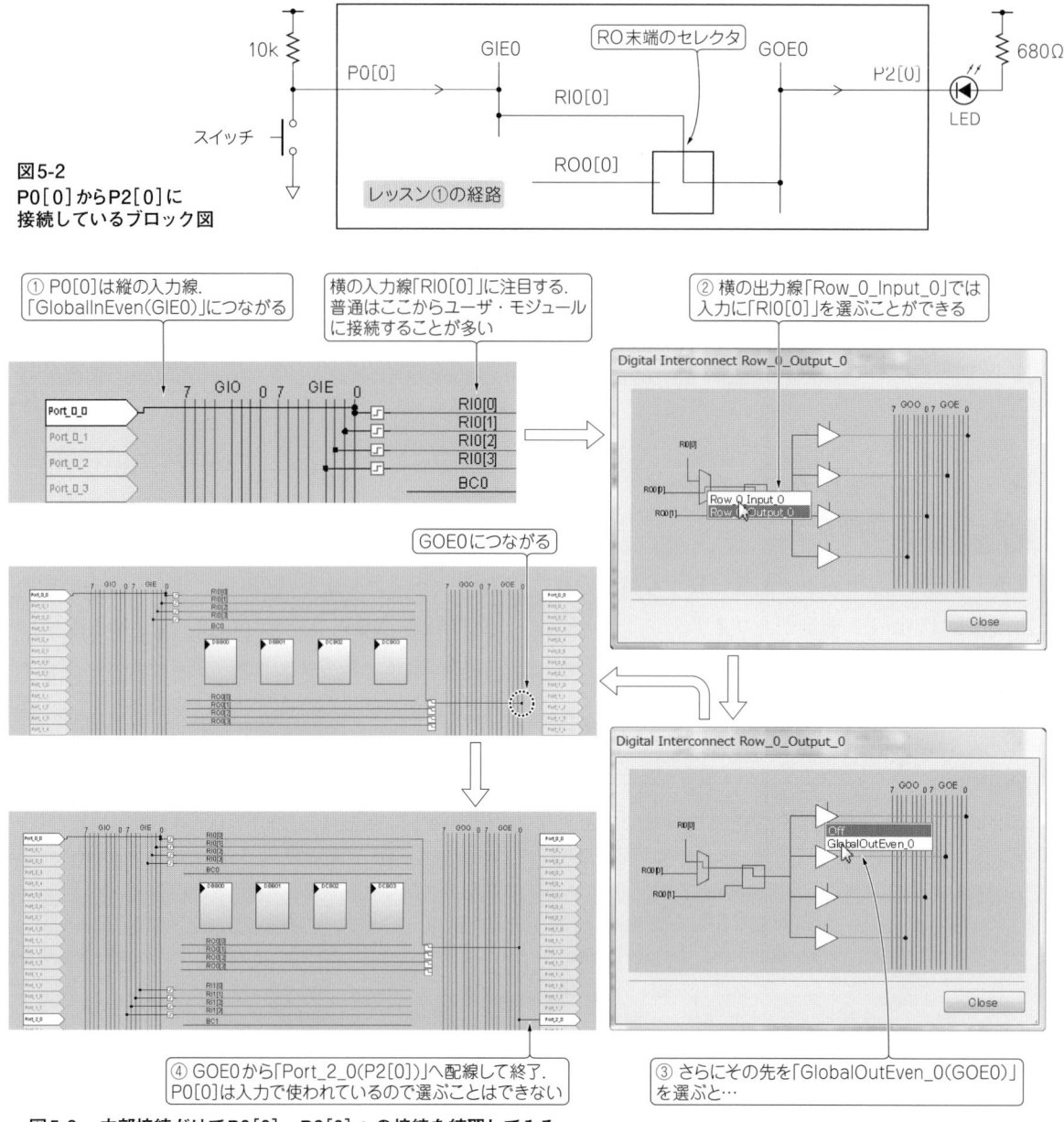

**図5-2 P0[0]からP2[0]に接続しているブロック図**

① P0[0]は縦の入力線．「GlobalInEven(GIE0)」につながる

横の入力線「RI0[0]」に注目する．普通はここからユーザ・モジュールに接続することが多い

② 横の出力線「Row_0_Input_0」では入力に「RI0[0]」を選ぶことができる

GOE0につながる

③ さらにその先を「GlobalOutEven_0(GOE0)」を選ぶと…

④ GOE0から「Port_2_0(P2[0])」へ配線して終了．P0[0]は入力で使われているので選ぶことはできない

**図5-3 内部接続だけでP0[0]→P2[0]への接続を練習してみる**

プット・バス：GOO，GOE」に接続し，ポートへ出力します．グローバル・アウトプット・バスに接続するときに，隣の線やグローバル・インプット・バスと論理回路を作ることができます．

つまり，①ポート→②縦入力線→③横入力線→④ユーザ・モジュール→⑤横出力線→⑥縦出力線→⑦ポートが基本の順番です．

そのほか，入出力どちらにも使用できる「ブロード・キャスト：BC」，アナログ・ブロックからの信号を入力する「コンパレータ・バス」があります．

ディジタル・ブロックはすでに第4章のレッスン①「ディジタル波形でビープ音を鳴らしてみよう」でCounter8を使っています．おさらいも含めて，入力から出力へと順を追ってつなぐ練習をしてみましょう．

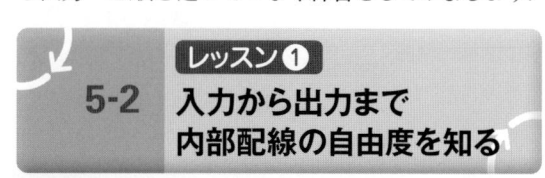

### レッスン❶
### 5-2 入力から出力まで内部配線の自由度を知る

**手順1** 配線だけでポートをつなぐ

配線だけでポートどうしをつなげました（**図5-**

第5章 ディジタル・ブロックの活用

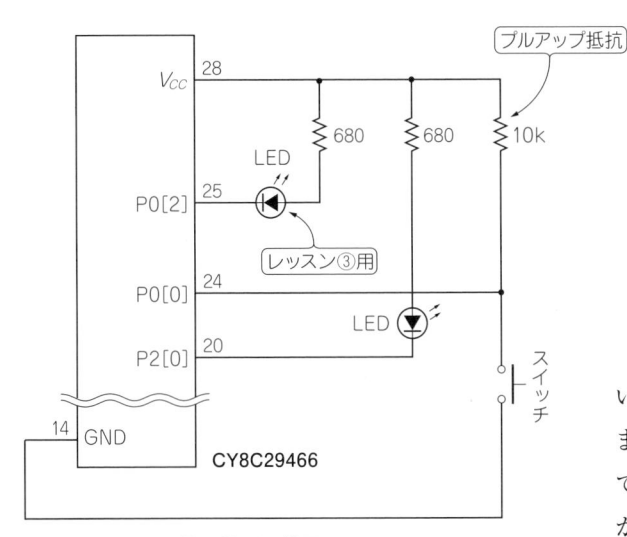

**図5-4** レッスン①〜③の配線図

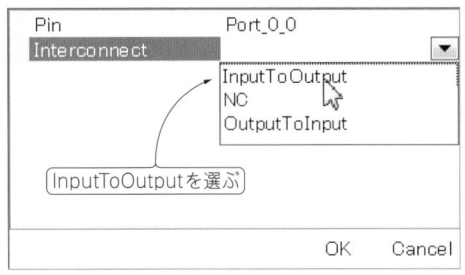

**図5-5** InterconnectからInputToOutputを選ぶ

2，**図5-3**）．実用的な内容ではありませんが，配線からポートの接続ルールがわかる手助けになると思います．P0[0]にスイッチ入力を入れて，LEDを点灯させてみましょう．

P0[0]に接続できるのはGIE0で，この時点ですべての出力が予測できます．結果的には，この配線ではP0[0]から直接出力できるのはP2[0]のほかにはP0[4]，P2[4]，P1[0]，P1[4]だけです．出力セレクタを工夫すれば，さらに一つ前の番号のポートP2[7]のほかにはP0[3]，P0[7]，P2[3]，P1[7]，P1[3]も可能です．このレッスンで試行錯誤して，配線のイメージにつなげられれば幸いです．

この例は，ユーザ・モジュールを使用していないため，プログラムにスタート命令は必要はありません．グローバル・リソースも初期状態のままで大丈夫，ビルドするだけで動作します．**図5-4**が配線図です．GIEに配線した入力にはPullup機能を追加できないので，スイッチには外部にプルアップ抵抗を付けています．

## 5-3 レッスン❷ Interconnectを使う

### 手順1 オレンジ色の線を出す

内部配線のもう一つの方法が「Interconnect」配線です．GIE0でP0[0]を選択したら，その下のセルInterconnectの欄をInputToOutputにします（**図5-5**）．すると，入力GIE0から出力GOE0へ直接配線されます．その配線はディジタル・ブロックの一番下に表示されます．紙面ではわかりませんが，オレンジ色の線で描かれています（**図5-6**，**図5-7**）．あとはレッスン①と同様にGIE0からP2[0]へ接続

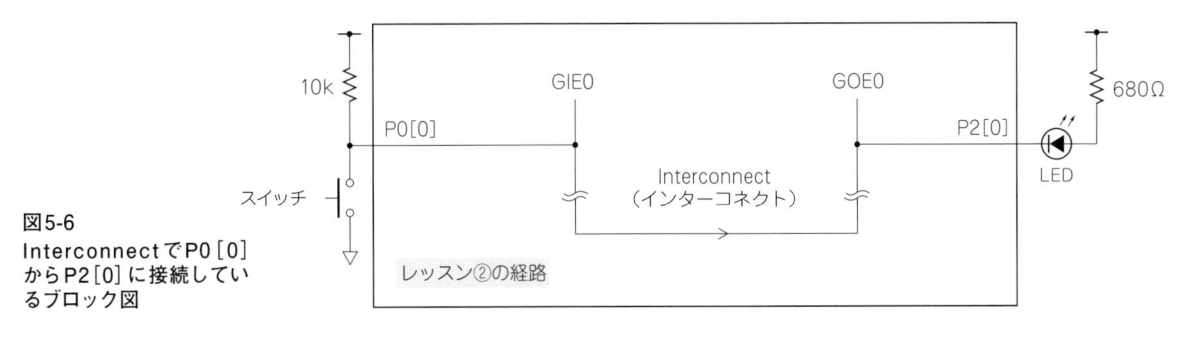

**図5-6** InterconnectでP0[0]からP2[0]に接続しているブロック図

**図5-7** InterconnectのInputToOutputで配線するとオレンジ色の線が出る

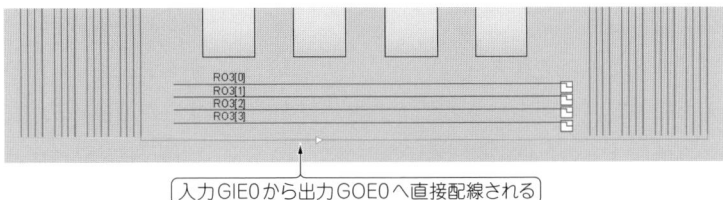

55

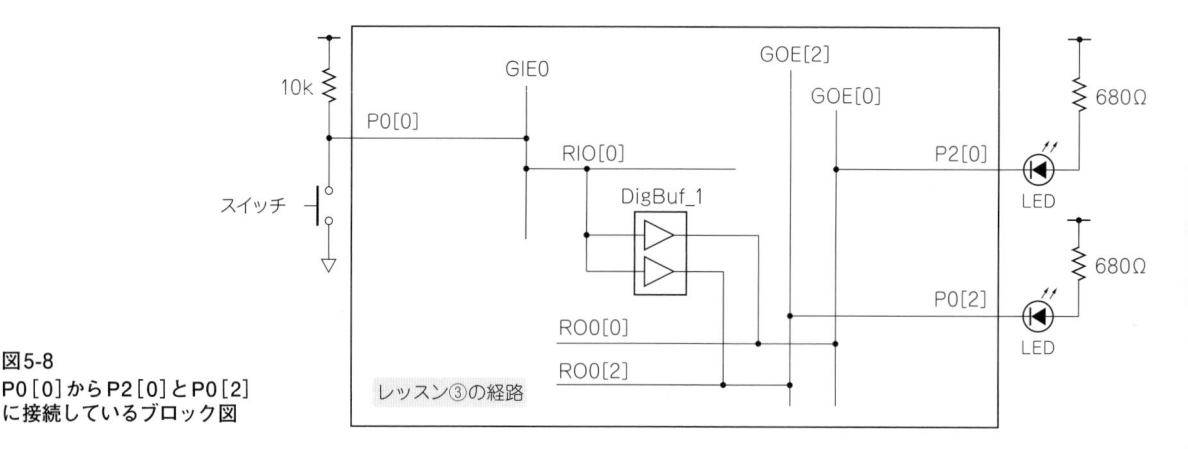

**図5-8**
P0[0]からP2[0]とP0[2]に接続しているブロック図

します．このときGOE0のInterconnectの欄も自動的にInputToOutputへ変更されています．この場合もプログラムおよびグローバル・リソースなどの設定は必要ありません．

## 5-4 レッスン③ DigBufを使う

**手順1** ディジタル・バッファを配置する

内部配線だけでは融通がききません．「となりのピンに信号を出したい」や，「一つの信号を分配したい」ときにはユーザ・モジュール「DigBuf」が便利です．先ほどのP2[0]に加えて，入力P0[0]のとなりのピンであるP0[2]へ出力してみます（図5-8，図5-9）．DigBufはその名のとおりディジタルのバッファで信号を経由する機能で，2回路入っています．Misc Digitalカテゴリに入っています．最後にDigBufのスタート命令を追加して完了です．追加の方法はリスト5-1の13行目を参考にしてください．スイッチを押すとP2[0]とP0[2]に接続したLEDが同時に点灯するはずです．

## 5-5 レッスン④ アナログ・ブロックからディジタル・ブロックへ入力する

このレッスンはA-D変換とは違います．ディジタルの入力に中間の電圧を加えると，入力電流が増えたり誤動作するのと同じことがPSoCにも起こるので，直接入れては"いけません"というものです．

解決するには「コンパレータ」で実現します．半固定抵抗（ボリューム）をDC0～5Vの電源として使って電圧を変化させ，アナログ・ブロックからディジタル・ブロックへ入力し，ある電圧を境にLEDを点灯させてみます（図5-10）．ディジタルは'0'（Lowまたは"L"）か'1'（Highまたは"H"）しかないので，無段階で変化するアナログ値を分ける機能に使用します．何かの電圧（「しきい値」と呼ぶ）と比較して「低いか高いか」で'0'または'1'に振り分けます．

**手順1** COMPのCOMPZを選択

デザインはレッスン③の流用でコンパレータ機能のユーザ・モジュール「COMP」を追加します．COMPには6種類ほど機能があり，配置するときに選択します．今回はAGNDと比較する「COMPZ」タイプを選びました（p.58の図5-11）．グローバル・リソースのRefMuxの項目が$1/2V_{dd}$なので，AGND＝2.5Vと比較することになります．

COMPを配置すると自動的に横のComparator0と線に接続されます．この先をディジタル・ブロックへ接続するわけですが，どこでも接続できるわけではなく，先ほど使ったDigBufの入力1に接続しました．DigBufの先は，これまでのレッスンの配線が残っているので，P0[1]の電圧入力からP2[0]のLED点灯までの経路ができあがりました（p.58の図5-12）．

最後に，ユーザ・モジュールを追加したときの約束ごと，スタート命令を追加します（リスト5-1）．

第5章 ディジタル・ブロックの活用

①「DigBuf」を配置する

② DigBufの設定をする

横の出力線を指定できる

設定後の「DigBuf」の配線．分配されている

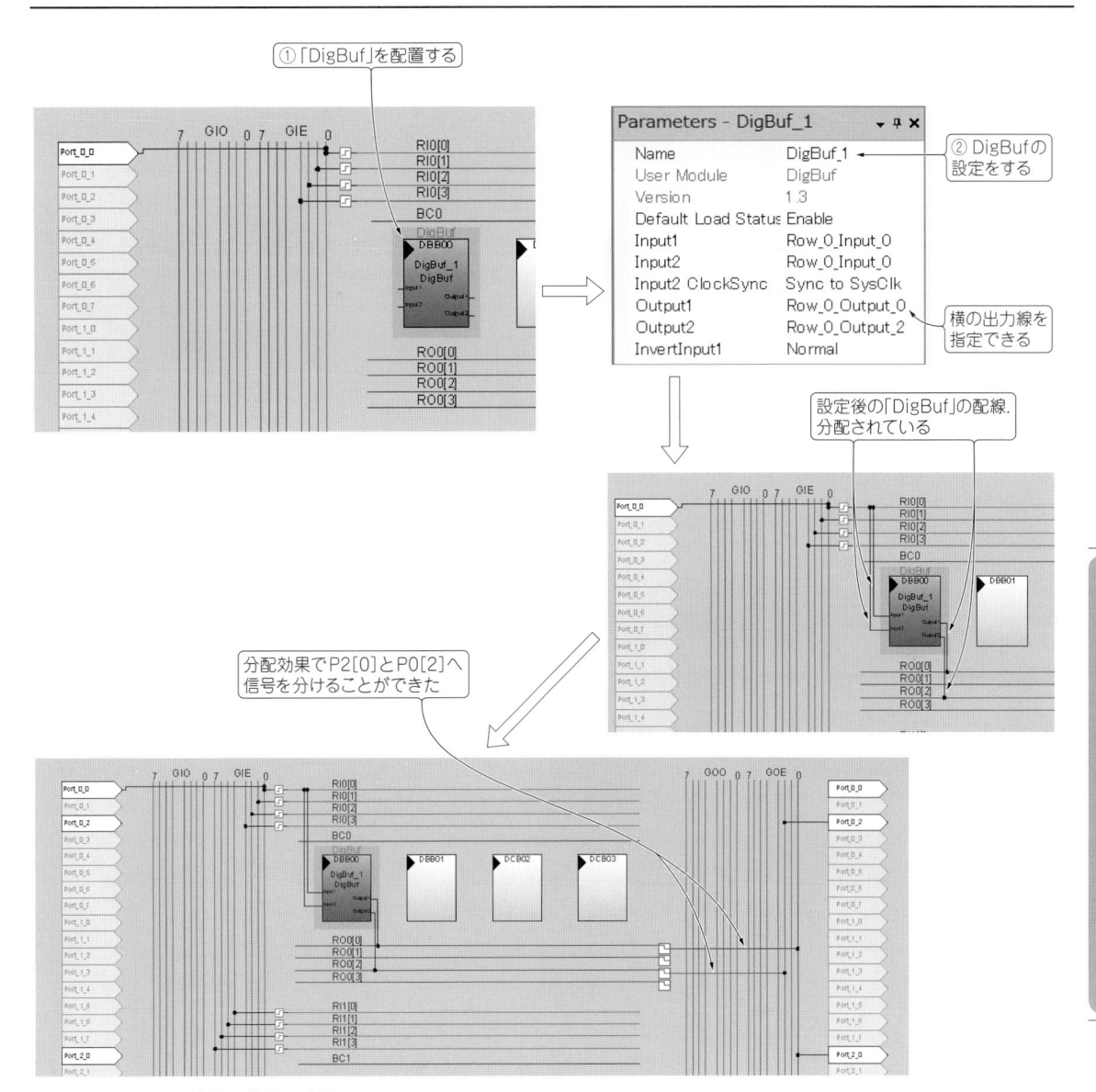

分配効果でP2[0]とP0[2]へ信号を分けることができた

**図5-9　DigBufの使用で信号の分配**

**リスト5-1　COMPのスタート命令を追加**

DigBufのスタート命令

```
 9  void main(void)
10  {
11     // M8C_EnableGInt ; // Uncomment
12     // Insert your main routine code
13     DigBuf_1_Start();
14     COMP_1_Start(COMP_1_HIGHPOWER);
15  }
```

COMPのスタート命令

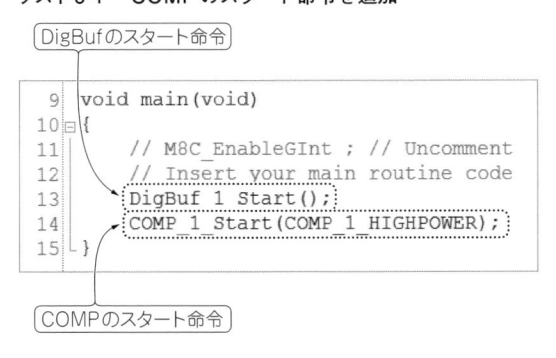

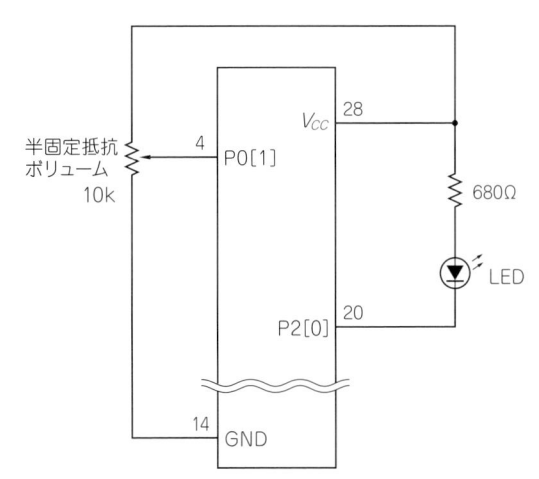

**図5-10　アナログ信号を入力させるレッスン④の回路図**

① 「COMP」の種類はAGNDを比較する「COMPZ」を選ぶ

② 「COMP」の入力を選択する

③ 「AnalogInput_Mux_1」の入力を決める

コンパレータ・バス0が「DigBuf」の入力になった

④ 「DigBuf」の入力1を「ComparatorBus_0」に変更する

**図5-11　COMPユーザ・モジュールを使う**

**図5-12　電圧入力からLED点灯の経路**

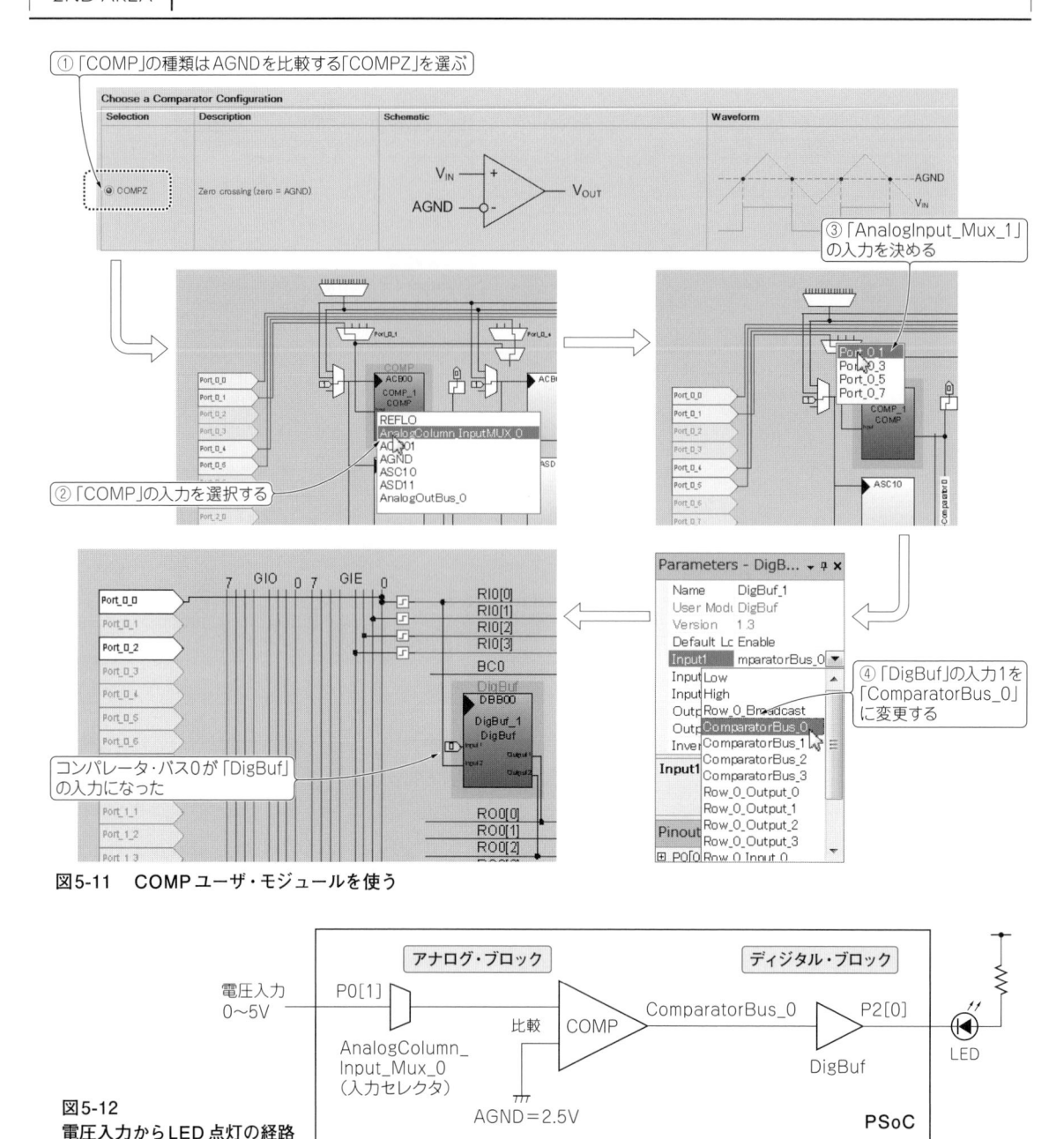

## 手順2　回路の動作確認

　ビルドして実行してみましょう．ボリュームを絞って，2.5V以下でLEDが点灯しています．徐々に上げていき，真ん中（2.5V）を越すと消灯しました．アナログ値が'0'と'1'に振り分けられたことがわかりました．LEDは'0'（"L"レベル）で点灯する構成にしたので，この回路は正常に動いていることになります（**写真5-1**）．

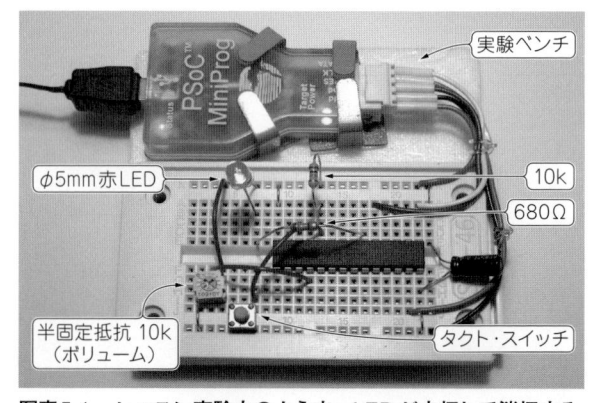

**写真5-1　レッスン実験中のようす．LEDが点灯して消灯する**

第6章　プログラム言語の役割

## マクロ命令でLCD表示や割り込み処理のレッスン
# プログラム言語の役割

PSoC1独自の8ビットコアCPU「M8C」を駆使して，PSoCのシステムに用意されているマクロ命令を使うレッスンを行います．レッスンではI/Oポートとプログラムだけの「じゃんけんマシン」や第8章でも登場するキャラクタLCDの表示をする「LCDベンチ」を製作します．

## 6-1　ユーザ・モジュールの管理人

　プログラム言語の役割は，最初はmain.cの中のmain()関数内にスタート命令を書くだけなので，ユーザ・モジュールの管理人といったところです．スタート命令と呼んでいた関数は，API（Application Programming Interfaceの略称）と呼ばれる関数の一つで，Cコンパイラに備わっているものではなく，ユーザ・モジュールを生成するときに作り出される関数です．

　C言語はmain()という関数で始まります．実はその前にスタートアップと呼ばれる「boot.asm」というプログラムが存在します．表に出てこないので意識することはありませんが，ここからmain()へ飛んでいます．一般的なmain()関数は，処理を継続するため制御ループに入り終了しないことが多いですが，PSoCのスタート命令だけでは終了してしまいます．その終了したあとはboot.asmに戻り，「何もしない」でぐるぐる回っています．

　ユーザ・モジュールを配置し「生成（構築）」すると，API関数を記述したアセンブラ・プログラム・ファイルがいくつも作成され，最終的に「リンク」作業で一つのプログラムになります（**図6-1**）．

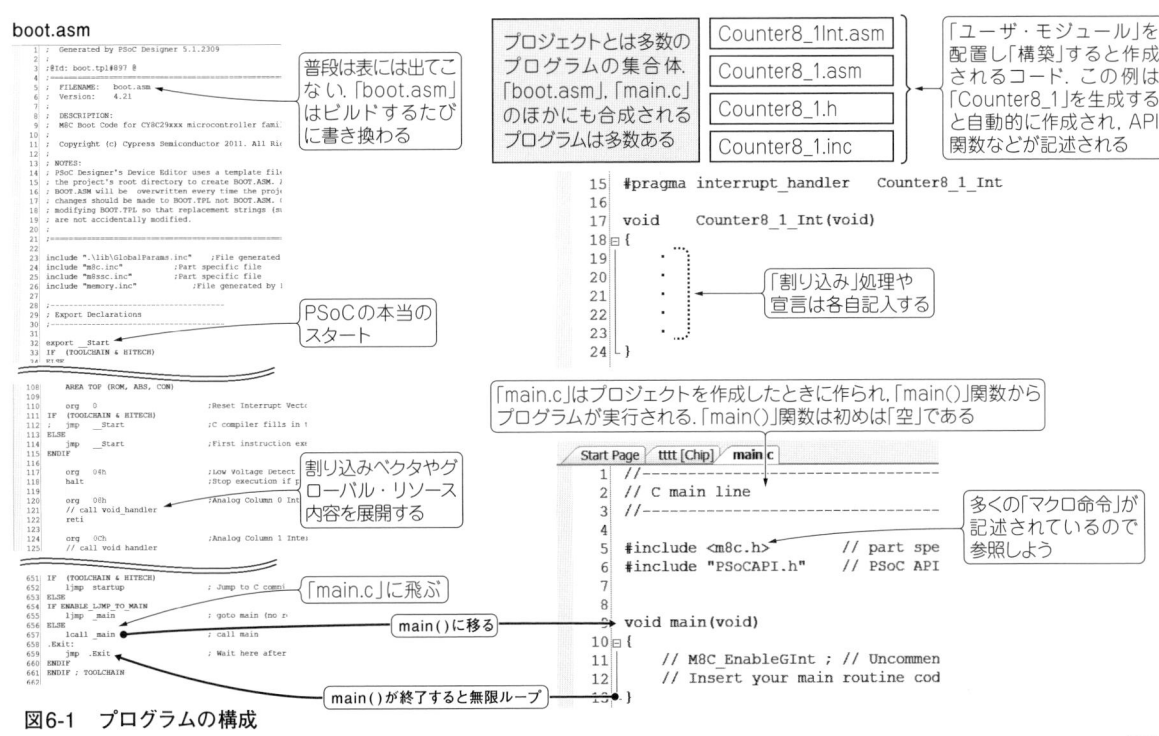

**図6-1　プログラムの構成**

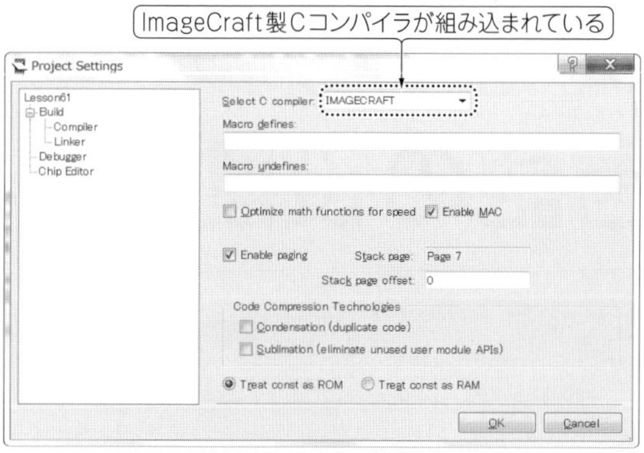

図6-2 Cコンパイラの確認画面

(ImageCraft製Cコンパイラが組み込まれている)

● 「PSoC Designer5.1」ではフリーのC言語が使える

かつてPSoCのコンパイラは有償でした．2012年4月現在は「ImageCraft」社製のCコンパイラが無償で付属しており，書き込み器であるMiniProg以外，PSoCを使うときに特別必要となるものはなくなっています（図6-2）．

## 6-2 「アセンブラ」に近いマクロ命令

C言語とアセンブラの中間的な位置に，アセンブラやレジスタを「わかりやすく」表記しなおした「マクロ」が存在します．PSoCではシステムに関係する操作は"M8C"で始まるマクロ命令が用意されています．詳細はヘッダ・ファイルと呼ぶ，あらかじめ用意されている「m8c.h」に記載されています．中でも「M8C_EnableGInt」はもっとも使う機会の多い「マクロ命令」です．

細かい作業やレジスタ操作は，まず「m8c.h」をチェックしてみましょう．「m8c.h」の開き方は，main.cの中で#include<m8c.h>の行のm8c.hにカーソルを合わせてマウスを右クリック．そして「Open Include File」を選ぶと表示できます（図6-3）．

## 6-3 マイコンと同様にプログラムに重点を置くコーディングも可能

PSoCはマイコンよりもレジスタが多くてその関係が複雑ですが，チップ・エディタでそれをカバーしています．レジスタ類もm8c.hに記載されています．SCBLOCKの変調入力は典型的な例で，パラメータ・ウィンドウに設定項目がないので，レジスタ操作をしなければなりません．データシートをよく見る必要があります．ただ，以前のバージョンよりずいぶん改良され，レジスタ操作の機会はだいぶ減ってきているようです．

プログラムが優位な場合をいくつか下記に挙げます．

- 割り込みを使う
- 繰り返しや条件判断を使う
- データを扱う
- レジスタを直接操作する

割り込みは製作例でも多く使っているので，このあとのレッスン③を参考にしてください．

また，PSoCの信号の流れは1本ずつのビット単位です．バイト単位（8ビット）のI/O処理やデータ演算などは，プログラムで行うほうが効率的です．

## 6-4 M8CというコアCPU

「M8C」はPSoC1独自の8ビットCPUです．クロックは24MHzというものの，命令実行はあまり早くありません．最近のRISC CPU（Reduced Instruction Set Computer CPU）と比較すると，アドレス処理などはかなり遅いです．割り込みに関係する処理にはCPUクロックを上げる必要が出てきます．その代わり，専用積和演算器（MACと呼ぶ）をもっており，併用するとDSP（ディジタル信号処理）のような使い方も可能です．特にCY8C29466はページング方式でRAMを2Kバイトまで増やしています．256バイトで済む場合は，これをやめることで処理速度のアップが見込めます（第3章コラム3-Ⓑ参照p.37）．

## 6-5 I/Oポートの概要

CY8C29466は24本のI/Oをもっていて，8種類の設定ができます．図6-4はデザイン画面で入

第6章　プログラム言語の役割

図6-3
m8c.hを開く手順

<m8c.h>で右クリックしてOpen Include Fileを選ぶ

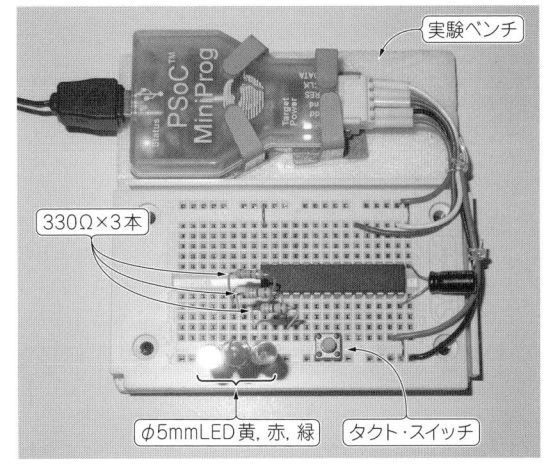

写真6-1　じゃんけんマシンの外観

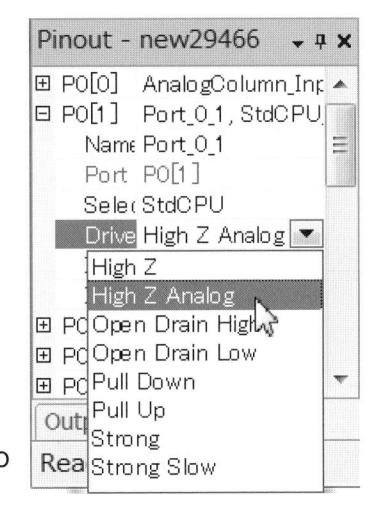

図6-4
デザイン画面でI/Oポートの設定

表6-1　I/Oポートの種類

| 名　称 | 種別 | 概　要 |
|---|---|---|
| High Z | 入力 | ディジタル入力 |
| High Z Analog | 入力 | アナログ入力 |
| Open Drain High | 出力 | ハイ側オープン・ドレイン |
| Open Drain Low | 出力 | ロー側オープン・ドレイン |
| Pull Down | 出力 | プルアップ&ロー側オープン・ドレイン |
| Pull Up | 出力 | プルダウン&ハイ側オープン・ドレイン |
| Strong | 出力 | ディジタル出力 |
| Strong Slow | 出力 | ディジタル出力 |

出力（Drive）を設定しているところです．「High Z Analog」以外は汎用入力として値を読み出すことができます．おもしろいことに，汎用マイコンではプルアップは「入力」に付加する機能に対し，PSoCでは「出力」扱いなので，入力として内部接続したときには「High Z」入力に固定され，「出力」としての機能を併用できません．プログラムからのポート読み出しや，アナログ入力では可能です（**表6-1**）．

本書では，出力に「Strong」，入力に「High Z」，スイッチ入力には「Pull Up」をおもに使います．

## レッスン❶
### 6-6　マイコン的使用例　I/Oだけのじゃんけんマシン

ユーザ・モジュールを使わず，I/Oポートとプログラムだけのアプリケーション「じゃんけんマシン」を作ります．動作はスイッチを押している間，黄・赤・緑色のLEDがパラパラと点灯し，スイッチを離したときに，どの色のLEDで止まるのかを「グー・チョキ・パー」に見立てた単純なものです（**写真6-1**）．

#### 手順1　I/Oを設定する

グローバル・リソースは，初期値のまま変更なしです．I/Oポートを設定します（**図6-4**，p.62の**図6-5**）．P0[7]，P0[5]，P0[3]をStrong出力で初期値0，P2[1]をプルアップ出力で初期値は1にします．そのほかはそのままでOKです．

タクト・スイッチは内部で横に導通している構造なので（p.62の**図6-6**），P2[5]にも信号が入っていますが，こちらは入力なので影響ありません．

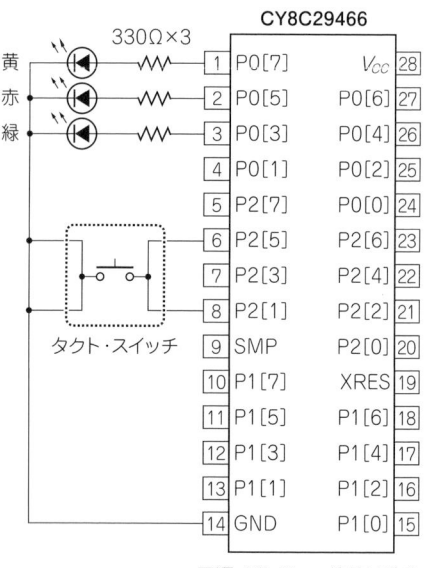

図6-5　I/O設定リスト　　　　図6-6　じゃんけんマシンの回路図

リスト6-1　じゃんけんマシンのプログラム

```
//--------------
// じゃんけんマシン
//--------------

#include <m8c.h>          // part specific constants and macros
#include "PSoCAPI.h"      // PSoC API definitions for all User Modules

BYTE   i;
WORD   dly;

void main(void)
{
    i = 0x8;
    for(;;) {
        while((PRT2DR & 0x2)!=0);        // スイッチ押されるまで待つ
        for(dly=0;dly<500;dly++);        // ディレイ 実測10msぐらい
         while((PRT2DR & 0x2)==0) {      // スイッチが押されている間, パラパラ点灯
            PRT0DR = i;
            i = i << 2;
            if(i==0) i=0x8;
            for(dly=0;dly<500;dly++);    // ディレイ 実測10msぐらい
        }
        for(dly=0;dly<500;dly++);        // ディレイ 実測10msぐらい
    }
}
```

LEDの点滅が早いと見えないのでウェイト時間で調節する

### 手順2 プログラムを書く

スイッチが押されると、LEDをパラパラと点灯するためソフトウェア・ループと呼ぶだループを入れてディレイをかけています。あまり早いと点滅が見えないので、ループ回数でディレイ時間を調節します(リスト6-1)。実測で約10m秒でした。

## 6-7 レッスン❷ マイコン的使用例 キャラクタLCDに文字を表示

キャラクタ液晶表示器モジュール「LCD」を実際に使用してみましょう。過去には旧日立製の「HD44780」というキャラクタLCD制御ICが存在し、世界的なスタンダードになりました。現在販売されているキャラクタLCDの多くが、同じ信号と同じコマンドの互換ICが内蔵されており、どのメーカの製品を購入してもほぼ同じ使い方ができるのです。

### 手順1 LCDとPSoCの配線

使用したのは秋月電子や若松通商で販売されている「SD1602で始まる型番のLCD」です。「キャラクタLCD」の信号は、電源とGNDも含めて9本です。これに輝度(コントラスト)を調整する信号が1本(通常は10kの半固定抵抗を使う)、バックライトを使う場合、さらに1本と220Ωの抵抗1個が必要です。ブレッドボードで毎回配線して接続するのは手間がかかるので、実験ベンチと同じ用に「LCDベンチ」も組んでみました[写真6-2 ⓐ、図6-7、p.64の図6-8]。PSoCのポートは奇数/偶数で左右に分かれているので、ケーブルもその並びに分けて接続しやすくしました。写真6-2 ⓑ のジャンパ配線は実体配線図(p.64の図6-8)より省略してあります。

さっそく、実験ベンチと接続します。電源の配線は取り違えないように注意してください。「LCD」はP0、P1、P2に配置できますが、P0はアナログで使用することが多いので、P2を使用しました。

### 手順2 デザインする

次にデザインを行います(p.65の図6-9)。デ

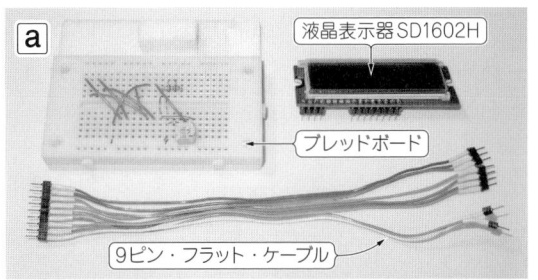

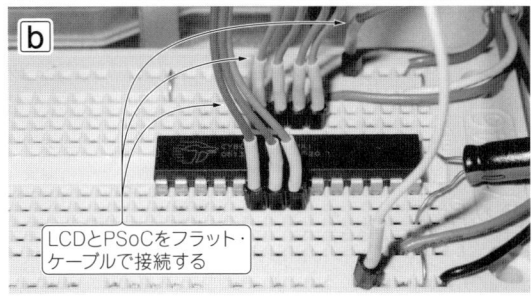

写真6-2 製作中のLCDベンチ。第8章のLCD温度表示計でも使う

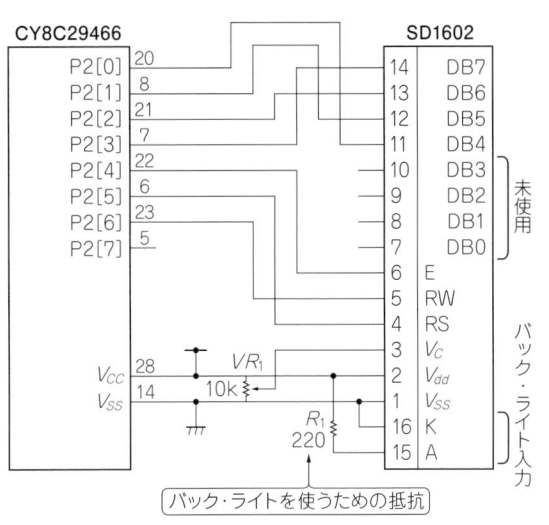

図6-7 P2に配置したLCDの配線図

ザイン画面のユーザ・モジュール・リストの中の「Misc Digital」カテゴリから「LCD」を選びます。配置した直後は、デザイン画面にはあまり変化がありませんが、パラメータ・ウィンドウにLCD_1の設定が表示されます。ここでポートの選択として「LCDPort」の項目を「Port_2」にします。すると中央のチップ・エディタ画面のPort_2_N(Nは数字)に「LCD_1」のマークが付き、配置完了です。

「LCD」はブロック・アレイを使わないので、ポートを選択する前に別の操作をするとパラメータ・

ウィンドウを見失うことがありますが，右上のワークスペース・エクスプローラの中の「LCD_1」をクリックすることで復活します．

**手順3** プログラム・コードを書く

配置したLCDユーザ・モジュールはプログラムで使うモジュールです．制御のすべてはプログラムで行います．

LCDの表示順序は下記のようにします．
① 表示を開始する位置にカーソルを移動
② 文字列を出力

それぞれAPI関数が用意されています．表示するデータがRAM（変数）かROM（固定文字列）かで使うAPI関数が異なります．**表6-2**はおもなAPI関数です．**リスト6-2**は**表6-2**のAPI関数を使った例です．「Welcome PSoC World 2011」

**表6-2 おもなLCD用API関数とその意味**

| API関数 | 意味 |
|---|---|
| LCD_1_Position() | カーソル移動 |
| LCD_1_PrString() | RAMの文字列表示 |
| LCD_1_PrCString() | ROMの文字列表示 |
| LCD_1_PrHexInt() | 2バイト変数を16進で表示する |

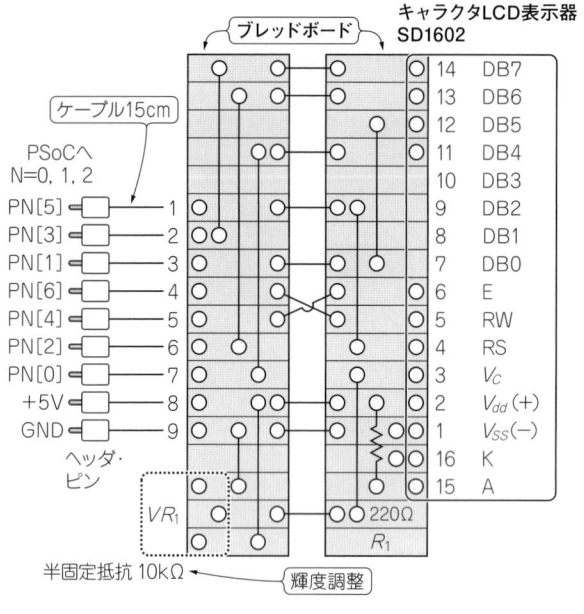

**図6-8 LCDベンチの実体配線図**

**リスト6-2 文字を表示するプログラム例**

```c
//---------------
// C main line
//---------------

#include <m8c.h>          // part specific constants and macros
#include "PSoCAPI.h"      // PSoC API definitions for all User Modules

void main(void)
{
    char    OpenStr1[] = "Welcome";
    int     i = 0x2011;

    LCD_1_Start();
    LCD_1_Position(0,4);                  // カーソルを0行5文字目に移動
    LCD_1_PrString(OpenStr1);             // RAM文字列"Welcome"を表示
    LCD_1_Position(1,0);                  // カーソルを1行0文字目に移動
    LCD_1_PrCString("PSoC World");        // ROM文字列"PSoC World"を表示
    LCD_1_Position(1,11);                 // カーソルを1行12文字目に移動
    LCD_1_PrHexInt(i);                    // 2バイト16進数を表示
}
```

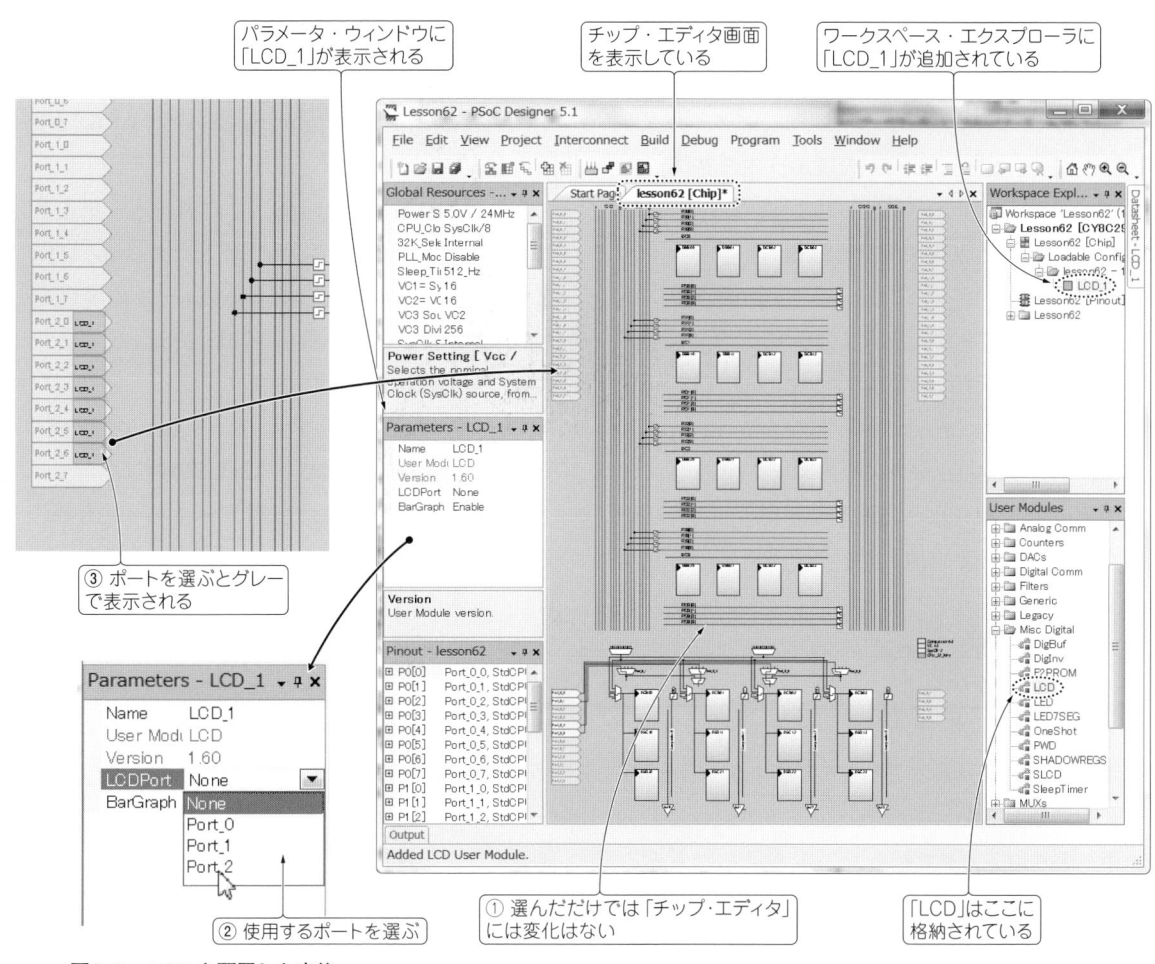

**図6-9** LCDを配置した直後

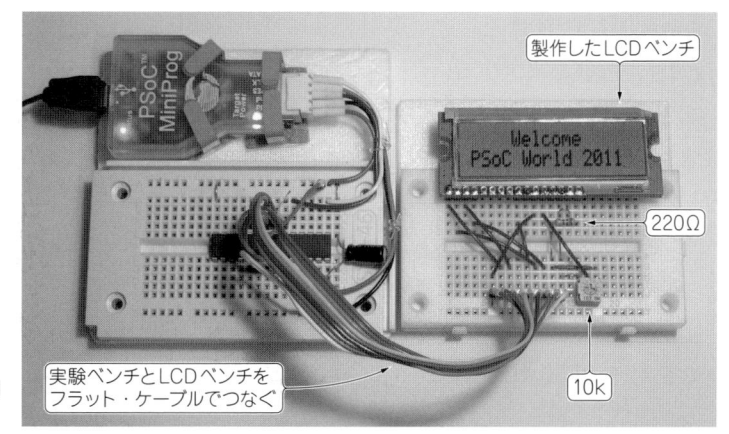

**写真6-3**
LCDに「Welcome PSoC World 2011」と表示した

と表示します（**写真6-3**）．

そのほかにドットを使ってバー・グラフとして使うAPI関数があります．ただ，数値表示は16進数表示しかないので，10進数表示させたいときは自前で用意する必要があります．

> **レッスン❸**
> **6-8 マイコン的使用例 割り込みを使う**

割り込みとは，ある事象をきっかけに実行中の

プログラムを中断させ，割り込んで実行するプログラムのことです．割り込みの要因はディジタル・ブロックからのものや，コンパレータ・バス，GPIO，I$^2$C，SleepTimerのほか，内部クロックVC3からのものなどが挙げられます．

### 手順1　割り込みを使用する順番

ここではユーザ・モジュール「Counter8」の割り込みを使ってみましょう（図6-10）．C言語で割り込みを使用する順番は下記のとおりです．

① ユーザ・モジュールを配置
② コンフィギュレーションの構築
③ 作成された割り込み記述アセンブラ・ファイルにジャンプ先を追加
④ C言語ソース・ファイル「main.c」に割り込み宣言を記述
⑤ 割り込み処理を記述
⑥ スタートおよび，割り込み許可の記述

③〜⑥は入れ換わることもありますが，①と②は最初に必要です．

第4章のレッスンで行った圧電素子を2kHzで鳴らす実験「ディジタル波形でビープ音を鳴らしてみよう」を，具体的に割り込みを使ってやってみましょう．

①「Counter8_1」を配置し設定する

2kHzでパルス波を出力するには，'0'と'1'を4kHzで交互に出します．グローバル・リソースでVC1を1/6，VC2を1/10にして「Counter8_1」へ入力し，「Counter8_1」で1/100にすれば周期4kHzができます．「Counter8_1」しか使用しないので，最終的に「Counter8_1」の出力が4kHzになれば，どのような組み合わせでもOKです．

ほかの設定値は図6-10をご覧ください．割り込み要因を周期「Terminal Count」にしたので，「CompareValue」の値はなんでもかまいません．内部配線は使用しないのでどこにも接続されていません．ポートもこのとき設定してしまいます．P0[0]を「Strong」出力にします．

② コンフィギュレーションの構築

ここでいったんコンフィギュレーションの構築をします．通常のビルドでもかまいません．コンフィギュレーションだけの構築はメイン・メニューの「Generate Configuration…Ctrl + F6」か，図6-10のアイコンでできます．

この操作で「Counter8_1」の割り込み記述アセンブラ・ファイル「Counter8_1Int.asm」が作成されます．ほかのユーザ・モジュールの場合でもユーザ・モジュール名＋「Int.asm」が作成されるので手順は同じです．

③ 割り込み記述アセンブラ・ファイル「Counter8_1Int.asm」を開き，ジャンプ先を追加する

「Counter8_1Int.asm」はワークシート・エクスプローラで探して開きます．図6-10の場所（74行目）に次の1行を挿入します．

　　ljmp _○○

○○は自由な名前でかまいませんが，○○の先頭に「_」（アンダーバー）を記述します．まだ関数名は決めていませんでしたが，筆者はいつもユーザ・モジュール名＋「_Int」を使うので，下記のような名前にしています．

　　ljmp _Counter8_1_Int

追加したら，ビルド（アセンブル）して自動保存させます．ビルドの場合「ファイルをリロードしますか」というメッセージが出ることがあるので，「はい」とします．この後，ファイルはタブを右クリックして「Close」を選び，閉じておきます．

④ C言語ソース・ファイル「main.c」に割り込み宣言を記述

次にmain.cを開き，#include宣言の行の下あたりに下記の1行を加えます（リスト6-3）．割り込み処理のお約束の宣言です．

　　#pragma interrupt_handler
　　Counter8_1_Int

「Counter8_1_Int」の部分は，先ほどのアセンブラ・ファイル「Counter8_1Int.asm」に記述した名前と同じにしますが，アンダーバーは外します．

⑤ 割り込み処理の記述

割り込み処理内容を記述します．④の「#pragma

第6章　プログラム言語の役割

① 配置したらパラメータを設定

② いったん構築（ビルド）

「Counter8」を配置する．
「Counter8_1」と名前が付けられる

いったん「ビルド」すると「Counter8_1INT.asm」など生成させる

グローバル・リソースのVC1，VC2など設定しておく

「コンパイル（アセンブル）」ボタンで「Counter8_1Int.asm」をアセンブル

「Counter8_1INT.asm」は，ここにある．ダブルクリックするか右クリック・メニューで開く

④ 編集ファイルをアセンブル

「Counter8_1INT.asm」を開くと「チップ・エディタ」のタブが切り替わり「Counter8_1INT.asm」が表示される

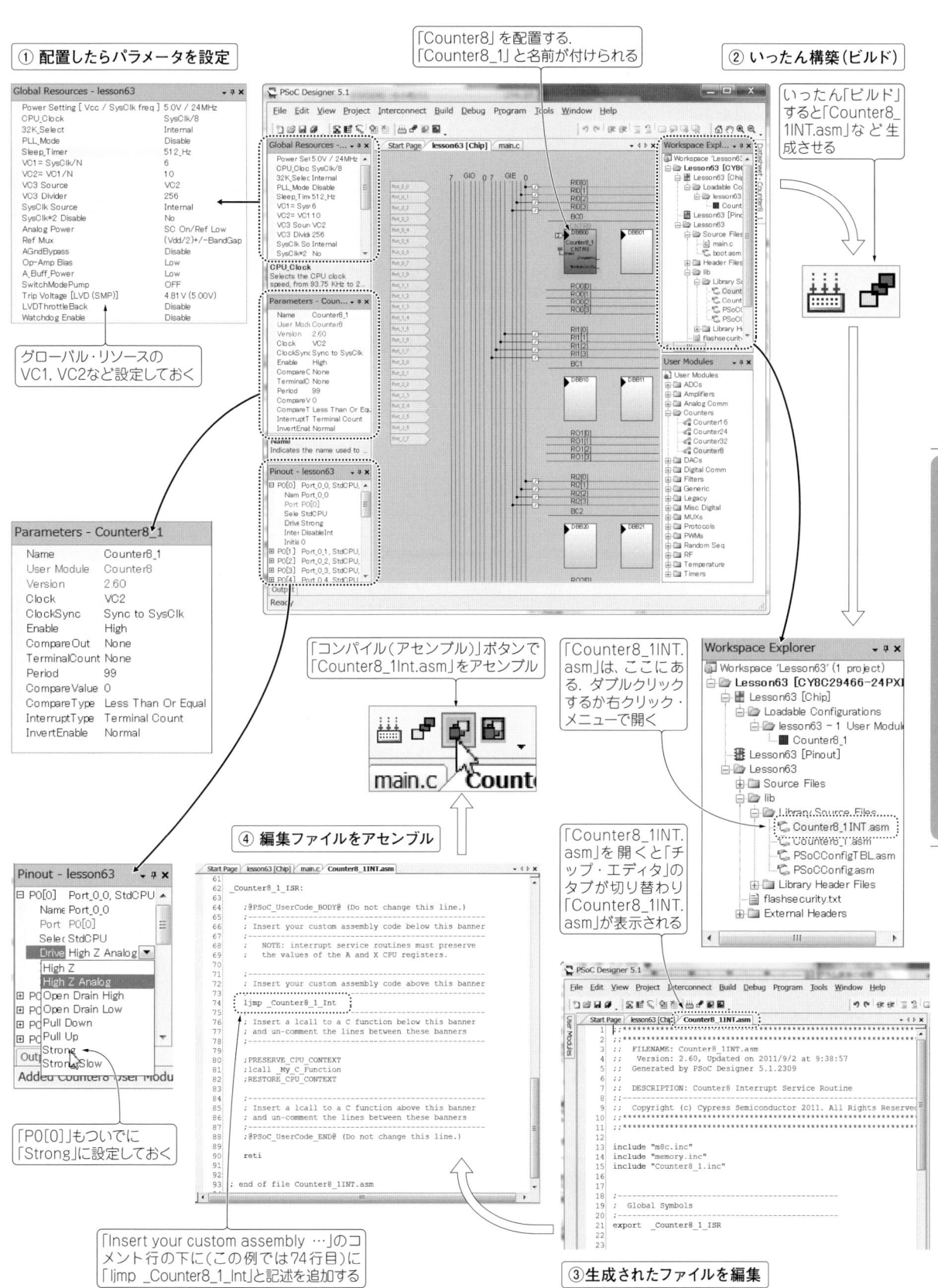

「P0[0]」もついでに「Strong」に設定しておく

「Insert your custom assembly …」のコメント行の下に（この例では74行目）に「ljmp _Counter8_1_Int」と記述を追加する

③ 生成されたファイルを編集

図6-10　パラメータを設定からビルド，プログラムの追加まで

2ND AREA・PSoCの動かし方

67

**リスト6-3　割り込み関数宣言，割り込み処理関数とスタート**

```c
//--------------
// C main line
//--------------

#include <m8c.h>          // part specific constants and macros
#include "PSoCAPI.h"      // PSoC API definitions for all User Modules

#pragma interrupt_handler Counter8_1_Int    // 割り込み関数宣言
                                                        ┌─────────┐
                                                        │お約束の宣言│
                                                        └─────────┘
void    Counter8_1_Int(void)     // 割り込み処理関数
{
        PRT0DR ^= 0x1;           // ビット0を反転
}
                         ┌──────────────────────┐
                         │最後にこの4行の記述を追加する│
                         └──────────────────────┘
void main(void)
{
        Counter8_1_Start();          // Counter8_1 スタート
        Counter8_1_EnableInt();      // Counter8_1 割り込み許可
        M8C_EnableGInt ;             // PSoCの割り込み許可
        while(1);                    // 無限ループ（確認のため，なくても可）
}
```

…」で「割り込み関数である」と宣言しているので，普通の関数と同じ記述です．「#pragma…」とペアで近い場所で記述しておきましょう．

処理内容は，ポートP0[0]の内容を呼ばれるたびに反転させることで，4kHzで呼ばれるので2kHzのパルスが出力されます．

**⑥ スタートと割り込み許可の記述**

最後に「Counter8_1」のスタート命令を記述するとともに，割り込み許可を追加します（**リスト6-3**）．割り込み許可は「Counter8_1」の割り込みを許可するAPI関数，

　　Counter8_1_EnableInt()

と，PSoC全体の割り込みを許可するマクロ命令，

　　M8C_EnableGInt

の2行をmain()の中に記述します．

確認のため無限ループを入れました．main()関数は終了すると暗黙で無限ループになるので普段は必要ありませんが，割り込みの効果を明確にするため，わざとwhile文で無限ループにしました．

**手順2　ビルドして実行**

ビルドしてプログラムを転送したら，実行してみましょう．4kHzの「Counter8_1」割り込みがうまく動いていれば，P0[0]から2kHzの信号が出てきます．第4章のレッスン①と同じ音が出ましたか？

第7章 | アナログ信号の処理方法

# 第7章 アナログ信号の処理方法

ディジタル信号もアナログ信号として使うことができる!?

外部や内部からのアナログ信号をPSoCに入力する三つの方法や,アナログ・ブロックの種類・中の構造(回路)などを紹介します.また,アナログ処理の配線の順番,ディジタル信号をアナログ信号として扱える考え方,AGNDの使い方も解説します.

## 7-1 アナログ信号を入力

PSoCのアナログ信号の入力方法は大きく分けて三通りあります.

**入力方法1** センサやマイクなどの外部から入力して加工する

入力できるポートはP0[0]～P0[7]の8本です.このうちP0[2]～P0[5]の4本はアナログ出力も兼ねています[**図7-1(a)**].

**入力方法2** ディジタル部で作ったパルス波形をアナログ部に入力する

ディジタル信号も振幅が5Vのパルス型の信号として扱います.P0[0]～P0[7]に出力したものを,アナログ信号として入力方法1と同様に利用します[**図7-1(b)**].

**入力方法3** プログラムを使いD-A変換して内部に入力させる[**図7-1(c)**]

内蔵D-A変換器の多くは外部に出力するだけですが,PSoCでは内部で再利用することができます.

## 7-2 アナログ・ブロックは3種類

ユーザ・モジュールを配置するにはアナログ・ブロックの種類が重要なポイントになります.図7-2を見ながら説明します.

① 図7-2(a)のブロックはCT(連続時間)ブロックと呼ばれ,普通のOPアンプとアナログ・スイッチの集合体です.デザイン上はクロック入力がありますが,概念上の内部はクロックに依存しない純粋なアナログ回路で,**図7-2(b)**,(c)

(a) 入力方法1
ピン(ポート)に直接入力する

(b) 入力方法2
ディジタル回路で作り内部で利用する

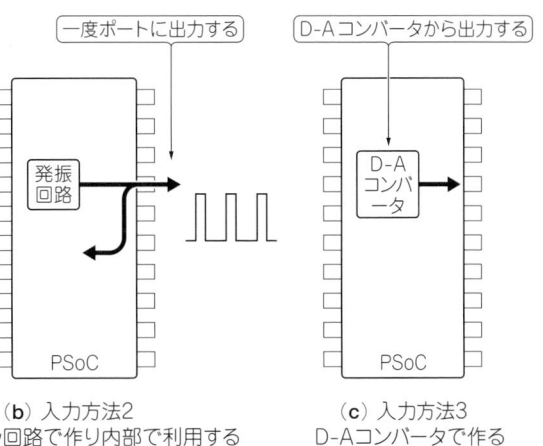

(c) 入力方法3
D-Aコンバータで作る

図7-1 アナログ信号の入力方法

| 2ND AREA |

(a) CTブロックの内部構造

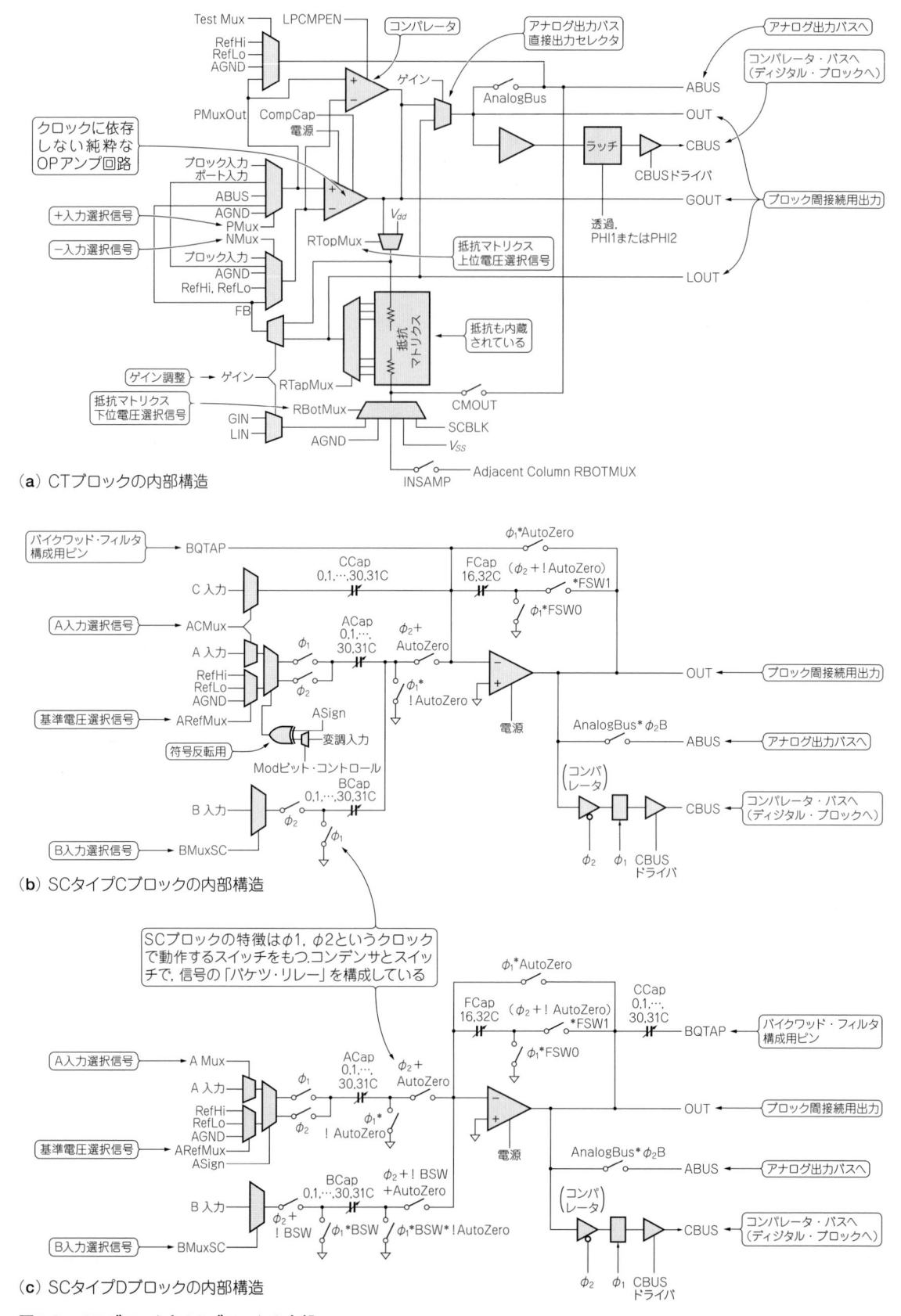

(b) SCタイプCブロックの内部構造

(c) SCタイプDブロックの内部構造

**図7-2　CTブロックとSCブロックの内部**

のSCブロックに対して信号の流れが断続していないので"連続時間"ブロックと呼ばれます．
② 図7-2(b)，(c)は2種類のSC（スイッチト・キャパシタ）ブロックと呼ばれ，クロックで駆動する摩訶不思議なディジタル動作のOPアンプ回路です．その原理はコンデンサにたまる電荷をバケツと水に例えたバケツ・リレーと同じで，手渡すバケツの数やスピードでゲインや特性が変わります．"連続時間"と違い，高速で信号を切り替えているので，その出力は階段状になります．

## 7-3 アナログ処理の基本はCT→SC→ポート

アナログ・ブロックどうしの接続（配線）は基本的に，隣接ブロックどうしでするのですが，制約が多く思ったとおりにいきません．「縦の流れ」を基本にすると設計しやすくなります（**図7-3**）．ポート→CT→SC→ポートという流れです．一列だけでは処理が終わらない場合，いったん出力して別の列に入力させる方法をとります．具体的には，入力するアナログ信号はまずCTブロックで増幅などしたあと，SCブロックでフィルタ加工などして，アナログ出力バス（4本ある）経由でポートに出します．

出力ポートはP0[2]～P0[5]と，位置も固定されています．入力と出力が干渉してしまい，ブロックが埋まるほど配線の難易度が上がります．また，信号を合成したり分配するときは縦だけでは対応しきれなくなってきます．データシートに詳細な接続関係が掲載されています．その内容は複雑ですが，SCブロックは意外なP2ポートからの入力も存在するので，慣れてきたら，よく吟味して利用しましょう．

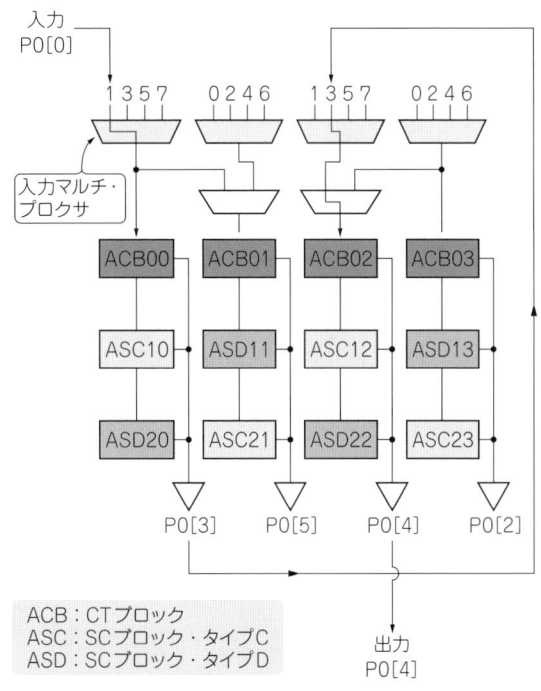

**図7-3** はじめは縦の流れで処理を考えてみる

ACB：CTブロック
ASC：SCブロック・タイプC
ASD：SCブロック・タイプD

## 7-4 ディジタル信号とアナログ信号はどう違う？

すでにいろんなレッスンで体験しましたが，ディジタル信号は0Vと5Vが急激に変化するアナログ信号として扱えます．その逆はアナログ信号

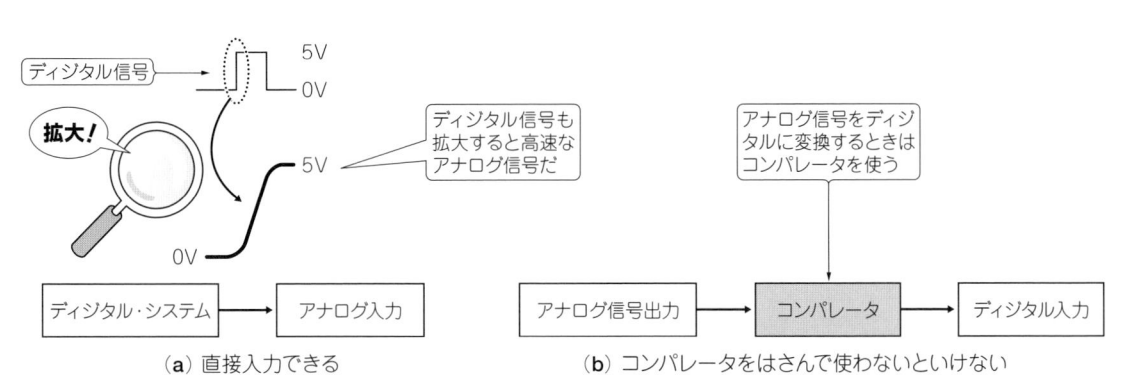

(a) 直接入力できる　　(b) コンパレータをはさんで使わないといけない

**図7-4** ディジタル信号とアナログ信号の入出力

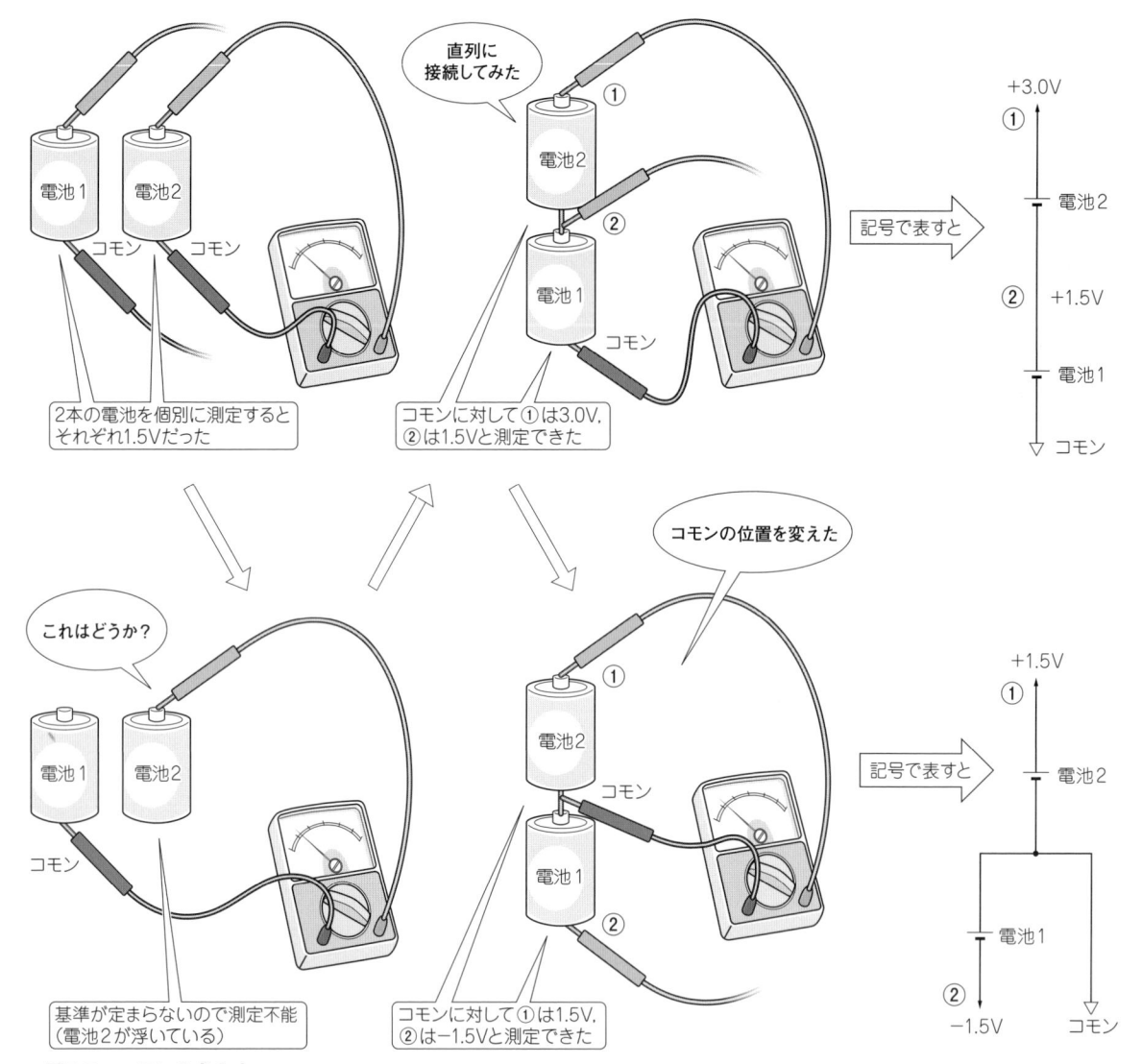

図7-5 コモンの考え方

を「コンパレータ」で中間の値を0と1の2極に分ければ使用できます．分けないとどうなるのでしょうか？分けないと入力電流が増えたり，中間電圧で0と1で発振したりします（p.71の**図7-4**）．

ビープ音はディジタルICのパルス出力で直接駆動できる手軽さから普及しました．「ピー」と鳴った時点でアナログ信号の扱いです．電子工作では，アナログ的な思考が役に立ちます．

## 7-5 アナログ信号の本家－交流信号

信号には必ず基準が存在し，これをコモンと呼びます．ディジタル信号の場合はコモンは回路の0V，すなわちGNDになります．テスタで電圧を測定するときはテスタの黒いリードがコモンになり，赤いリードはコモンに対して何Vあるかを測定しています．コモンの定まっていない二つの信号があったとすれば，それは「浮いている」と言い，測定不可能です（**図7-5**）．

交流信号とは，そのコモンを横切る信号のことを言います．したがって0Vがコモンの場合，交流信号はプラスとマイナスの両方に振れる信号ということになります．逆に波形は同じでもコモンを横切らない波形は脈流と呼びます（**図7-6**）．

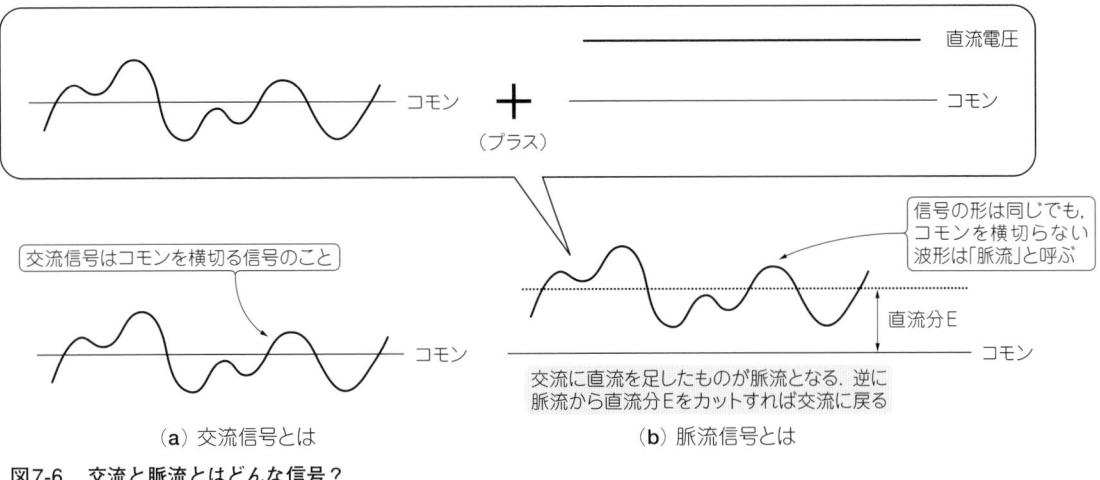

**図7-6 交流と脈流とはどんな信号?**
- (a) 交流信号とは
- (b) 脈流信号とは

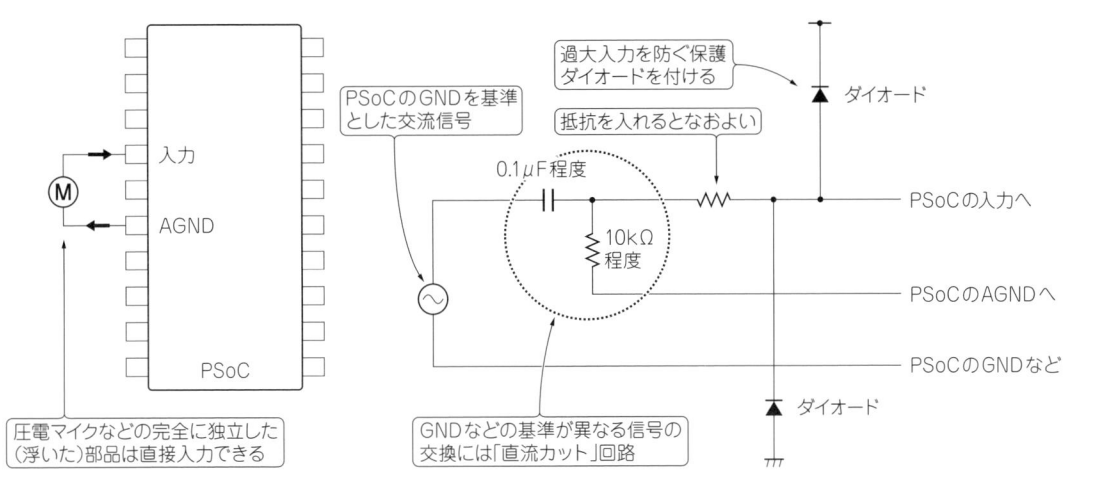

**図7-7 外部からの入力方法**

## 7-6 交流信号の処理の例 AGNDを使う

PSoCといえどもGNDよりマイナス側の信号は扱うことができません。無理に入力すれば壊れてしまいます。また,たとえマイナスにならなくともGNDに近い(0.1V以下)電圧は出すほうも入力されるほうも苦手です。そこでコモンとしてAGNDの登場です。**図7-6**右側の「直流分E」をAGNDに割り当てることで,脈流を交流として扱うことが可能になります。その変換には「直流カット回路」(**図7-7**)を使います。PSoC内部で設定可能なAGNDの最低はBandGapの1.3Vですが,もっと低いものが必要なら,外部からP2[4]に入力してAGNDとして扱うことができます(**図7-8**)。

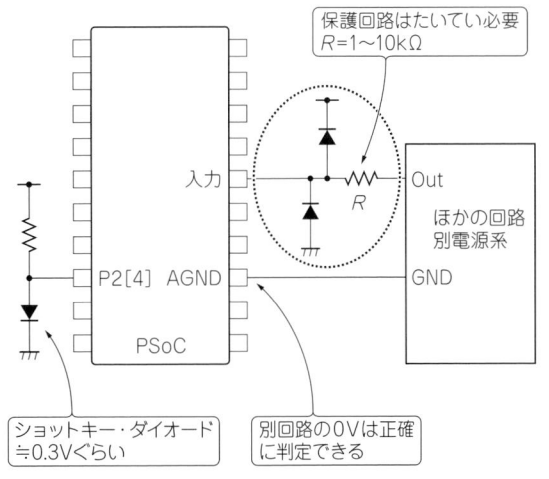

**図7-8 P2[4]を0.3Vにして接続回路の0Vを正確に処理する例**

交流信号を扱うときには,このような工夫をします。

第8章 | 想像して実現するPSoCの遊び方 | 音遊び

# 第8章 CHAPTER

## 機能の使い方を再発見できる24作品
## 想像して実現するPSoCの遊び方

第1章から第7章までの準備，使い方を踏まえて，PSoCで製作した作品を「音遊び編」「測定・実用編」「おもしろ編」の三つのテーマに分けて紹介します．登場する作品のデザインやプログラム，データシートなどは付録CD-ROMに入っています．

### PSoCの活用例 No.1 音遊び

### 電磁ブザー①

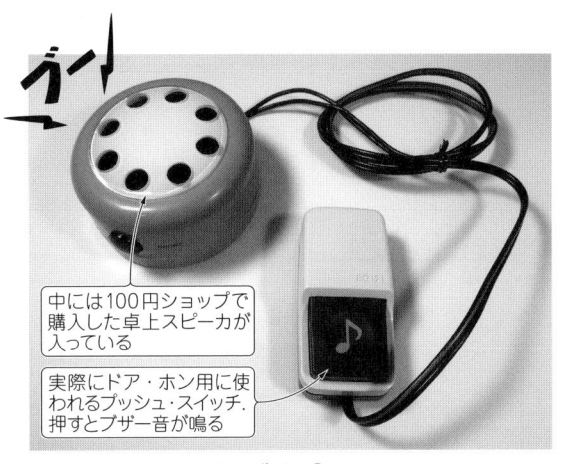

写真8-1 完成した電磁ブザー①

- 中には100円ショップで購入した卓上スピーカが入っている
- 実際にドア・ホン用に使われるプッシュ・スイッチ．押すとブザー音が鳴る

冒頭でも紹介した電磁ブザー①（写真8-1）の製作手順を紹介します．ブレッドボードで回路を組み，思いどおりの結果が出たので100円ショップで見つけた手ごろな大きさの「マルチライト」を改造して回路などを収めました．PSoCで作る作品第1号なので，ほかの製作例よりも少し詳しく解説します．

### 電磁ブザー①の回路とデザイン

このブザー音は上下のヒゲ状のパルスと，周波数の高い波形を合成したものです．イントロダクション（第0章）で紹介したときは順番に回路を足していく進め方をしましたが，本来は最終形をイメージしてから設計を始めます．

イントロダクションでは簡易ブロック図でしたが，ユーザ・モジュールと対応させたブロック図はもう少し複雑です（図8-1）．

ディジタルで作成したパルスはポートへ出力して，アナログに入力させており，アナログ同士も同じで

す．配線が困難なところはPGA_2とPGA_4を配線代わりの1倍のバッファを経由しています．

ミキサの機能は，PGAをゲイン1未満で使うとリファレンス入力との加算回路になることを利用しました．ゲイン0.5のPGA_1では半分ずつ同じ比率，ゲイン0.188のPGA_4はリファレンス入力が0.812/正入力は0.188の比率で加算します（図8-2）．その結果，波形はヒゲ状の振幅が5V，ヒゲ間の波形は0.94Vで図8-3のようになりました．実際は5V電源のPSoCでは上下で0.1V程度低くなります．

この波形合成で重要なのは，各カウンタのスタートのタイミングが合っていることです．CPUクロックが遅い設定だと，カウンタにスタートをかけるタイミングにずれが生じることがあります．逆に，スタートとスタートをわざとずらして使う応用もアプリケーション・ノート「AN2345」に出ています．

**図8-1**
電磁ブザー①の回路のブロック図

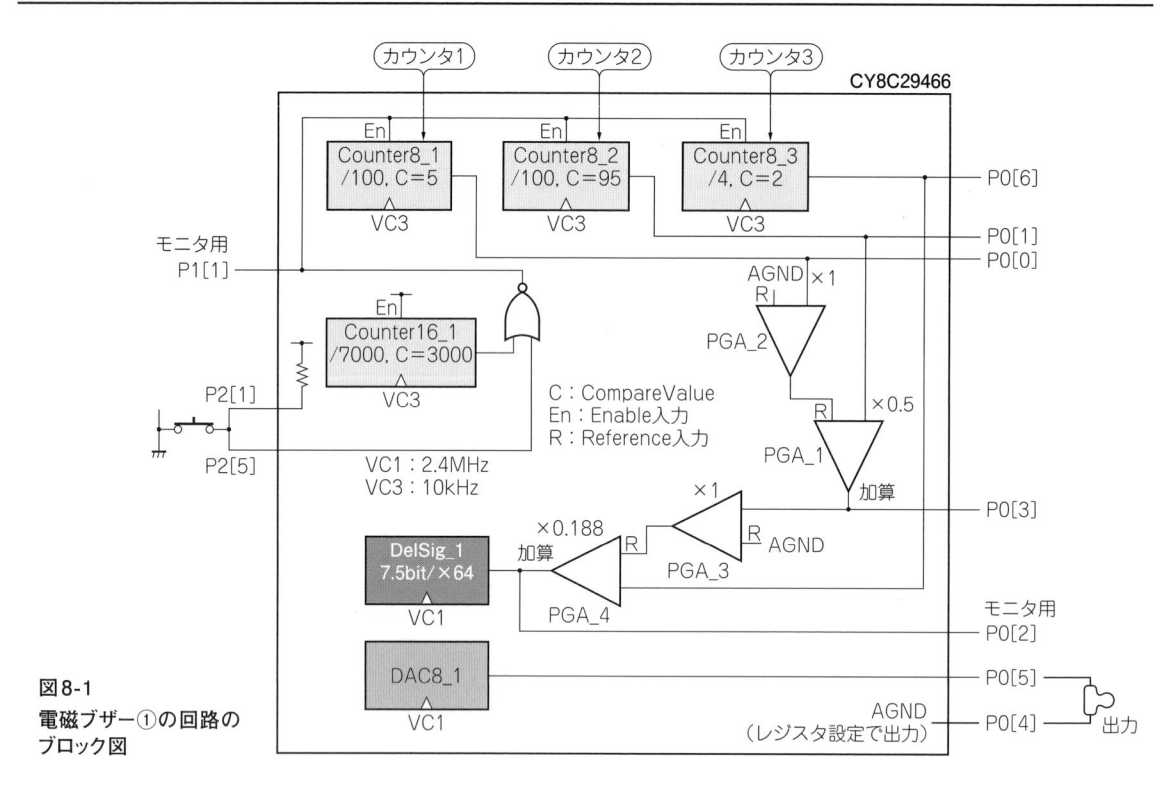

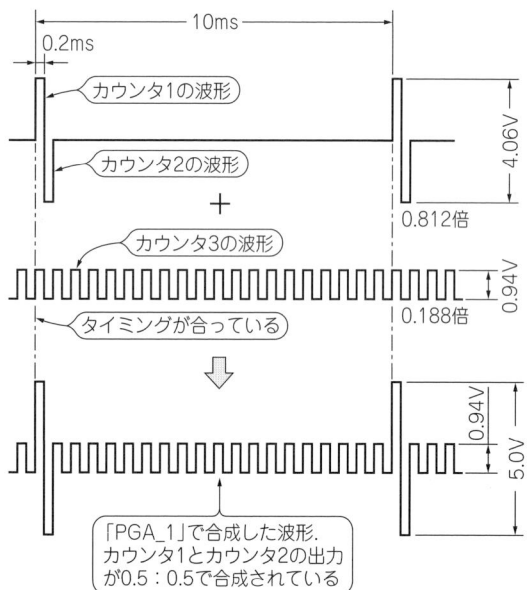

**図8-2** PGAで波形を合成するようす

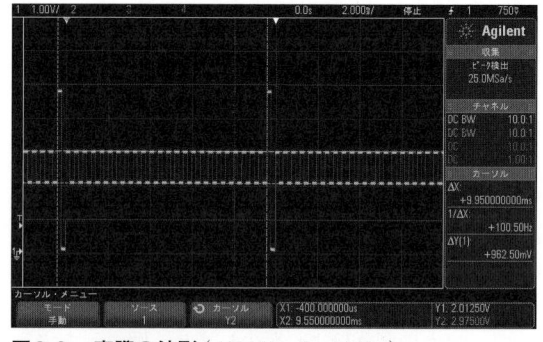

**図8-3** 実際の波形（1V/div, 2ms/div）

ザーではスイッチ入力と戻したCounter16_1出力のNORを取るための，戻り配線です．デザイン画面のディジタル・ブロックの一番下で，左方向に出力が戻っています．設定するときはOutput To Inputにします（**図8-4**）．

● ポートP2[1]

ピン・レイアウトの中でP2[1]がPullUp（プルアップ）設定になっています．スイッチ入力をするはずのピンはP2[5]のはずですが，これにはわけがあります．ポートをディジタルのグローバル入力（GIXX）に配線するとプルアップが使えなくなります．理由は，一般のマイコンと違い

## おもなポイント

● Interconnect（内部配線）

第5章のレッスン②（p.54）ではInput To Outputで，入力を出力へ飛ばす配線でした．ブ

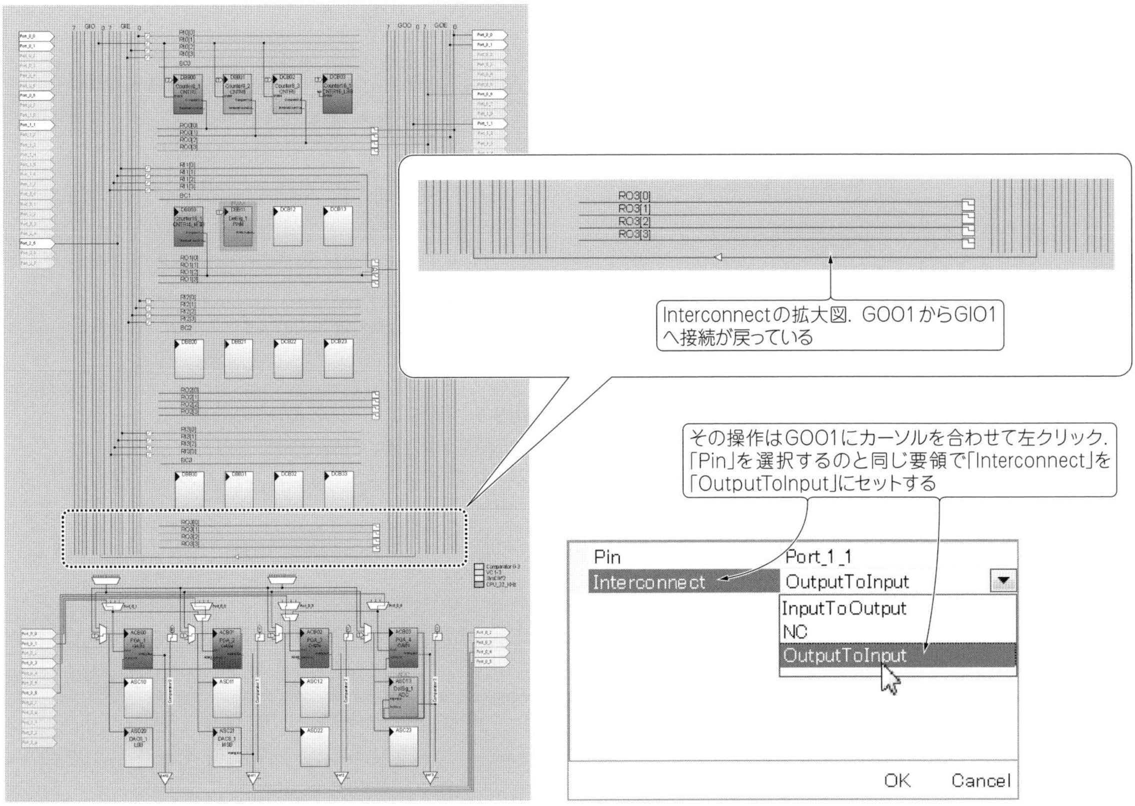

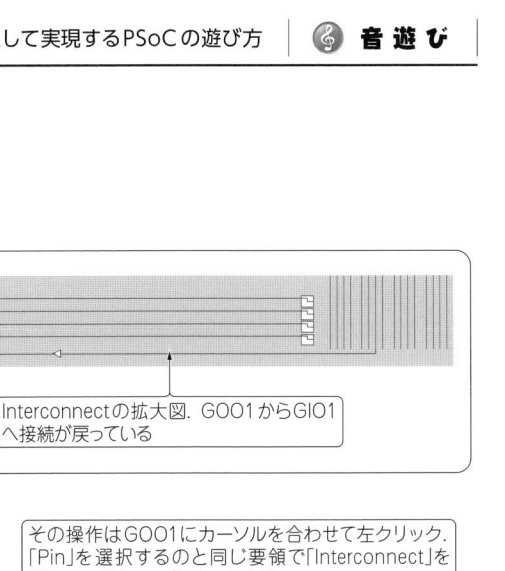

**図8-4** PSoCのデザイン画面と「Interconnect」

（吹き出し）Interconnectの拡大図．GOO1からGIO1へ接続が戻っている

（吹き出し）その操作はGOO1にカーソルを合わせて左クリック．「Pin」を選択するのと同じ要領で「Interconnect」を「OutputToInput」にセットする

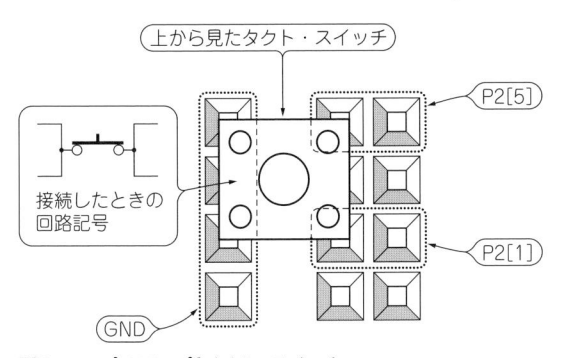

**図8-5** プルアップとタクト・スイッチ

PSoCのプルアップは「出力」だからです．アナログ入力では使用できるテクニックです．

実験に使ったタクト・スイッチは，4本足ですが内部では上下につながっています．それをブレッドボードで使うため，足を真っすぐに整形すると一つ飛びに挿入できます（**図8-5**）．P2[5]は入力専用ですが，P2[1]をプルアップにすることで「グローバル入力＋プルアップ」として実現できた小技です．

## 乾電池駆動

乾電池4本で使う場合，PSoCの最大定格である6.0Vを超えてしまうので，低ドロップ定電圧電源IC（通称，LDO）を使った電源回路を加えます．これに対して今回のような乾電池3本では，PSoCを3.3V駆動にセットして使います．グローバル・リソースの「Power Setting [Vcc/SysClk freq]」という項目を「3.3V/24MHz」に変更します．

ところが「CPUクロックは4.75V以下では12MHzまで」という制限があり（付録CD-ROM内の日本語データシート参照），「CPU Clock」の項目を「SysClk/2」以下にしなければなりません．

エコーのプログラム処理はCPUの負担が大きく，12MHz以下では処理速度が追いつかず，5Vで実現できていたエコーの合成を8個から5個に減らして処理時間を満足させました．

**図8-6** 電池3本用のリンカの設定例

標準は150になっているが200に増やした
クリックする

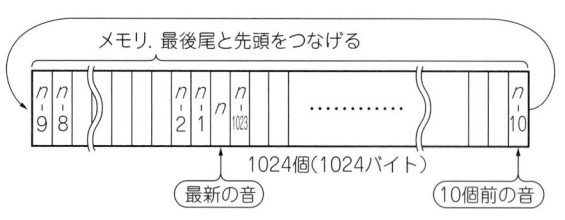

**図8-7** リング・バッファとエコー演算

メモリ. 最後尾と先頭をつなげる
1024個（1024バイト）
最新の音
10個前の音

```
最新の音 × 0.5
 +
250前の音 × 0.25    （約0.02秒前）
 +
500前の音 × 0.125   （約0.04秒前）
 +
750前の音 × 0.0625  （約0.06秒前）
 +
1000前の音 × 0.0312 （約0.08秒前）
```

**図8-8** 電磁ブザー①のエコーの計算方法
この演算を10kHzで行う

　CY8C29466ではもう一つ変更する部分があります．スタート・アップという表に出てこないコードの容量がオーバーフローして構築エラーが出ます．PSoCのリセットは少し複雑で，5V→3.3Vに変更すると，リセットの処理が異なるようです．

　それを回避するため，プロジェクトのリンカ設定をデフォルトから変更します．メニューの「Project」「Setting...」を選び，**図8-6**のように「Linker」の項目をクリックします．その中の「Relocatable code start address：0x」が標準で「150」になっているところを少し増やし，「180」以上（**図8-6**では安全をみて200）にします．この値はコンパイラやデザイナのバージョンで今後変わってくる可能性がありますが，構築できないエラーに遭遇したときの参考にしてください．

## ちょっとだけプログラムの説明

　エコーの処理にはCY8C29466の2Kバイト容量のRAMと「MAC」と呼ぶ積和演算器を使いました．製作事例の出だしからいきなりハイレベルになってしまった感を持たれる方も多いと思いますが，「こういう機会でもないとMACは使わな いだろう」と筆者自身が感じたので使ってみました．

　RAMで「リング・バッファ」と呼ぶ使い方をしています．リング・バッファにはA-D変換したデータが順番に格納され，最後尾を越したら先頭に戻る手続きをします．一周すると新しいデータで上書きされるので，それ以内のデータを利用するものです．

　A-D変換速度が約10kHz，リング・バッファ容量を1024バイト確保したので，エコーで使用できる遅れ時間は10kHz/1024 = 0.1Hz（約100m秒）です．**図8-7**のようにA-D変換のたびに現在の音を格納した場所より，250個前，500個前，750個前，1000個前と取り出し，それぞれ0.5，0.25，0.125…と徐々に小さくして5個のデータを加算しています．約10kHzものスピードで毎回この演算作業をこなしているのが積和演算器であるMACです．PSoCのCPUの処理能力だけでは，とてもこの処理はできませんが，このMACのおかげで実現できました（**図8-8**）．

　リング・バッファは位置の計算を楽にするため，容量は2の階乗の1024個にしました．

　MACは「MUL_X」「MAC_Y」という8ビット・レジスタに値を順番に書き込むと，その積算値を1サイクルで「ACC」という32ビット（4バイト）レジスタに次々と加算するものです．MACが扱う数は整数なので，0.5倍するには127を掛けて，

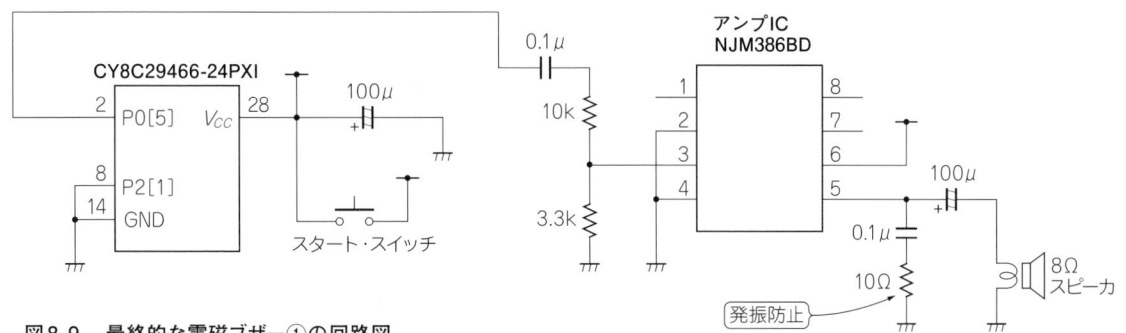

**図8-9 最終的な電磁ブザー①の回路図**

後から256で割っています．すなわち，8ビット×8ビットは16ビットのデータになり，その上位8ビットを出力とするのです．5個のデータを加算するので，5個足しても8ビット（256）以上にならないような重み係数にしました（作例では256にいかない243にしました）．そのおかげで，出力はACCの下位から2番目のバイトをそのまま取り出しD-Aコンバータに送ることができます．

リング・バッファでは，次々と250個前のデータを取り出しますが，全体が1024バイトなので位置の計算には，250バイト前の0xFAを引く代わりに0x306を加算して0x3ffで＆をとっています．容量を2の階乗にしておくのは有効な手段です．

5Vで実験していたとき，エコーのデータは8個を加算していました．CPUクロックの制限から5個の加算にしました．音にはあまり影響がないようです．

## ♪ 外見の工作

結果が出てきたので，格好を付けるための工作をしました．迫力のある音はスピーカの出番なのでアンプICを使いました．PSoCは出力振幅が大きいので，アンプの入力の前にわざわざレベルを落とします．汎用アンプICを使うジレンマです．スイッチで電源を入れる仕様にしました．いままでのスイッチ入力のP2[5]はGNDに接続しています．カウンタ4は電源ONでは0（Lowレベル）から始まるため，電源投入でワン・テンポ遅れる

**写真8-2 ケースに使用した，LEDマルチライトの外観**

100円ショップで購入したLEDマルチライト．このケースにスピーカや製作基板モジュール，電池ボックスを収める

ので，スイッチONと同時に鳴りだすように論理を逆に変更しました．

ロジックIC版で省略していた，発振防止の抵抗＋コンデンサはスピーカ駆動では必須です（**図8-9**）．

100円ショップで買った「LEDマルチライト」のケースを改造しました（**写真8-2**）．これは単四乾電池3本でLEDを光らせるもので，電池ホルダが内蔵されており，外観もブザーにはぴったりでした．スピーカは，別の100円ショップで購入した「卓上スピーカ」を分解したものが「ピタリ」と合ったので使いました．

このケースは思ったほどスペースがなく，おそるおそるPSoCは基板に直付けしました．工作ではよくあることで，狭いスペースにDIP部品を「ギュッ」と詰め込んだときの醍醐味は格別です（**写**

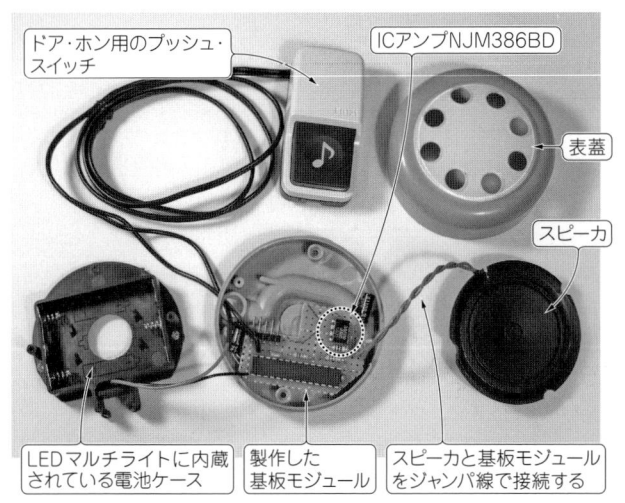

写真8-3　中身の構成

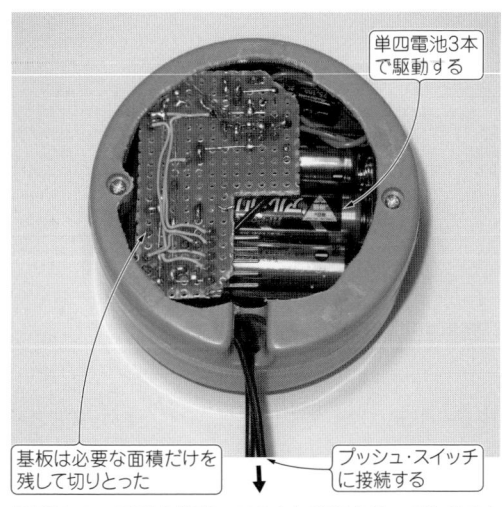

写真8-4　回路を格納．このあと裏蓋を作ってかぶせた

真8-3～写真8-4）．ケースの底が少し引っかかったので全部除去して新たに底板を張りなおして完成です．

　プッシュ・スイッチは，ドア・ホン用の本物の実用部品を使用しました．わざわざこの工作のために買い求めたもので，PSoCの次に高価な部品でした．

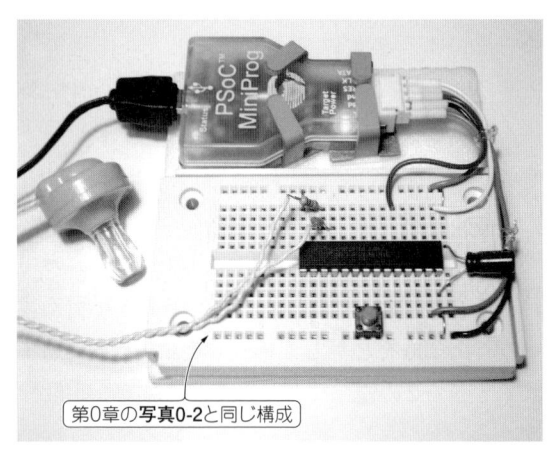

写真8-5　電磁ブザー②の実験のようす．外観は電磁ブザー①と変わらない

## PSoCの活用例 No.2 音遊び

### 電磁ブザー波形②

### くし団子のような波形

　イントロで紹介した「電磁ブザー」の「波形②」を作りました（写真8-5，図8-10）．

　図8-10の波形をよく見ると「団子」状の細かい波形のかたまりが，くし団子のように連なっています．「この波形，どこかで見たことある」とずっと思っていました．sin波をより高い周波数で「変調」すると，このようになります．

● 信号を「変調」する

　変調というと，無線やラジオの専門用語のようでなんとなく難しく聞こえますが，PSoCの変調は図で見ると簡単です（図8-11）．ある信号（sin波とする）をパルス波形で「変調」するとは，パルス波形の「1」（Highレベル）のときに，AGNDに対して信号を「反転」することです．図8-11の変調信号をもっと細かくすれば，図8-10のような「くし団子」になりそうです．

● ブロックと値を決定する

　作り方をすぐ思いついたので，具体的なブロック図を考えてみます．図8-11のようにsin波の一周期で2個の団子波形ができるので，100Hzの団子波形には50Hzのsin波を作ればよいことになります．

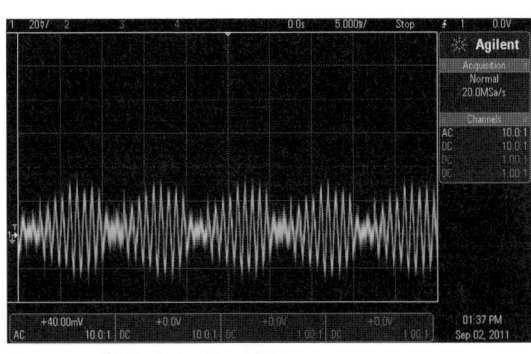

第8章　想像して実現するPSoCの遊び方　　音遊び

図8-10　電磁ブザー②の波形

これまでLPF2でsin波を作りましたが，見た目が少しひずんでいたので，ブロック・アレイを4個使ったBPF4で「もう少しきれいな」団子波形を作ることにしました．BPF4のフィルタ設計ツールは，BPF2を2個同時に設計するようなもので，それぞれC1～C4に相当する値が2組計算されます（図8-12）．

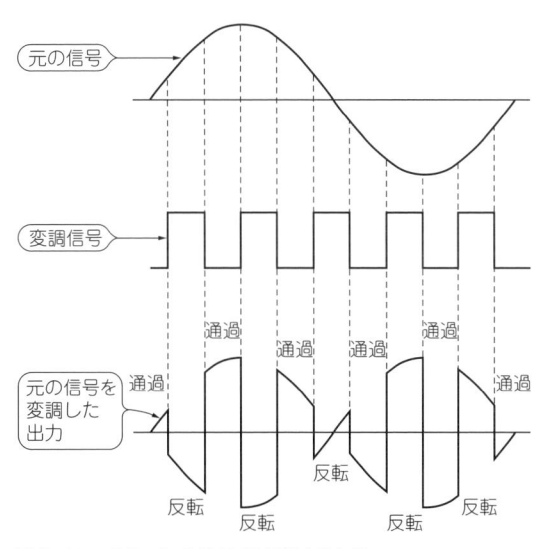

図8-11　PSoCで信号を変調するとは

## 電磁ブザー波形②の回路とデザイン

### ●各信号の発生

フィルタ設計ツールによってサンプル・クロックの4倍の8000Hzが算出できました．Counter8

のユーザ・モジュールを二つ使い，50Hzの元になるパルス波と8000Hzを作成します．さらに変調信号は団子を10等分するためCounter8をさらに追加し，1kHzを作りました．実物の12～13等分より少し粗いですが，きりのよい数字です．

変調を行うためにはアナログ・SCブロック・アレイのタイプC［ASCブロックと呼ぶ，p.70の図7-2(b)］の変調機能を使います．タイプD（ASD

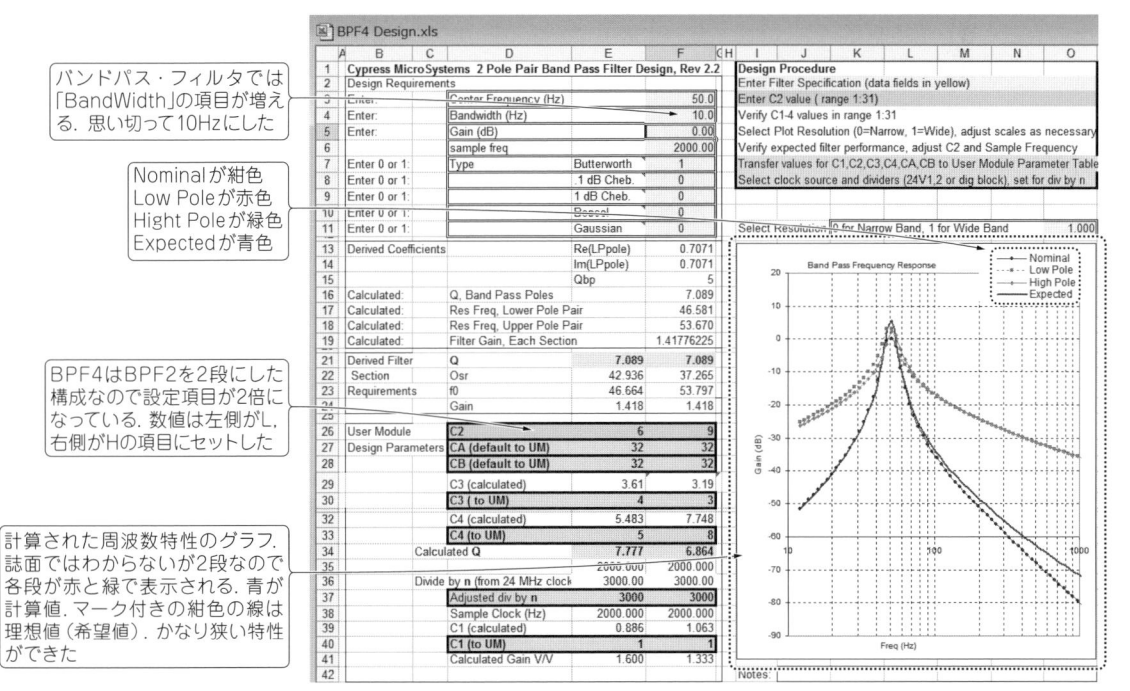

図8-12　BPF4を設計中の画面

バンドパス・フィルタでは「BandWidth」の項目が増える．思い切って10Hzにした

Nominalが紺色
Low Poleが赤色
Hight Poleが緑色
Expectedが青色

BPF4はBPF2を2段にした構成なので設定項目が2倍になっている．数値は左側がL，右側がHの項目にセットした

計算された周波数特性のグラフ．誌面ではわからないが2段なので各段が赤と緑で表示される．青が計算値．マーク付きの紺色の線は理想値（希望値）．かなり狭い特性ができた

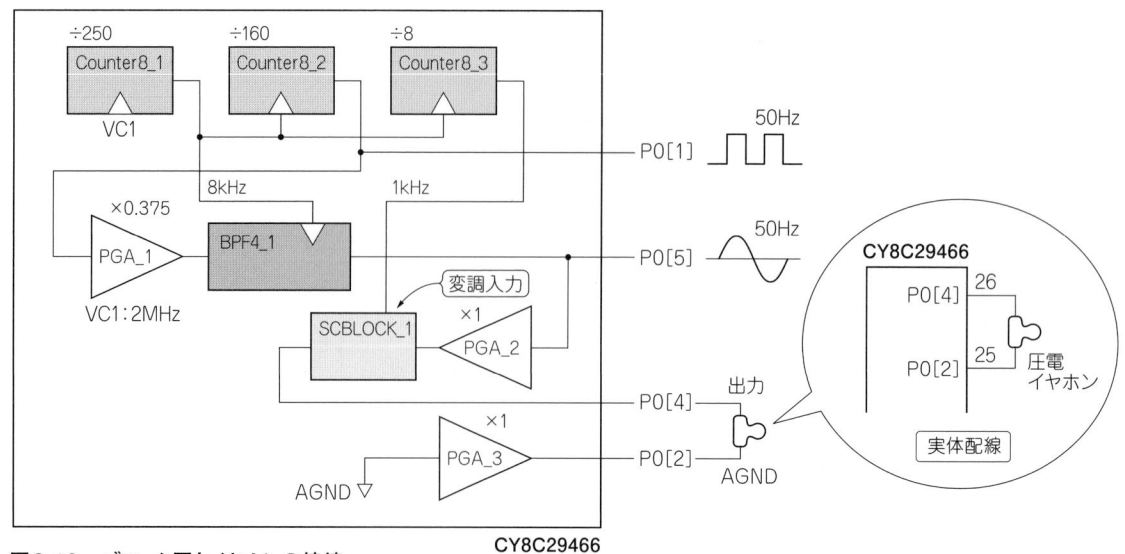

図8-13 ブロック図とイヤホンの接続

ブロック）には変調入力がないのです．

SCブロック・アレイをそのまま使うユーザ・モジュールに「SCBLOCK」があります．名前もそのものズバリです．このSCBLOCKは，SCブロック・アレイならどこでも配置できますが，タイプCのASCブロック，ASC12に配置しました（図8-13）．

● SCBLOCKの変調入力はプログラムで設定

SCBLOCKは融通が利いて便利ですが，その分使い方が少し複雑です．SCBLOCKの変調入力はデザイン画面ではパラメータとして設定できないので，プログラムの中でレジスタを直接操作しました（リスト8-1）．

予定どおり50Hzのsin波を1kHzで「変調」し

リスト8-1 SCBLOCKを使ってプログラムの中でレジスタを直接操作している

```
//---------------------
// PSoCブザー②　その1
//---------------------

#include <m8c.h>         // part specific constants and macros
#include "PSoCAPI.h"     // PSoC API definitions for all User Modules


void main(void)
{
    Counter8_1_Start();
    Counter8_2_Start();
    Counter8_3_Start();
    PGA_1_Start(PGA_1_HIGHPOWER);
    PGA_2_Start(PGA_2_HIGHPOWER);
    PGA_3_Start(PGA_3_HIGHPOWER);
    BPF4_1_Start(BPF4_1_HIGHPOWER);
    SCBLOCK_1_Start(SCBLOCK_1_HIGHPOWER);
    AMD_CR0 |= 0x20;     // ASC12に配置したSCBLOCKのモジュレーション入力をGOE0にセット
}
```

（SCBLOCKの変調入力はレジスタを直接操作する）

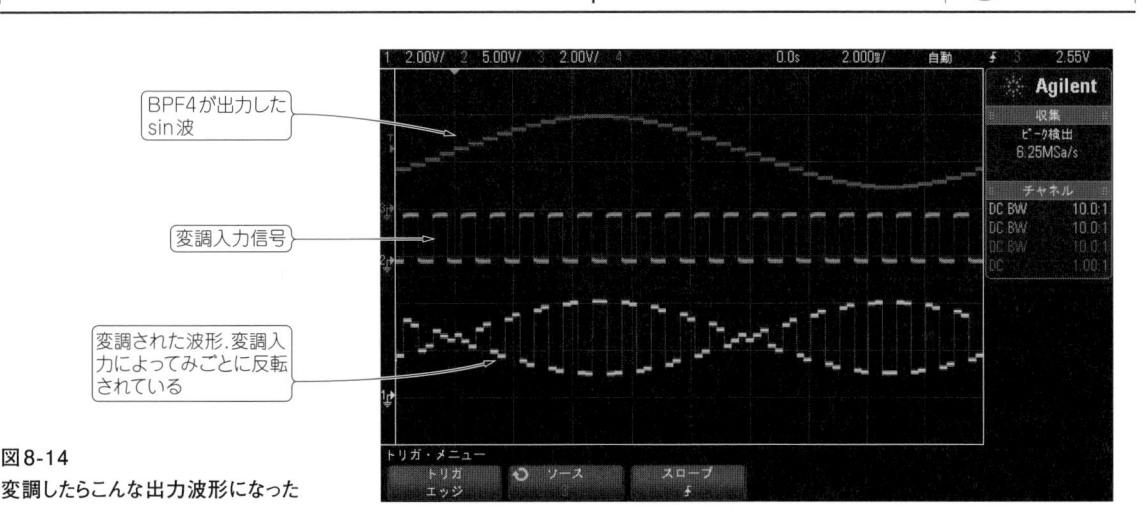

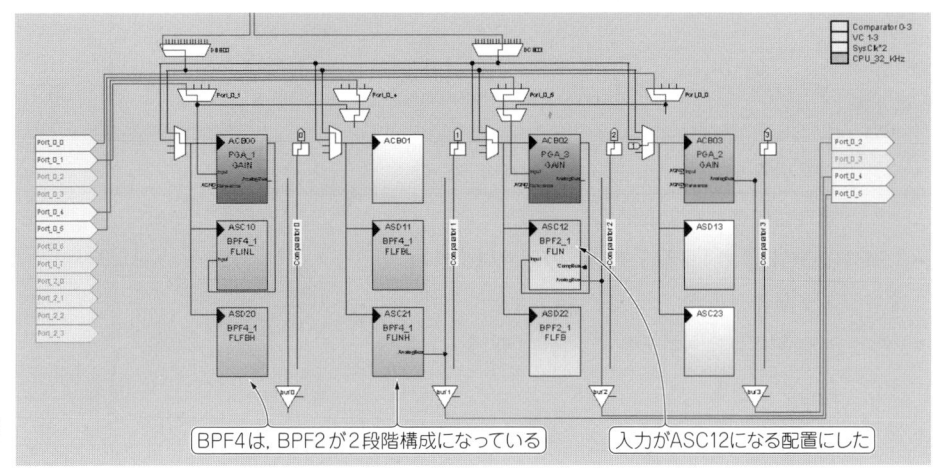

第8章 想像して実現するPSoCの遊び方　音遊び

**図8-14** 変調したらこんな出力波形になった

・BPF4が出力したsin波
・変調入力信号
・変調された波形．変調入力によってみごとに反転されている

**図8-15** SCBLOCKの代わりにBPF2を配置した

・BPF4は，BPF2が2段階構成になっている
・入力がASC12になる配置にした

た出力波形ができました（**図8-14**）．鋭くインパクトのある音が出ます．

## 波形を穏やかに改良する

　SCBLOCKは使い方が自由な面，使いこなすのが難しいユーザ・モジュールです．フィルタを使って，デザイン画面でも「変調入力」を使う手段がありました．BPF2のユーザ・モジュールは2段構成ですが，入力側のブロックをASCブロックになるように配置すると，変調入力のModulator Clockが使えるようになります（**図8-15**）．

　さらに，変調周波数の1kHzを通過周波数に選びました．変調と先ほどの波形の角を丸くする「一石二鳥」の効果を狙いました（**図8-16**）．

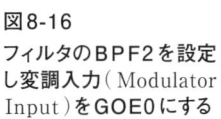

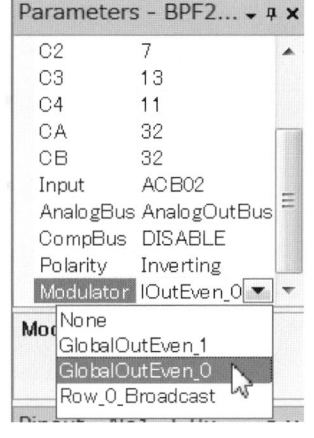

**図8-16** フィルタのBPF2を設定し変調入力（Modulator Input）をGOE0にする

　波形としては，**図8-10**の元波形にかなり近づきました（p.84の**図8-17**）．ところが，出てきた音は「まろやか」になってしまいました．**図8-14**のほうがブザーとしては耳に響くようです．

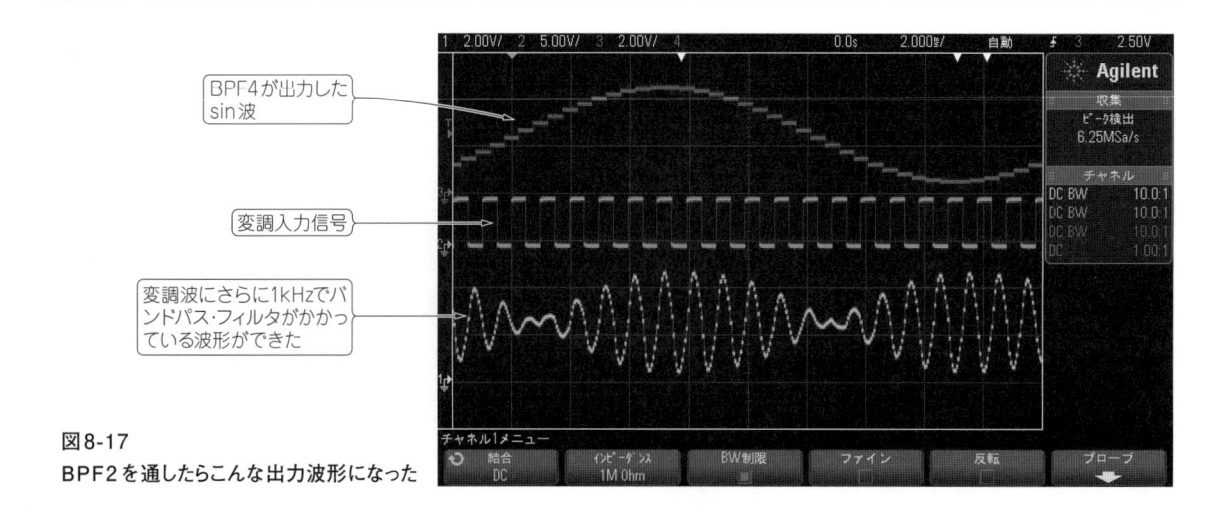

**図8-17**
BPF2を通したらこんな出力波形になった

（図中ラベル）
- BPF4が出力したsin波
- 変調入力信号
- 変調波にさらに1kHzでバンドパス・フィルタがかかっている波形ができた

## おもなポイント

- パルス波形からsin波を作るのに「BPF4」を使った．見た目はきれいな波形になった
- 「SCBLOCK」で「変調」を使うのはプログラムでレジスタ操作が必要
- 「BPF2」は配置によってデザイン時に「変調入力」を使うことができる
- 波形をフィルタで「丸く」したら，音がおとなしくなった

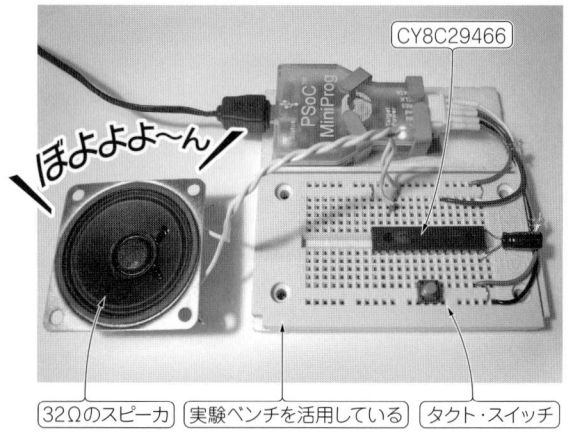

**写真8-6** 「PSoCぼよよよーん」を実験しているようす

（写真中ラベル）CY8C29466／32Ωのスピーカ／実験ベンチを活用している／タクト・スイッチ／ぼよよよ〜ん

## PSoCの活用例 No.3 音遊び

### PSoCぼよよよーん

### ぼよよよーん？

アニメでキャラクタが跳ねたときによく使われる「ぼよよよーん」音を作りました（**写真8-6**）．「バネ音」とも呼ばれます．

まだ，電子楽器も発展していないであろう年代から，アメリカ製アニメで使われていました．擬音を作る道具として，音源が存在するはずです．いろいろ調べていくうちに「Mouth Harp：マウス・ハープ」という楽器の「ボヨン，ビヨン」という音が原型ではないか，という説を目にしました．和名で「口琴(こうきん)」というそうです．この楽器，口元で鳴らしながら口内で反響させるため，口の変化にあわせてどんどん変化するようです．「ぼわいん」「ぼよわん」とおもしろい響きをしています．文字で表すのが難しい音ですね．

この音も，ブザーと同じように採取して調査しました．

### ● 波形を見る

口内の反響により刻々と変化する音程の一部分

図8-18　調査した「口琴」の波形

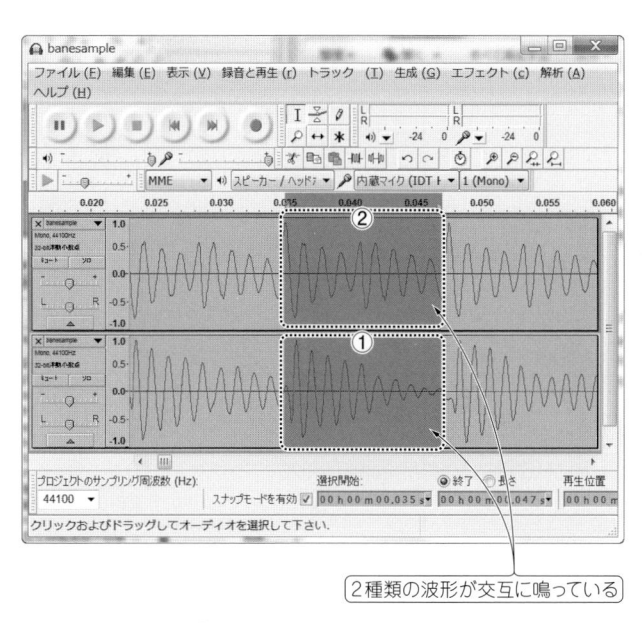

図8-19　2種類の波形が数個ずつ交互に鳴っている構成

を切り取って見てみると，2種類の波形が数個ずつ交互に鳴っているようです（**図8-18**，**図8-19**）．フリーソフト「Audacity」で採取した波形を見てみました．「ぽよよよ」の部分を「ボォヨォヨォヨ…」に分解してみると，「ォ」は約700Hz，「ヨ」は約1100Hzで，それぞれ，**図8-18**の上段と下段の濃いめのグレーで選択している部分になります．この塊が数個ずつつながって繰り返しているのです．こんな波形があるのですね．

## 波形を作る

### ● ブロック図を駆使

p.86の**図8-20**はこの波形を作るPSoCのブロック図です．Counter8_1でフィルタのクロック，Counter8_2でsin波の元になるパルス波を作成．BPF2_1を通ったsin波はPGA_2でゲインを変化させて，さらにPGA_3へ送り，出力させています．PGA_2は個々の波形のゲインを変化する役目です．PGA_3は最終的に音を小さく絞っていく「サスティン」の役割です．

さて，sin波形は今までと同じ「BPF」を使って作りますが，振幅をリアルタイムに変化させる必要があります．そこでsin波の一周期ごとに出力するPGA_2のゲインを変えることにしました．ゲインを変えるタイミングは，一周期でAGNDとクロスするときです．そこでsin波を作る元のパルス波形の周期タイミングで変更することにしました．

実際には元のパルス波形とフィルタ後のsin波の位相は少しずれますが，音への影響は問題にならないと考え，まず，波形を出力することに専念しました．

### ● プログラムも駆使

この操作はユーザ・モジュールだけでは無理なので，プログラムによって制御します．元の波形を作るCounter8_2の周期割り込みを使い，一周期ごとに，PGA_2のゲインを変更しました．PGAのゲインは，1倍：0xf8，0.93倍：0xe0，0.87倍：0xd0…という設定値を`PGA_SetGain()`という関数でセットします．

その値は，あらかじめ配列で用意しておきました．下の行は，波形の②番目の振幅を作るゲイン値の並びです．0xf8が1倍，0xa0，0x80，0x60と小さくなり，その次に再び0x80といったん大きくなります．これが「ラクダのこぶ」のような②番目の波形です（p.86の**図8-21**）．

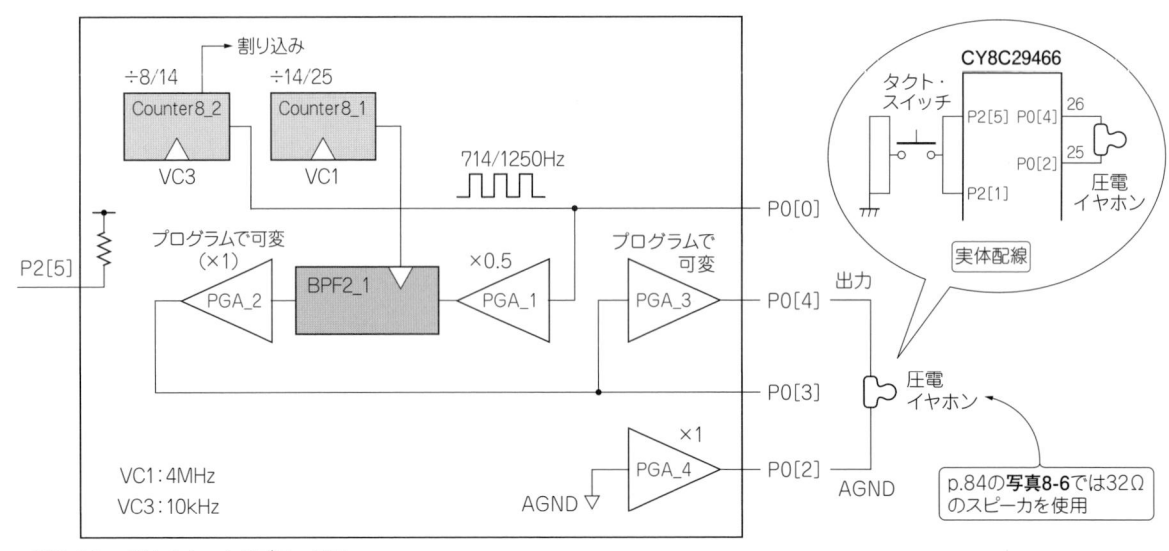

**図8-20** ぼよよよーんのブロック図

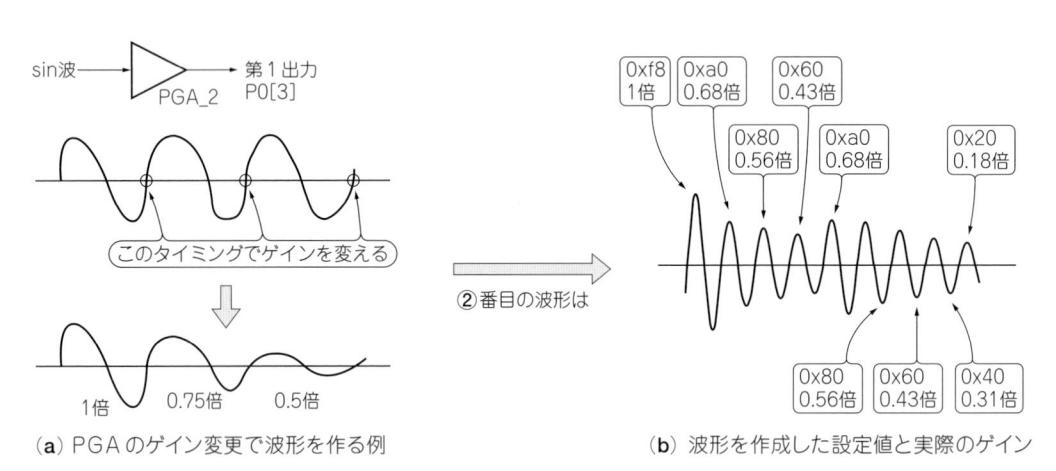

**図8-21** PGAのゲイン変更で波形を作り設定値と実際のゲインを見る
(a) PGAのゲイン変更で波形を作る例
(b) 波形を作成した設定値と実際のゲイン

```
const char env1 [ ] = {0xf8, 0xa0,
0x80, 0x60, 0xa0, 0x80, 0x60, 0x40,
0x20, 0x10, 0x00};
```

この波形を一つのユニットとして，もう一つの①波形と使い分け，4回と5回ずつ繰り返しました．それぞれ繰り返しが終わって波形を切り替える際は，周波数も変更するため，Counter8_2の周期と比較値をそれぞれ714Hz，1250Hzに変更しています．プログラムとの融合がうまくいった結果です．その際はBPF2のクロックもそれに合わせて追従させています．このあたりは，設定値に比例してフィルタの遮断周波数（BPFなので通過周波数）が変更できる恩恵にあずかっています．

言葉では説明しづらいです．図8-22は実際に出力している波形です．みごとに変化していることがわかりますか？

PGA_2では，いつまでも「ぼよよよよよよよよ」と繰り返しているだけなので，徐々に小さくなるように最終段のPGA_3で調整します．この部分もプログラムで行っています．原理はPGA_2と同じで，ゲインを1倍から徐々に小さくしていきました（図8-23）．

### おもなポイント

● 「PGA」でゲインを変える

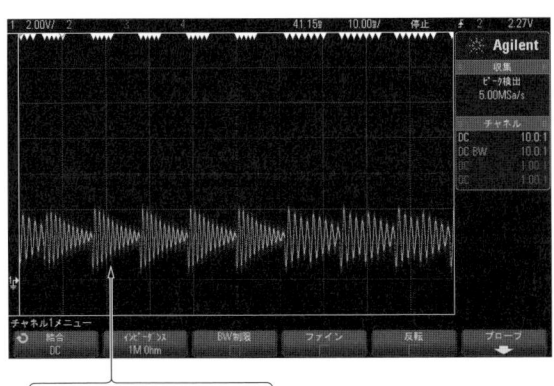

第8章 想像して実現するPSoCの遊び方　♪ 音遊び

みごとに波形が変化している

**図8-22** BPFで変更して出力した波形

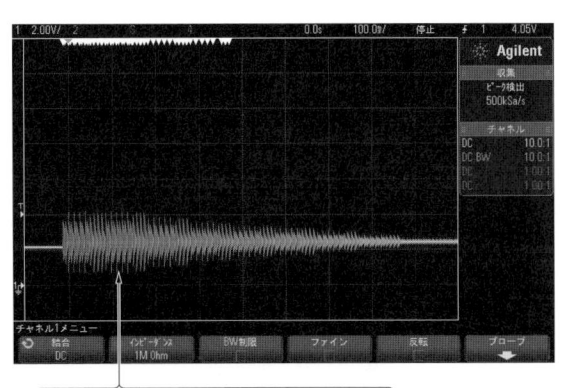

徐々に小さくなるようにPGA_3で調整した

**図8-23** 終段のPGA_3で全体の音を減少させるサスティン効果にした

　PGAのゲインは連続的に変更できません．波形を作る役目のPGA_2，徐々に音量を小さくする役割のPGA_3の両方とも段階的な調節ですが，実際にやってみると，階段状の音量変化でも違和感はありませんでした．

　1kHzのスピードで一周期ごとにゲインを変更するという技は，位相のずれは多少あるものの結構「スゴイ」ことかなと思います．

● フィルタ周波数をリアルタイムで変更する

　パルスからsin波を発生させる役割の「BPF2」の周波数も瞬時に変化させて，出力波形が対応するか？と少し心配でしたが，結果的には十分追従しています．帯域を広げて，714Hzから1250Hzまでを通過させる広帯域「BPF」にしておく手段もあります．

　結果が「音」なのでどのような違いがあるかは予想できませんが，そのようなアプローチが工作としては楽しいのです．耳におもしろく聞こえた音が正解です．

● 音をゼロにする

　「PGA」は，ゲイン0の設定がないので，いつも悩むところです．「PGA」にストップをかけると出力がAGNDを外れるので出力は「プチッ」と音がしたり，直流が残るのでイヤホンにも影響が出てしまいます．入力をAGNDに切り替える方法もありますが，プログラムでレジスタ操作が必要です．ここでは「BPF」を止めて解決しています．

## ♪ 「ぼよよよーん」を作ってみて

　ともかく基本の「ぼよよよーん」はできました．私的には衝撃的な波形でした．作った音程は一定なので，このあとの発展は読者の皆さん次第です．本物の楽器は口内で自由に音程が変化するので，そこに近づけばさらに発展するはずです．プログラムの力をさらに借りればできそうな気がしますので，ぜひとも「ぽわいん」「ぽよわん」「ポイン」「パイン」などの音作りにチャレンジしていただきたいなと思います．実際に聞いてみると「楽しい」ですよ．

**PSoCの活用例 No.4　音遊び**

**近づいて遠ざかるピーポー**

## ♪ ピーポーピーポーピーポー

　聞こえると「ドキッ」とするサイレンの音ですが，

図8-24 少年の日に疑問に感じていたこと

| 960<br>Hz | 970<br>Hz | 480<br>Hz | 485<br>Hz | 1920<br>Hz | 1925<br>Hz | 2880<br>Hz | 2885<br>Hz |
|---|---|---|---|---|---|---|---|
| ベース | | ベースの半分 | | ベースの倍 | | ベースの3倍 | |

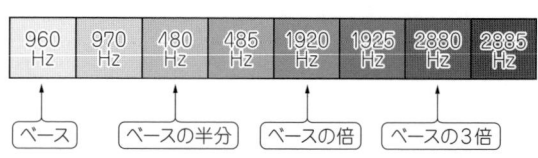

図8-25 ピーの正体は960/970/480/485/1920/1925/2880/2885Hzの合成だった

子供だった筆者は「なぜ，前を通り過ぎると音程が変わるのだろう？」と疑問でした（図8-24）．

「ピーポー」音を再現しようと考えました．最初は簡単に実現できると甘く考えていましたが，ハードルはかなり高いものでした．

● そもそも「ピーポー」音とは？

緊急自動車のライトを製作している，パトライト社という会社が特許を持っている音で，「ピー」も「ポー」も8種類のsin波形を合成しており「ハーモニック・サイレン」と呼ばれるそうです．高い「ピー」について調べてみると，960/970/480/485/1920/1925/2880/2885Hzの合成でした（図8-25）．960Hzが先頭に来ているのは，この音がベース音だからです．またよく見ると960Hzを中心に半分の480Hz，2倍の1920Hz，3倍の2880Hzの「倍音」と呼ばれる音です．それにうなりを発生する＋10Hzあるいは＋5Hzが加わっています．「ポー」についても同様に770Hzが中心の8種類の合成です．

● PSoC版「ピーポー」の考え方

PSoCといえども8種類のsin波の合成はワンチップでは難しい（MACを使った完全なプログラム合成なら可能かもしれません）ので，少し考え方を変えました．また，合成の割り合いまでわかりませんので，ここから先は自分なりにアレンジしました．

まず，sin波を作るときにフィルタを使いますが，今までは元のパルス波形の周波数と「BPF」の通過周波数を合わせていました．元になるパルス波とは，倍音のかたまりです．フィルタで基本の音だけ取り出していたのです．

そこで「ピーポー」では通過周波数帯を少し上げ，3倍音まで通過させることにしました．また「うなり」はパルス波形の段階で合成させておいて，フィルタに通すことにしました．

さらに近づいて遠ざかるようすは，音の「ドップラー効果」を出すため，時速36kmで近づいてきて，本人から少し離れたところを通過して去ってゆく緊急自動車を表現するため，「ピー」音については前半は3％増しの1000Hz，後半は3％減の940Hzにしました．「ポー」もそれに合わせてリアルタイムに変更します．

## ピーポーの回路とデザイン

● 各信号の発生

Counter16_1で「ピー」の最初の音の元の90.5kHzを作り，Counter8_1で1/90の1006.3Hz，Counter8_2で1/181の500.36Hzを作ってPGA_1，PGA_2で合成してからBPF4_1へ通しました（図8-26）．

1006.3Hzと500.36Hzはほぼ倍音の関係ですが，わずかに5Hz程度ずらしています．これで，「うなり」の効果を期待しようと考えました．

Counter16_1の周期はデザインではスタートの「ピー」に合わせてありますが，「ポー」および「近づく」「去る」で音程を変化させるため，プログラムで変更します．

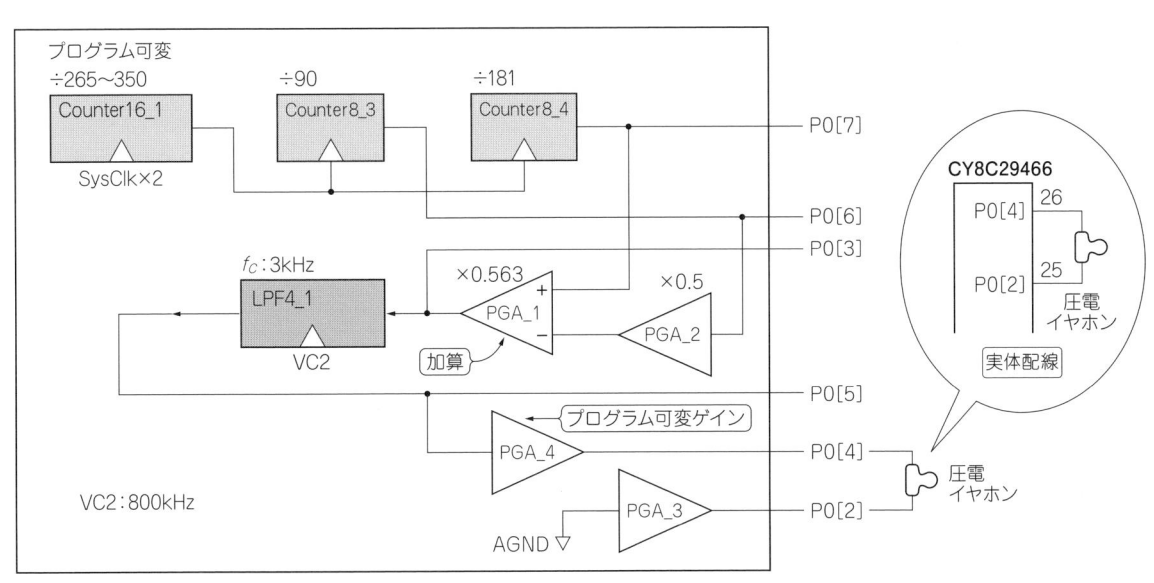

図8-26 近づいて遠ざかるピーポーのブロック図

● 「LPF4」の設定

3倍音まで通過させるため遮断周波数は3000Hzにしました(図8-27).

図8-28は「ポー」の瞬間の波形と周波数特性です.3倍音以降はフィルタ(p.90の図8-29)のおかげか小さくなっているようです.波形には2倍の周波数が徐々にずれて合成されているようすが見えます.音を聞くと「うなり」が聞こえます.残念ながら半分の周波数480Hzは作成できていないので,その分重厚感がたりないかもしれません.

動作の流れ(p.90の図8-30)は,プログラムで行っています.16Hzで動作するCounter8_1

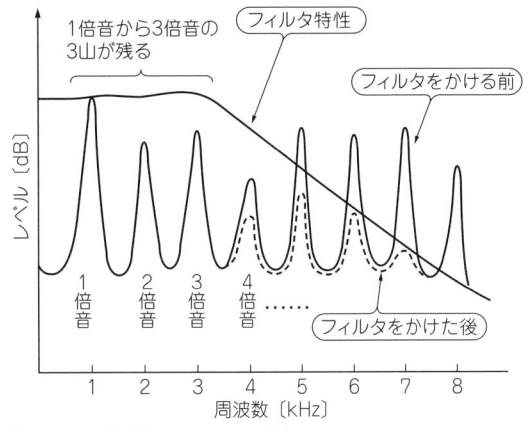

図8-27 作成したLPF4の特性
LPF4で4倍の波形以降が削られた

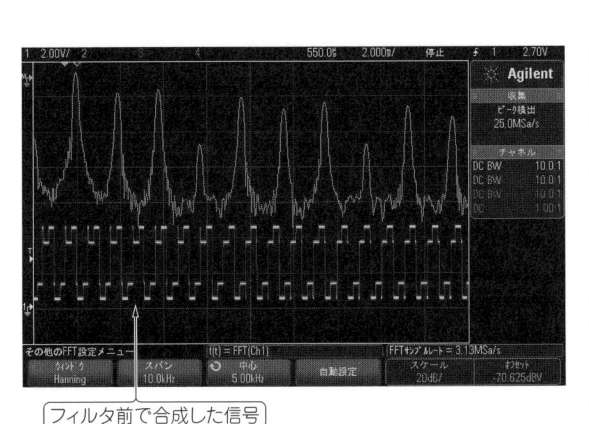

(a) フィルタをかける前のピー音(下)と周波数特性(上)

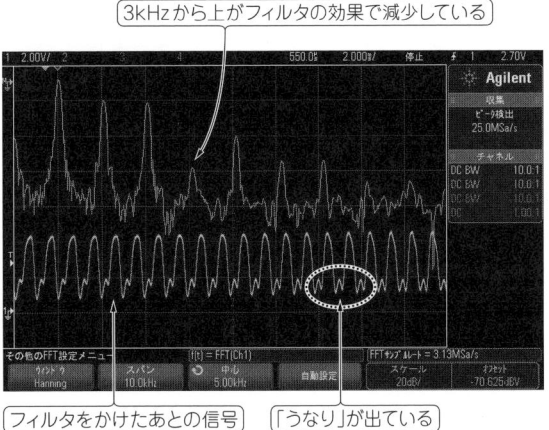

(b) フィルタをかけた後ののピー音(下)と周波数特性(上)

図8-28 フィルタをかける前とあとの波形と周波数

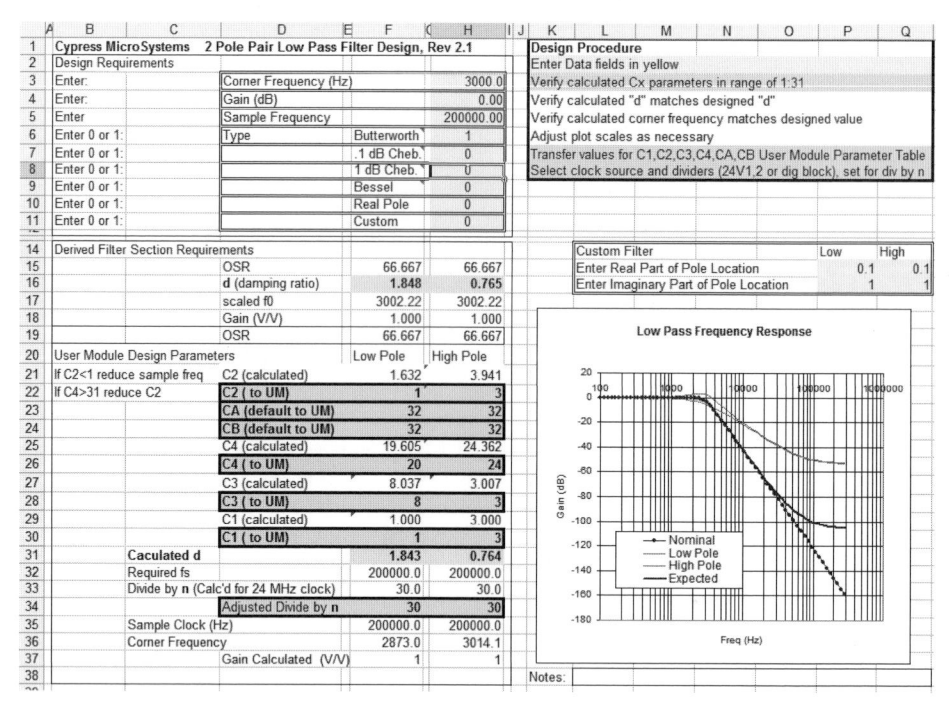

図8-29
LPF4の設定画面

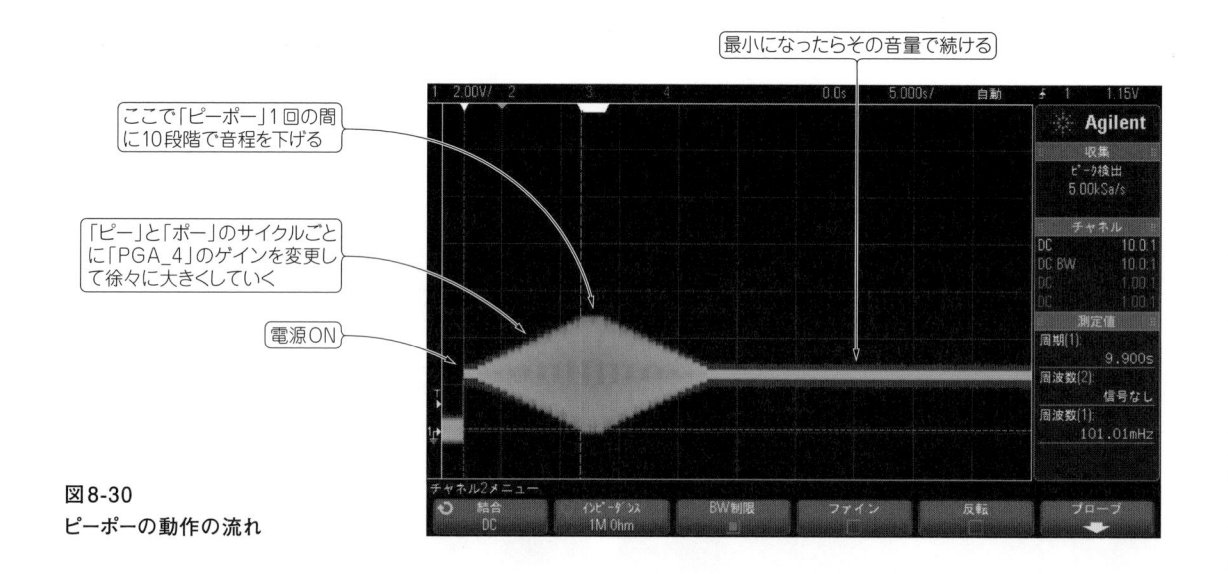

図8-30
ピーポーの動作の流れ

「ここで「ピーポー」1回の間に10段階で音程を下げる」

「「ピー」と「ポー」のサイクルごとに「PGA_4」のゲインを変更して徐々に大きくしていく」

「電源ON」

「最小になったらその音量で続ける」

の割り込みを時間のベースにしています．「ピーポー」1サイクルが1.25秒，PGA_4で1サイクルごとに徐々に大きくしながら9回目で最大，その回で0.125秒ごとに10段階で音程を下げ，「目の前通過中」を表現しました．そのあと，徐々に小さくして最小音でずっと鳴り続ける仕様にしました．

## おもなポイント

- パルス波形を合成してから「LPF4」へ通した結果的にsin波を作ってから合成するのと同じような「うなり」効果も出ました．

第8章　想像して実現するPSoCの遊び方　🎼 音遊び

## PSoCの活用例 No.5 音遊び
### ボイスチェンジャ 〜低音編〜

カラオケでボイスチェンジャ機能を使ったことがある方もいらっしゃると思いますが，ボイスチェンジャは声を「変な声」に変換します．低音から，聞いたことがあるようなビラビラした声まで，何種類か作りました（**写真8-7**）．PSoCは音の処理が得意です．

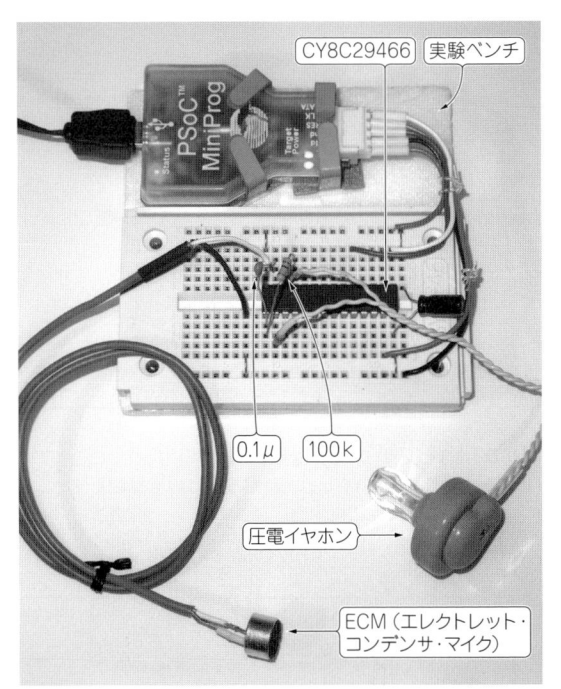

写真8-7　ボイスチェンジャの実験中のようす

### 低音偏の仕組み

● フィルタで丸く

第1弾はフィルタを使った比較的シンプルな「低音編」です．

「フィルタ」は第4章のレッスン③（p.49）でも使いました．パルスのような「角ばった」波形を「丸く」することができます．それを「音声」に使ってみたらどうなるか？ 結果は作ってみてのお楽しみです．

● フィルタを2段かける工夫

人間の声は，複雑の周波数の合成音です．男性・女性で周波数帯が違います．最初に単なるローパス・フィルタ「LPF2」だけをかけたところ「ボソボソ」音にしかならず，ひと工夫必要でした．そこで，音声波形をひずませてからフィルタを2段かけてみました．ここで使った「ひずませる」とは，難しいことではなく入力を過大にさせて「割れた音」状態にすることです．PSoCの「PGA」は最大48倍の増幅ができます．しかし，電源電圧以上に「昇圧」するわけではないので，はみ出した部分は切り取られた形になり，波形が崩れ「角ばった」パルスに近い形に変形します．

それをフィルタに通して再び「丸く」するのですが，元の形には戻らないので，音声が変わります（**図8-31**）．

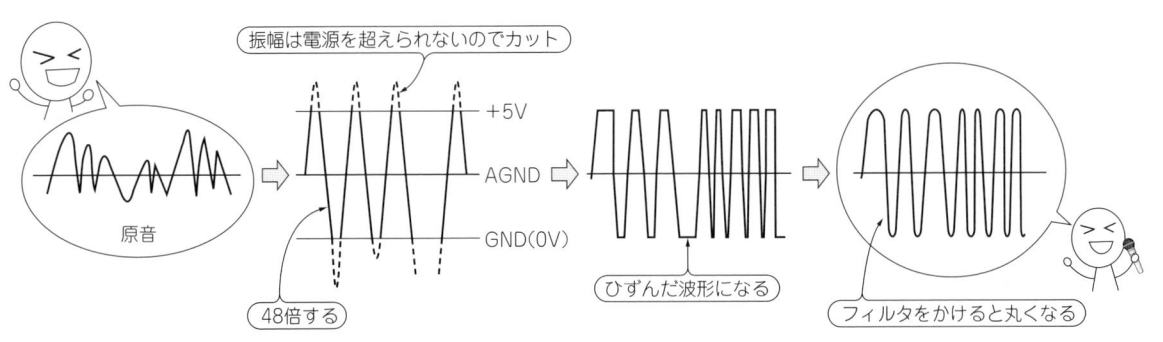

図8-31　低音編の音の変え方

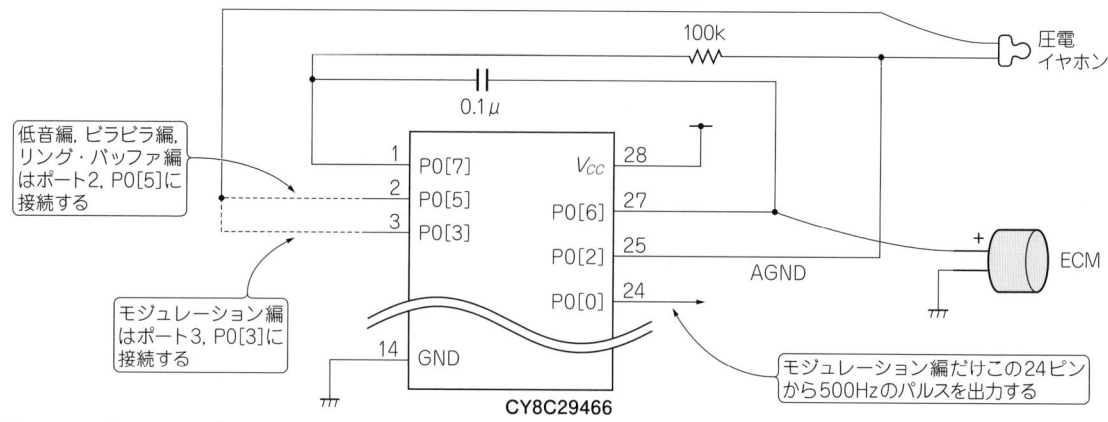

**図8-32　ボイスチェンジャの接続図**
No.5～No.8の各ボイスチェンジャは全部この回路図を使い，それぞれブロック図を変えるだけ

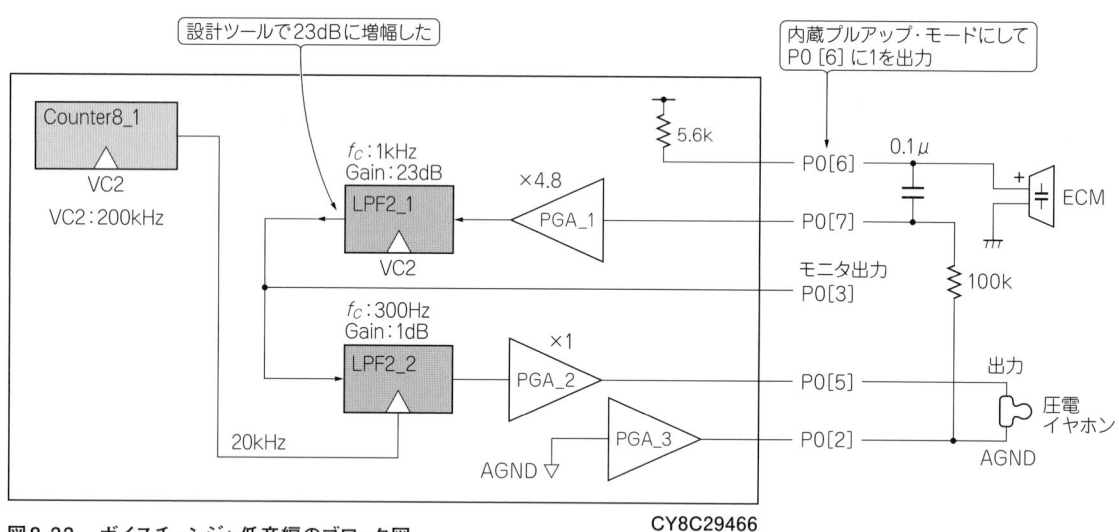

図中の注釈：
- 低音編，ピラピラ編，リング・バッファ編はポート2，P0[5]に接続する
- モジュレーション編はポート3，P0[3]に接続する
- モジュレーション編だけこの24ピンから500Hzのパルスを出力する
- 設計ツールで23dBに増幅した
- 内蔵プルアップ・モードにしてP0[6]に1を出力

**図8-33　ボイスチェンジャ低音編のブロック図**

## ボイスチェンジャの回路とデザイン

ECM（エレクトレット・コンデンサ・マイク）は，自身では発電しないので電源にプルアップして使います．P0[6]をPullUp（プルアップ）モードにして出力を「1」を出して代用しました．約5.6kΩです．出力は中間の不定の値をもつため，0.1μFと100kΩで直流カット回路を形成してP0[7]へ入力します．外付け部品として省略できない部品です（図8-32）．

増幅機能はフィルタにもあり，LPF2_1も設計ツール上で上げられるだけ上げて23dBも増幅しました．倍率にして$10^{1.15}=14$倍です．フィルタしながらひずませています（図8-33）．

フィルタは1段目が1kHz，2段目は300Hzです．サンプルした声は元々低い声だったので，低くひずんで「モガモガ」「バリバリ」して聞こえました．

プルアップや入力ピンがICの左右に飛び，部品の接続がバラバラになってしまいました．P0[3]には1段目のフィルタ出力が出ているので，ここにもイヤホンを接続して聞いてみましょう．

## おもなポイント

- フィルタにもゲインを付けることができる
- 内蔵プルアップをECMに利用した

## PSoCの活用例 No.6 音遊び

### ボイスチェンジャ 〜ビラビラ音編〜

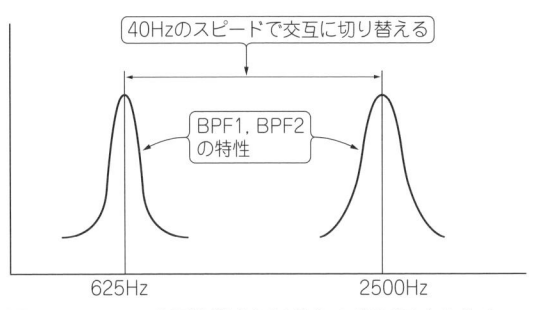

図8-34 フィルタ周波数を切り替えてビラビラ音を作る

## 「ビラビラ」は周波数の切り替え

低音編では，徹底的にひずませてフィルタをかけ「ひび割れた」変な声ができました．「ビラビラ音編」では同じようにフィルタを使いますが，人間の耳でわかる程度の中速で，フィルタの特性を切り替えて「ビラビラ」した音に挑戦しました．

「BPF」はバンドパス・フィルタと呼ばれ，通過周波数以外は低い音も高い音も通しにくい性質があります．ユーザ・モジュールはBPF2を2段使い，40Hz（商用周波数より少し低い）のスピードで2種類の値を切り替えます．一つ目は通過周波数（$f_c$）2.5kHzでバンド幅（BW）1250Hz，二つ目は通過周波数625Hzでバンド幅313Hzで2個のBPF2を同時に切り替えます（図8-34）．

## ビラビラ音編の回路とデザイン

PSoCのフィルタの特徴に挙げられる，入力クロックを変えれば比例した数値の特性になることを利用しています．入力クロックを作成するCounter 8_1の周期比較器の「Period」値を10と40に設定し，200kHzと50kHzを切り替えます．

フィルタ設定ツールで，あらかじめ$f_c$：2.5kHzで設計したBPF2は，クロックが1/4になれば$f_c$も1/4になり625Hzとなります（図8-35）．

40HzはCounter16_1を使い，VC3を25分周しました．結果的にVC3が1kHzなのでCounter8

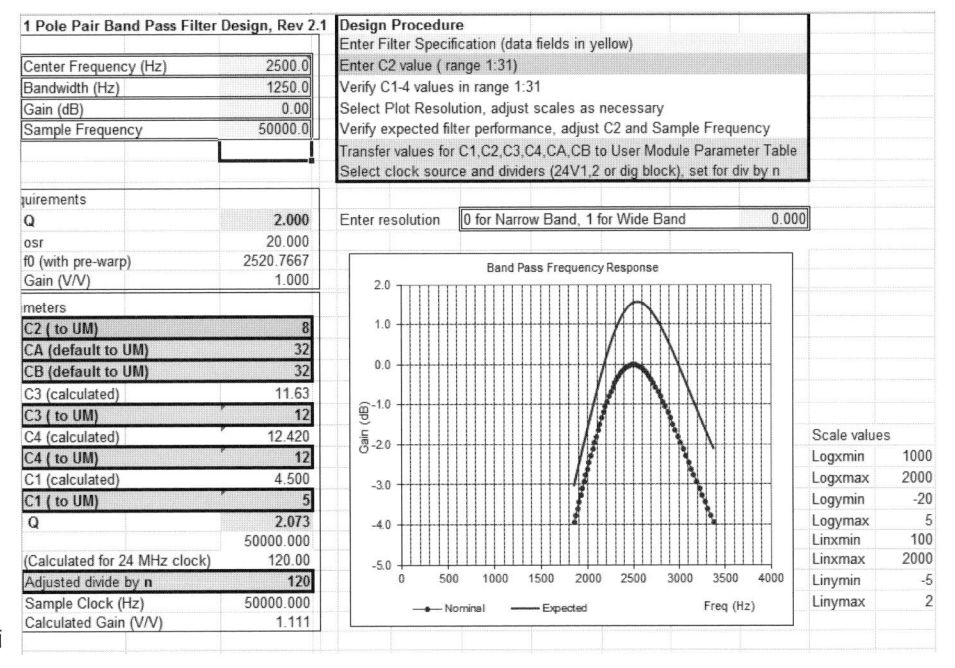

図8-35 BPF2の設定画面

**図8-36 ビラビラ音編のブロック図**

でもよかったです（**図8-36**）。ここから割り込みを使い，プログラムでCounter8_1のPeriod値を切り替えるAPI関数を使っています．下記はその例です．

Counter8_1_WritePeriod(40); // BPFを625Hzにする

実体配線は低音編と同じなので，p.92の**図8-32**を参照してください．

## 動作

40Hzで切り替えているため，蛍光灯のチラつき程度のスピードでビラビラした感がある音が出ます．

フィルタを切り替える瞬間に雑音が少し聞こえるようです．無音時でも目立つようであれば，フィルタを切り替える前後で終段のPGA_2のゲインを下げてみるのも手かもしれません．また，下げている時間によっては「おもしろい」効果が出てくるかもしれません．

## おもなポイント

- 「BPF2」の特性を入力のクロック切り替えで「瞬時」に切り替える

## PSoCの活用例 No.7 音遊び

### ボイスチェンジャ ～リング・バッファ編～

### 陸上競技のトラック

ボイスチェンジャの第3弾は，プログラムの力を借りたリング・バッファ編です．電磁ブザー①（pp.75～80）のエコー作成にも使用したもので，1Kバイト（1024バイト）のメモリを使って「音声」を加工します．

リング・バッファとは，リング状の無限のメモリが存在しているわけではなく，プログラムで末端に到達したときに，先頭に戻りながら順番に書き込みをする「バッファ・メモリ」のことです（**図8-37**）．一周したら，古いデータは順次最新データで上書きされる仕組みです．RAM量の多いCY8C29466だけの応用です．

「ボイスチェンジャ」のリング・バッファの使い

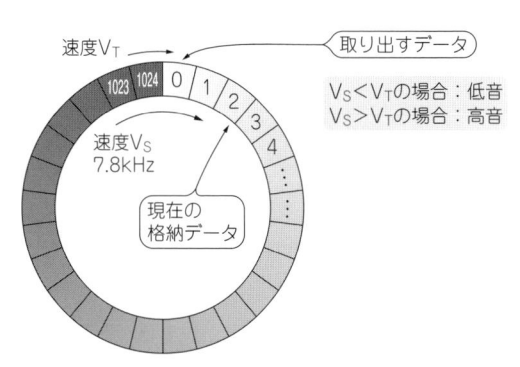

図8-37 リング・バッファのようす

図8-38 バッファ・リングは競技場のトラック種目に似ている

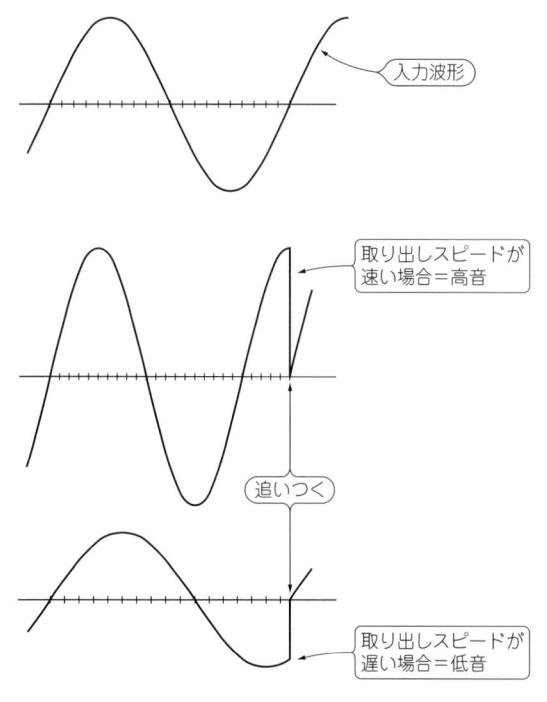

図8-39 リング・バッファの「格納スピード」と「取り出しスピード」が違うと…

方は，陸上競技のトラック種目と似ています（図8-38）．先頭が取り込みデータで最後尾が取り出しデータであれば「周回遅れ」が常に起こり，音が低くなります．また，先頭と最後尾が入れ替わると，音が高くなります．

sin波形を例にしました（図8-39）．取り出しスピードが速いと，sin波形の一部が重複しますが，全体の周波数は高くなります．取り出しスピードが遅いと，今度は，sin波形の一部が欠落しますが，周波数は低くなります．音声に例えると，この「重複」「欠落」部分が目立つことはありません．むしろ「音声を加工する」うえで良い効果になっているようです．

## リング・バッファ編の回路とデザイン

ブロック図はシンプルで，マイクからPGA_1経由でDELSIG8_1に入力，約7.8kHzでサンプリングし，順次リング・バッファへ格納されます．Counter8_1の割り込みでリング・バッファから取り出されたデータは，DAC8_1でP0[5]へ出力しています（p.97の図8-40）．Counter8_1を6450Hzで動かす「低音版」と9524Hzで動かす「高音版」の二つを作りました．

● プログラムの説明

電磁ブザー①のエコーと同様に，CY8C29466のメモリを全部使う場合は「ラージ・メモリ」の使用法を用います．おまじないのようなプログラムの宣言です．データ取り出しはCounter8_1_Int()内で，データ格納はmain()で行っています（リスト8-2）．

筆者がよく使用するADCINCと，今回使ったDELSIGのデータ取得&フラグ・クリアのAPI関数名が微妙に違いますが，機能は同じです．ユーザ・モジュールのヘルプ・ファイルをよく参照して混乱しないようにしましょう．

● キー・チェンジャとしての応用

リング・バッファの使い方で，取り出す速度を音階（1オクターブを12段階）に区切るような値にすれば，「キー・チェンジャ」としても使えると

リスト8-2　ボイスチェンジャ・リング・バッファ編の高音版

```c
//------------------------------------
// ボイスチェンジー リング・バッファ編　高音版
//------------------------------------

#include <m8c.h>           // part specific constants and macros
#include "PSoCAPI.h"       // PSoC API definitions for all User Modules

#pragma     interrupt_handler         Counter8_1_Int    // 割り込みの宣言
// ラージモデルで256バイトを超える配列を記述する宣言
#define BUFSIZE      1024
#pragma abs_address:0x100
unsigned char databuf[BUFSIZE];
#pragma end_abs_address

int    inbufptr;                            // 入力信号バッファ位置
int    outbufptr;                           // 出力信号バッファ位置

// 9524Hzで呼ばれる
void Counter8_1_Int(void)
{
    DAC8_1_WriteStall(databuf[outbufptr]);
    if(++outbufptr>=BUFSIZE) outbufptr=0;
}

void main(void)
{
    int    i;

    for(i=0;i<1024;i++) databuf[i]=0;  // クリアしておかないと最初に変な音が出る
    inbufptr = outbufptr = 0;
    PGA_1_Start(PGA_1_HIGHPOWER);
    PGA_3_Start(PGA_3_HIGHPOWER);
    Counter8_1_Start();
    DELSIG8_1_Start(DELSIG8_1_HIGHPOWER);
    DELSIG8_1_StartAD();
    DAC8_1_Start(DAC8_1_HIGHPOWER);
    Counter8_1_EnableInt();
    M8C_EnableGInt;
    for(;;) {
            // DELSIG8の変換速度は約7.8KHz
            if ( DELSIG8_1_fIsDataAvailable() != 0) {
                    databuf[inbufptr] = DELSIG8_1_cGetDataClearFlag();
                    if(++inbufptr>=BUFSIZE) inbufptr=0;
            }
    }
}
```

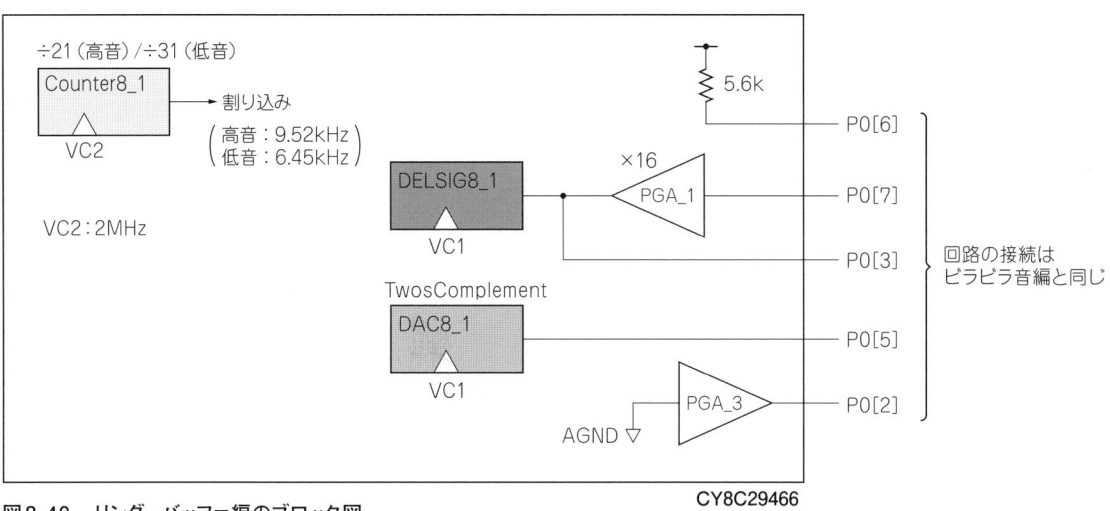

第8章 | 想像して実現するPSoCの遊び方 | 音遊び

**図8-40** リング・バッファ編のブロック図

思います．データの「重複」と「欠落」が起こるので「ボイスチェンジャ機能付きキー・チェンジャ」といったところでしょうか？ PSoCのピンはまだ十分にあまっているので，スイッチを付けたりと機能の追加はできそうですね．

### おもなポイント

- 「Counter8_1」の値で「音程」が変わる
- リング・バッファは2の累乗で使っていないので，あと500バイト程度は追加できる
- 報道番組の参考人の音声変換に似た音が出た（図8-41）

**図8-41** ボイスチェンジャで声が変わるイメージ

## PSoCの活用例 No.8 音遊び
### ボイスチェンジャ ～モジュレーション編～

ボイスチェンジャのトリを飾るのは，一番ボイスチェンジャらしいかなと自負している，モジュレーション編です．PSoCでシンプルに構成できます．電磁ブザー②で使った変調で音声処理しました．変調はモジュレーションと呼ばれ，電磁ブザー②で解説したとおり主要な技術の一つです．音声に取り入れたらどんな結果になるのか，やってみました．

### モジュレーションの回路とデザイン

変調に使う信号は，Counter16_1でVC2の2MHzから500Hzを作成し，GOE0へ出してあります．確認のため，さらにP0[0]に出力していますが，回路では使っていません．

音声信号はSCBLOCKに入力します．変調入力を使うためにはASCブロックへ配置しなければなりません．ここではASC10に配置しました．

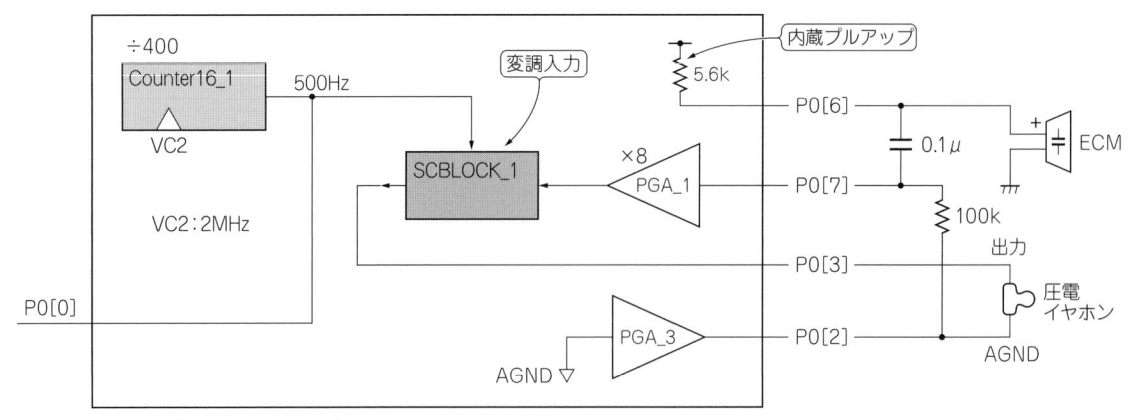

**図8-42** モジュレーション編のブロック図

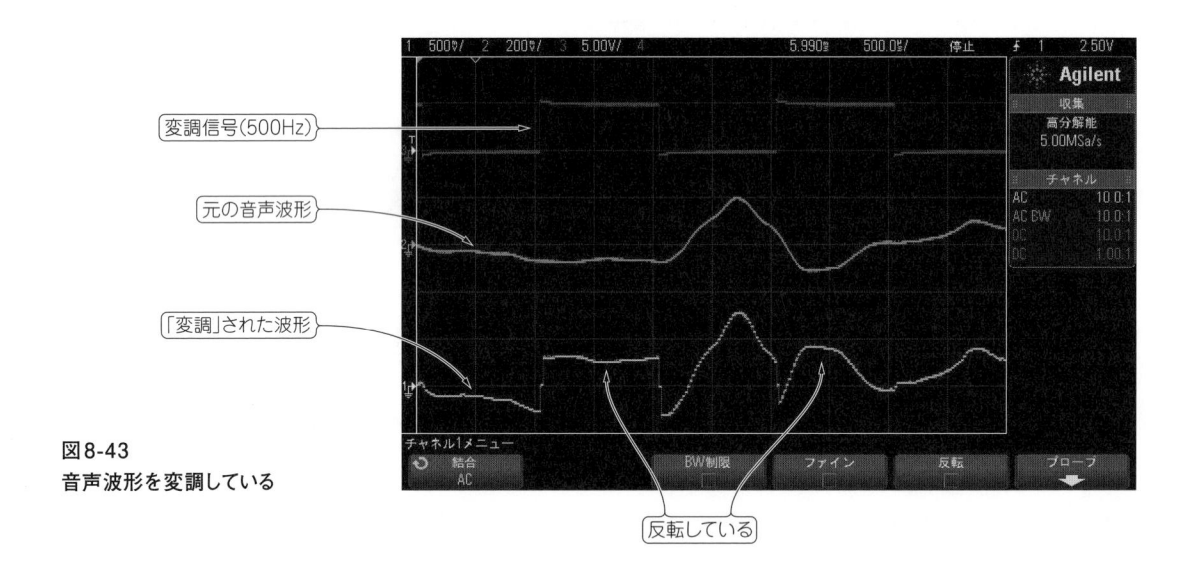

**図8-43** 音声波形を変調している

そのため，ほかのボイスチェンジャと違い，出力がP0[3]です（p.92の**図8-32**参照）．同じ配置にするには，ASC21に配置換えするなどの操作も可能ですが，PGA_1との接続も考慮する必要が出てきます．組み換えの練習と思ってチャレンジするのもよいでしょう（**図8-42**）．

SCBLOCKで変調を使うためには，プログラムでレジスタ操作します．プログラムの「main()関数」に，

```
AMD_CR0 |= 0x2;
```

を1行加えます．このプログラムの内容は，「GOE0」を「ASC10」に配置した「SCBLOCK」の変調入力へ接続しなさいというものです．もし「SCBLOCK」を「ASC21」に配置換えしたときはレジスタ操作も変わるので，データシートを見てください．

波形は500Hzのパルス波で見事に反転されています（**図8-43**）．

● 応用の提案

「SCBLOCK」を「LPF2」「BPF2」に変えてみるのもよいでしょう．ついでに$f_c$もいろいろ変えてみるとおもしろいと思います．

無線の世界では，意図せずにこのような音に出くわします．「音」的には一番「ボイスチェンジャ」らしいかな，と思っています．CY8C29466にはまだ余裕があります．これまで製作してきたものを合体させるのもおもしろいと思います．「ビラビラ」化させて，リング・バッファで移調し，モジュレーションで締める．さて，どんな音になるでしょうか？

第8章　想像して実現するPSoCの遊び方　♪ **音遊び**

## おもなポイント

- 音声信号を低周波で「変調」した

### PSoCの活用例 No.9 音遊び
### PSoCパーカッション

CY8C29466は32KバイトのフラッシュROMをもっています．電子工作でこれを有効に使い込むアプリケーションはあまりないのではないでしょうか．そこで，フラッシュROMに音声データを格納した「完全サンプリング」方式の楽器を作ってみました．個々の音が比較的短い「打楽器」系の音を中心にした「PSoCパーカッション」（**写真8-8**）です．

● サンプリングとは

音声を時間で区切ってデータ化することです．いままでの電磁ブザーやピーポー音の擬音と違い，元の音をそっくりコピーします．区切る時間を「サンプリング時間（$f_s$ とする）」といい，一般的なCDでは44.100Hz，データの分解能は16ビット（65536段階）以上で採取しています．

PSoCパーカッションでは $f_s$：10kHz，分解能8ビット（256段階）と，だいぶレベルが下がりますが，打楽器の音はうまく表現できています．この程度のサンプリング時間で苦手なのは「シンバル」や「ハイハット」のような「シャーン」という高い音です．

**図8-44**はサンプルからデータ化までの手順です．データの元は所持している楽器から録音しましたが，犬の鳴き声は動画投稿サイトから採取しました．

## 実際のデータ化作業

録音はフリーソフト「audacity」（オーダシティと呼ぶ，SourceForge.net）で行い，「wav」形

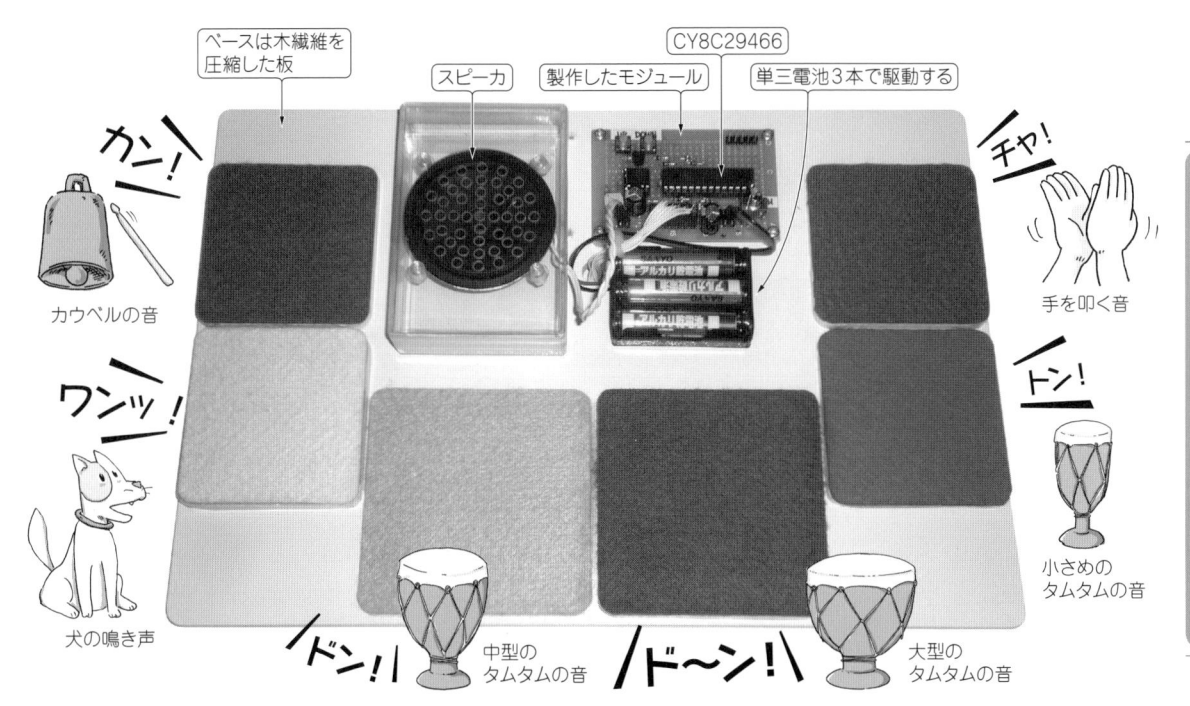

**写真8-8**　圧電素子で打撃を探知して音が出るPSoCパーカッション

換でき，そのなかの「テキスト」出力で数字化したデータにしました．そのデータをエクセルで8ビット化し，音量のすり合わせをしてプログラム・データとしました．

テキスト出力は16ビットでした．それを8ビット化する際，ほかの打楽器の音量とバランスを取るため，エクセル内でmax関数，min関数を使い絶対値の最大が127になるように加工しました．

**図8-45**では，テキスト・データの先頭は「−261」でしたが，「8ビット化」と「すり合わせ加工」で「−2」になりました．このデータは「percdata.h」というヘッダ・ファイルにしています．1行20データ前後で600行を越す大きなファイルです．

● 打楽器にするセンサ

電子打楽器は「パッド」と呼ばれる板をたたいて信号に変換します（p.99の**写真8-8**）．この打撃を探知するセンサには圧電素子を使いました（**図8-46**）．圧電素子はうまく振動を捕らえるとLEDを点灯するぐらいのパワーを出します．φ20mmの素子単体を**写真8-9**のように貼り付けています．

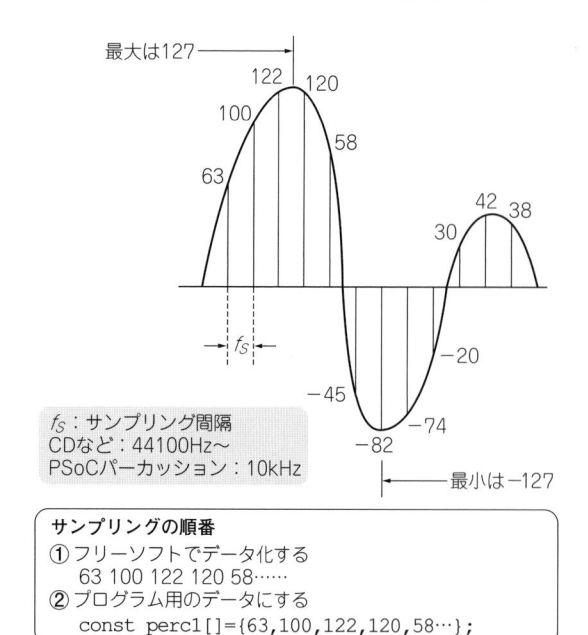

**図8-44** サンプリングとデータ化の仕組み

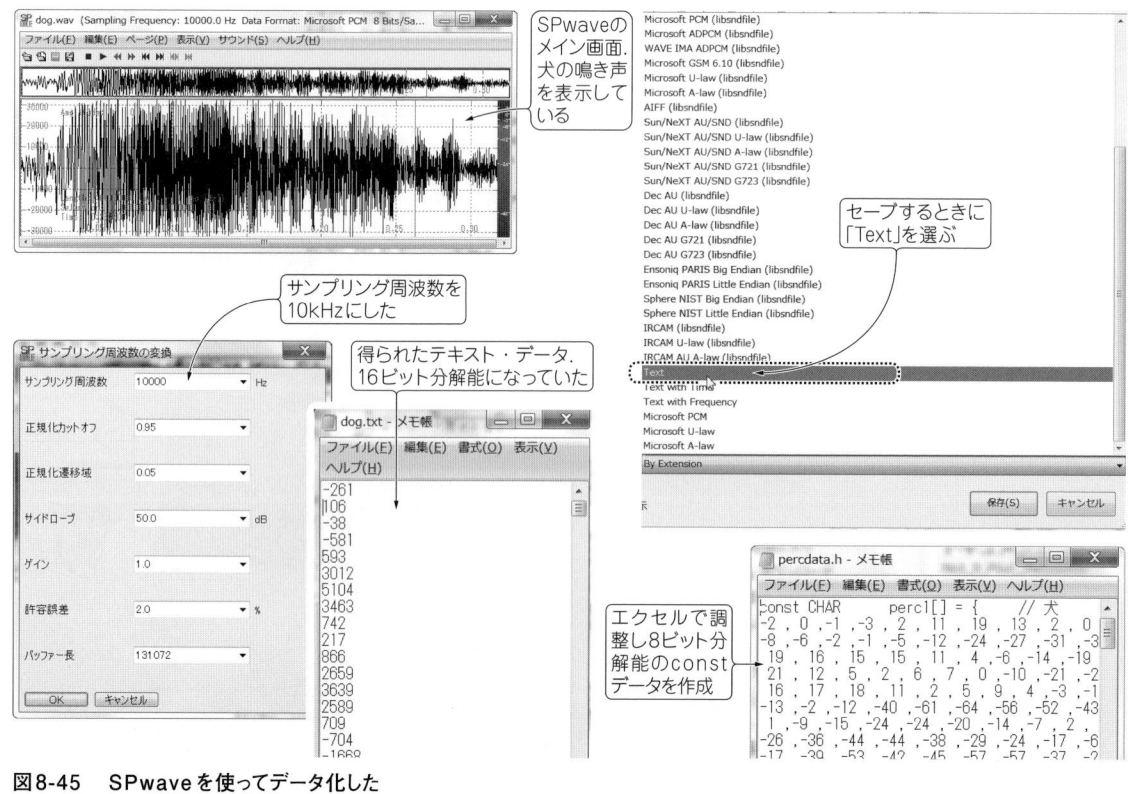

$f_S$：サンプリング間隔
CDなど：44100Hz〜
PSoCパーカッション：10kHz

サンプリングの順番
① フリーソフトでデータ化する
　　63 100 122 120 58……
② プログラム用のデータにする
　　const perc1[]={63,100,122,120,58…};

**図8-45** SPwaveを使ってデータ化した

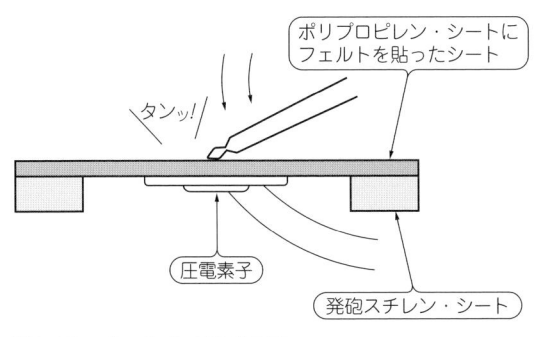

**図8-46** 作ったパッドの仕組み

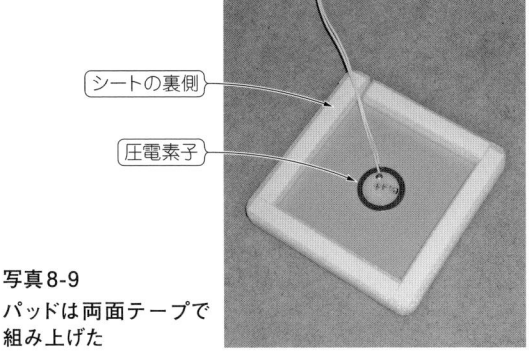

**写真8-9** パッドは両面テープで組み上げた

## PSoCパーカッションの回路とデザイン

6個のパッドからの打撃信号は，**図8-47**のようにAMUX8を使ってコンパレータCmpLP_1に入力させ，DigBuf_1を通してP2[4]へ出力．内部では10kHzのCounter8_1で割り込みを使い，P2[4]の監視およびサンプリング・データの出力を行います．終段のPGA_1は最初ゲイン0.5ですが，UP/DOWNスイッチを使ってゲインを変更させ，電子ボリュームにしています（**図8-47**）．

回路はLM386でスピーカ駆動しています．また，圧電素子はPSoCの電源電圧以上に発電することがあるので，保護の役目としてダイオードを入れました（**図8-48**）．

### ● 6音同時に出るプログラム

6種類の打楽器音は，電子ブザー①のエコーと同じ仕組みで，MAC（積和演算器）を使って合成しています．したがって6個同時にたたいても同時に発音します．最終形態は乾電池3本で駆動しました．3.3V設定ではCPUクロックを12MHz以下にしなければいけませんが（電磁ブザー①参照），SysClk/1のままにしてあります．これでも一応動いています．

プログラムは長いので誌面では割愛します．付録CD-ROMに入っていますのでご覧ください．配列をポインタで扱ったり，ループにしてみたり，いろいろやってみた痕跡を見ることができます．自信のある方は，アセンブラを駆使してSysClk/2で10kHz駆動にぜひとも挑戦していただきたいです．

### ● 物理的な工作

パッドには1mm厚PP（ポリプロピレン）シートと5mm厚発砲スチレン・ボードを使いました．表面に粘着剤付きのフェルトを貼ります．おもに両面テープで組み上げました（**写真8-9**，**写真8-**

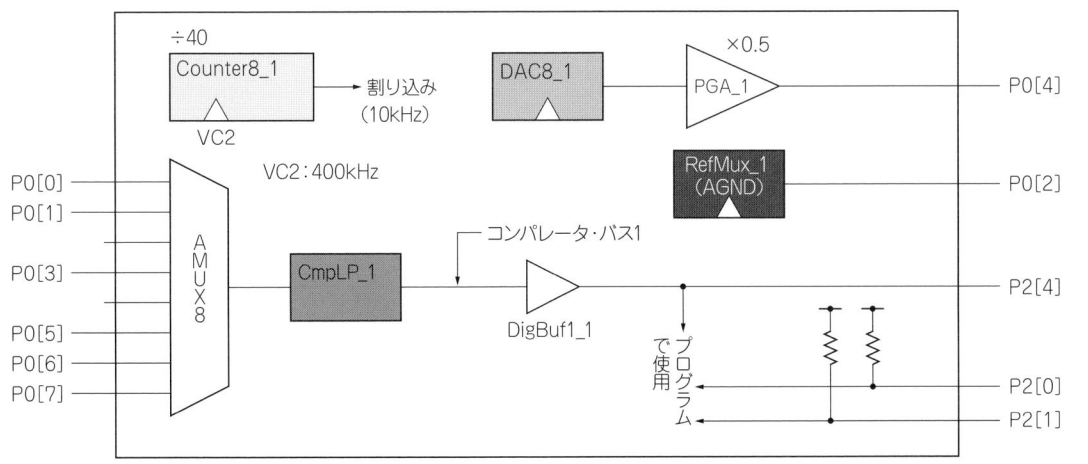

**図8-47** PSoCパーカッションのブロック図

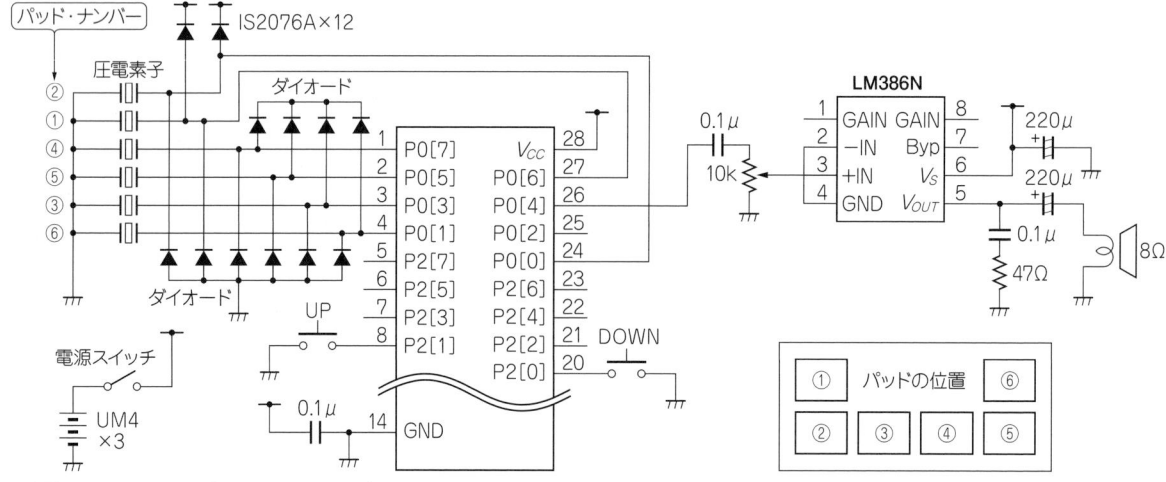

図8-48　PSoCパーカッションの回路図

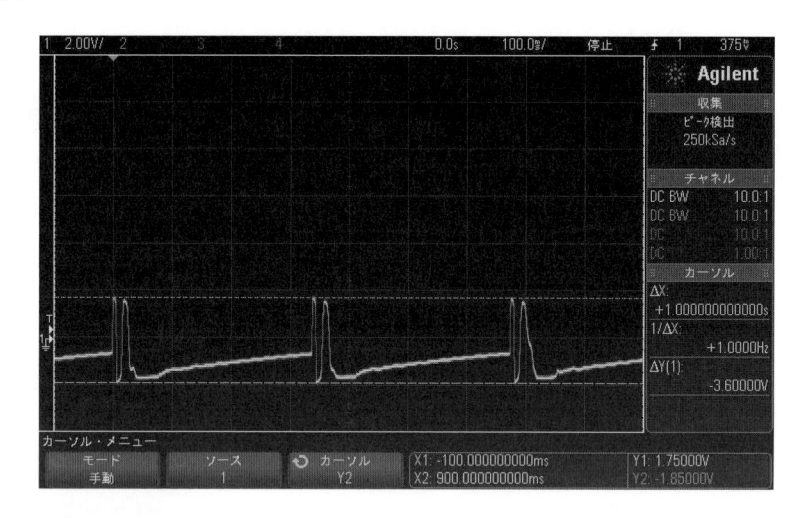

図8-49
圧電素子の信号
（2V/div, 100ms/div）

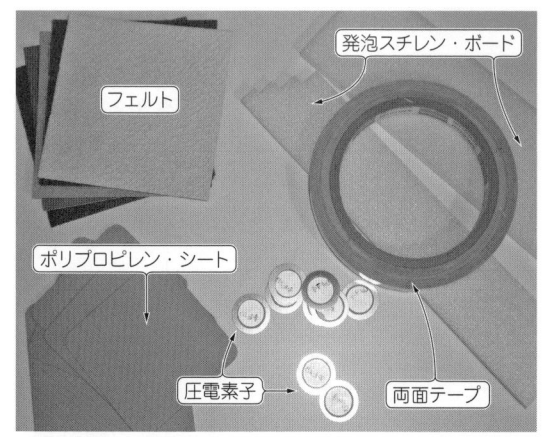

写真8-10　パッドはポリプロピレン・シート，発砲スチレン・ボード，粘着剤付きのフェルト，両面テープ，木繊維を圧縮した板MDFで作った

10）．ベースはMDFと言われる木繊維を圧縮した板です．どれもホーム・センタや100円ショップで入手できます．フェルトを使用したのは消音効果と，棒で強くたたくと信号が強すぎるので，「やさしくたたいてね♪」という気持ちを込めました．

## おもなポイント

- 圧電素子を打撃センサに使用した．ディジタル・ポートで受けてもよいほどの信号が得られた（図8-49）
- 身の回りの音をデータ化してみると犬の鳴き声が楽しかった
- 出力音の振動が強すぎると自分の音が圧電素子に回り込むことがあるので，工作するときは注意する
- 20個×600行以上のサンプル・データでも，CY8C29466のROMは半分弱しか使用していない

第8章　想像して実現するPSoCの遊び方　♪ 音遊び

## PSoCの活用例 No.10 カラオケ・マシン

カセットテープが主流だった1970年代くらいから電子工作の定番として親しまれている，カラオケ・マシンを製作します（**写真8-11**）.

ステレオ音楽は，左右の耳から臨場感良く音が入るように，複数の位置に設置したマイクロホンで録音されています．したがって楽器の音は左右で位相や波形が微妙に違います．しかしボーカルは口の前の一か所にしかマイクロホンが設置されていません．したがってステレオでも声だけは左右同じ波形です．それを利用して左右のステレオ入力から同じ波形成分を抜き取ってしまえば，声だけ削除された「BGM」だけになるという理屈です（**図8-50**）.

図8-51はOPアンプを使ったカラオケ・マシン

**図8-50**　ステレオの録音方法．マイクは複数設置されているがボーカル用は一つ

の原理回路図です．OPアンプのプラス側とマイナス側の差を出力する仕組みを使い，もう片方と同じ信号成分だけを取り除いてしまいます．このままプラス・マイナス電源を用意すれば動作する（はず）です．

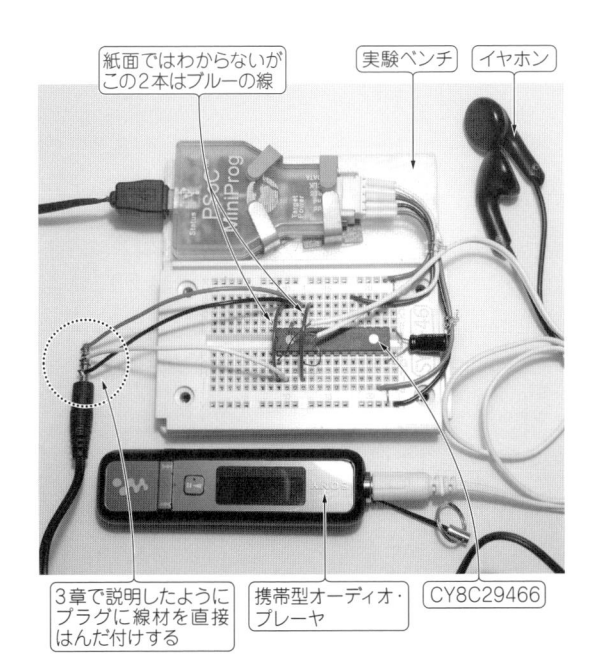

ただ，現在のオーディオ・プレーヤはディジタル化された音をさらにDSP（ディジタル・サウンド・プロセシング）で音質を加工しているので，はたしてこの技法が使えるのでしょうか？

### ♪ カラオケ・マシンの回路とデザイン

PSoCではOPアンプとして使えるINSAMP（インス・アンプ）ユーザ・モジュールがあります．インスツルメンテーション・アンプ（別名：計装アンプ）とも呼ばれ，差動入力のセンサなどにも高精度に使用できるアンプです．これを2個配置して，図8-51の原理回路と同じ接続を実現しました．

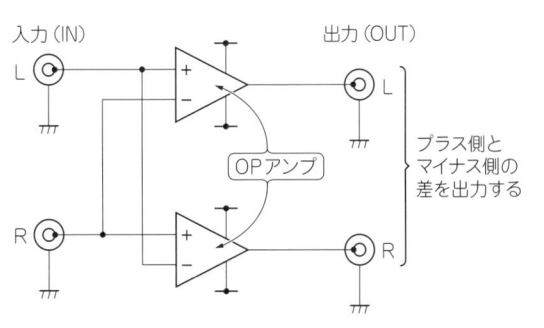

**写真8-11**　電子工作でも定番のカラオケ・マシンを製作した

**図8-51**　カラオケ・マシンの原理回路．OPアンプの仕組みを使っている

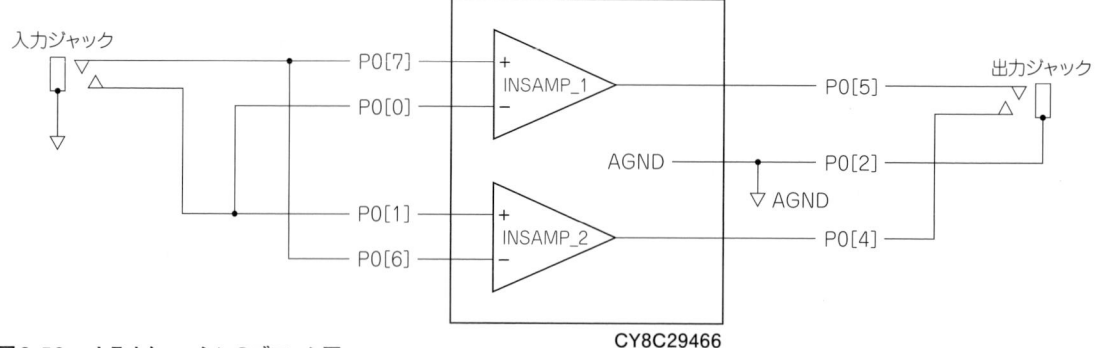

図8-52 カラオケ・マシンのブロック図

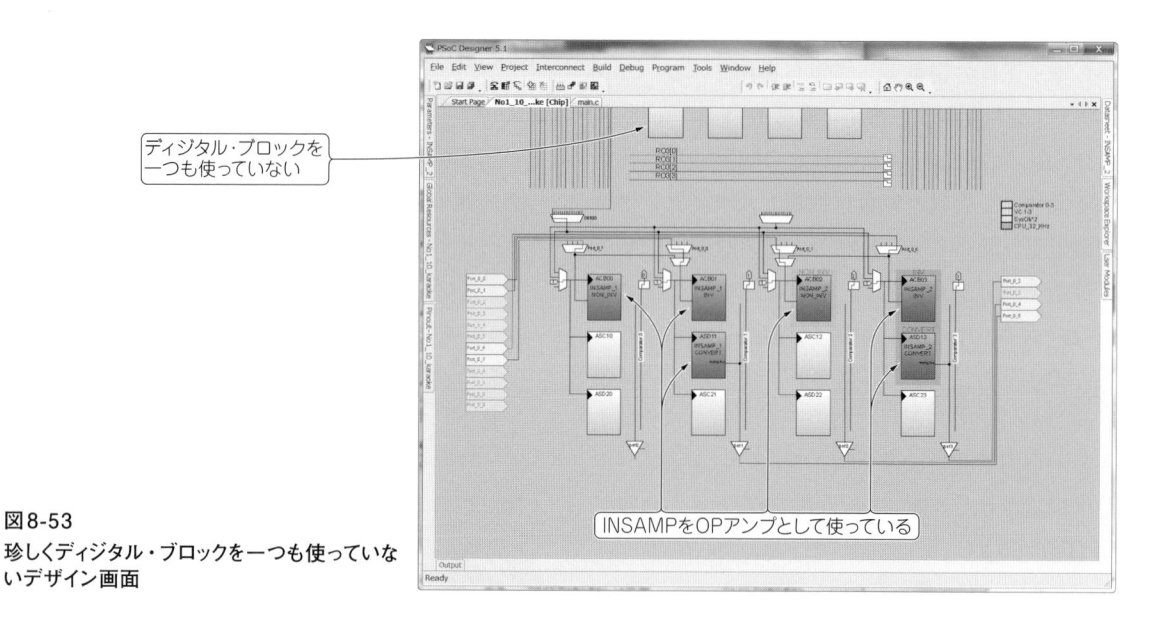

図8-53 珍しくディジタル・ブロックを一つも使っていないデザイン画面

プラス・マイナス両電源を用意しなくてもAGNDが使えるのがPSoCの便利なところです．

CTブロックは全部使ってしまったので，プログラムに1行加え，レジスタ操作でAGNDをP0[4]に出力しています．めずらしくディジタル・ブロックを一つも使っていません（**図8-52**，**図8-53**）．

INSAMPでは，アナログ入力マルチプレクサを使うので，P0[7]とP0[6]，P0[1]とP0[0]の配線が増えてしまいました（**図8-54**）．これはICの外側でつなぎます．

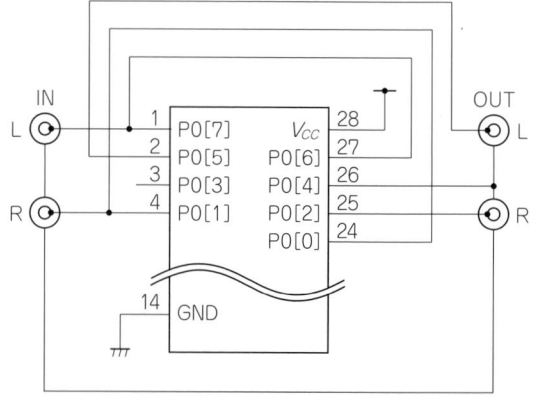

● うまくカットできるのか？

イヤホンや入力線の配線は，細く簡単な回路のわりに迷路のように入り組むので注意してください．円弧のような線は橋渡しする配線です（**写真**

図8-54 カラオケ・マシンの配線図

8-12）．実験には安価なイヤホンをお勧めします．

さっそく，臨場感の設定もできる携帯オーディオ・プレイヤを接続しました．聴いてみると多くの曲で音声をカットできていますが，できないも

第8章　想像して実現するPSoCの遊び方　🎼 音遊び

〔半円弧のような配線でポートを接続している〕

**写真8-12** ブレッドボードで配線した．ジャンパ線で物理的に配線する

のもありました．バック・コーラスはステレオ録音が多く，うまいことカラオケになっています．現代のディジタル音響機器でも結構遊べそうです．

## 🎼 おもなポイント

- 計測に使うINSAMPをOPアンプとして使った
- 現代のディジタル音響の世界でもカラオケ・マシンとして使える

### PSoCの活用例 No.11 音遊び
**電子スズムシ**

電磁ブザーと同じ手順で波形を観測し，工夫して本物のスズムシにかなり近づいたと自負しています．暗くなったら数分間鳴き続け，ボタン電池で数か月くらい動作し続けるようにしました（**写真8-13**）．

最終的には，内容の濃い工作となりました．次の三つのステップで製作を始めました．

① 波形を解析し「リー音」作り
② 鳴き方のタイミングの工夫
③ 光センサで鳴き始めるとともに，スリープで消費電流を低減させる

## 🎼 「リー音」を作る

動画投稿サイトで「スズムシ」と検索すると無数の映像が出てきます．おもに自宅で育成しているスズムシの紹介が多く，生のスズムシ音色を何種類も採取できました．採取は「audacity」，解析は「SPwave」で行いました（**図8-55**）．ここで，

〔カゴ網は筆者の手作り〕

〔スズムシの基板モジュール〕

（**a**）筆者が作ったカゴ網に入れてスズムシを飼育している雰囲気を出した

〔ボタン電池LR44を3個使った．数か月は鳴き続ける．電池ホルダにクリップを使った〕

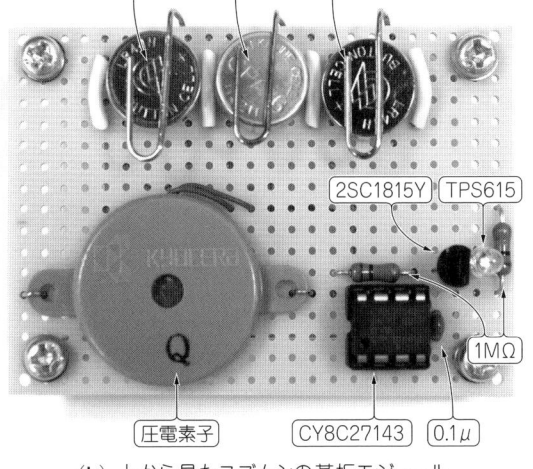

〔2SC1815Y〕〔TPS615〕
〔1MΩ〕
〔圧電素子〕〔CY8C27143〕〔0.1μ〕

（**b**）上から見たスズムシの基板モジュール

**写真8-13** 本物のスズムシに負けない「リー音」を出す電子スズムシ

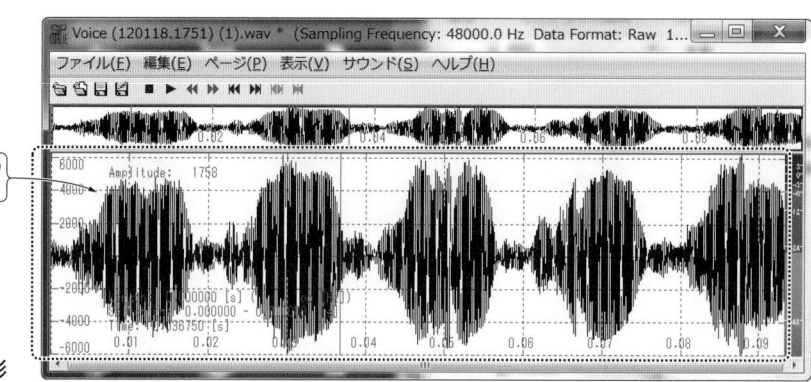

図8-55
SPwaveで解析中の特徴ある波形

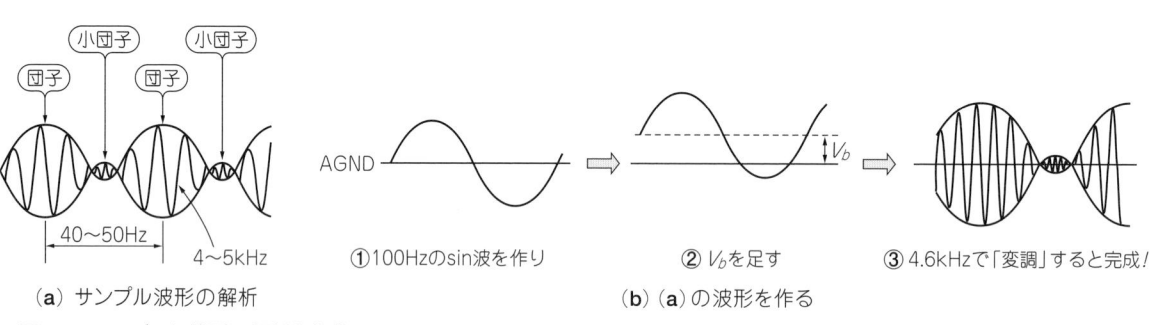

スズムシの音は団子状のかたまりの波形でできていた

(a) サンプル波形の解析

① 100Hzのsin波を作り　② $V_b$ を足す　③ 4.6kHzで「変調」すると完成！

(b) (a)の波形を作る

図8-56　スズムシ波形の解析と作成

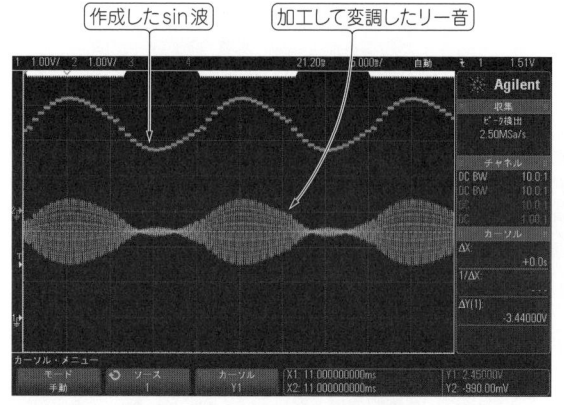

図8-57　作成したsin波（上）と加工して変調したリー音（下）波形（どちらも1V/div, 5ms/div）

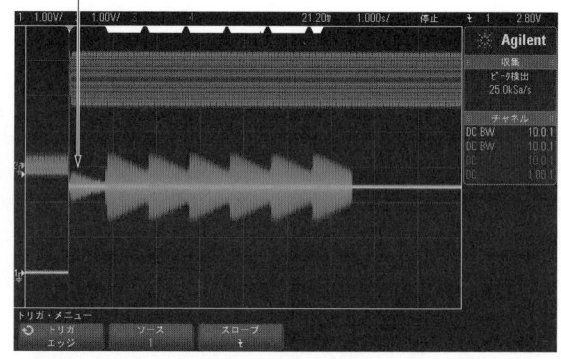

図8-58　一発目が弱く「リィ」から始まる波形（下:1V/div, 1s/div, 上はゲイン加工する前の波形）

ある一つの特徴にたどり着いたのです．

### ① 波形を解析し「リー音」作り

波形は電磁ブザー②と似ており，団子状のかたまりが連なっています．電磁ブザー②と違うところは，団子と団子の間に小団子が挟まっていることです（**図8-56**）．団子は4.6kHzで変調しました．小団子の作成に一工夫したようすが**図8-57**です．sin波形を作るところは同じですが，電圧を足してAGNDに対してアンバランスな波形を作り，変調することで小団子ができます．中途半端なAM変調のような感じです．

このリー音は，コオロギ系の昆虫の鳴き声の多くに応用できることが波形の解析でわかりました．あとは強弱をつけた鳴かせ方で解決できそうです．

### ② 鳴き方のタイミングの工夫

スズムシは，一発目に「リィ」と弱く鳴いたあと，追い討ちをかけるように強く繰り返します．繰り

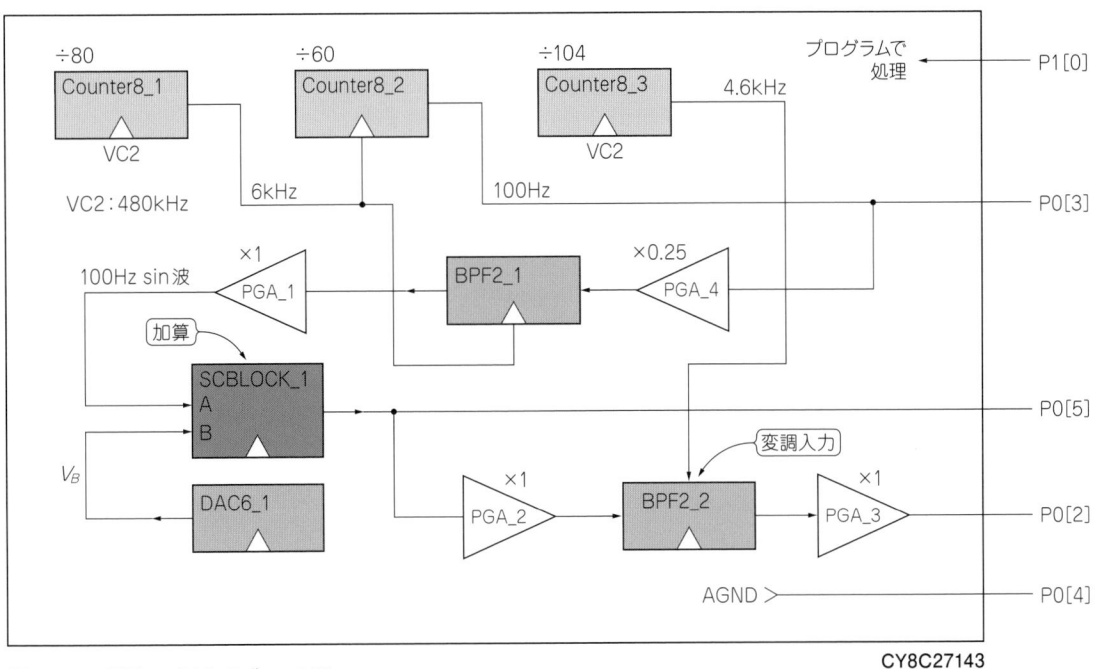

第8章 | 想像して実現するPSoCの遊び方 | 音遊び

**図8-59 電子スズムシのブロック図**

返す回数はバラつきがあります（呼応するほかのオスがいると長いようです）．

リー音はユーザ・モジュールの組み合わせだけで，ハードウェア的に生成できますが，鳴き方を制御するには終段の「PGA_3」のゲインをプログラムで段階的に変化させて対応します（**図8-58**）．

## 電子スズムシの回路とデザイン

Counter8を使って各種パルス波形を作成しています．BPF2_1では100Hzのsin波作成，BPF2_2は，団子と小団子を4.6kHzで変調するとともにフィルタをかけています．終段のPGA_3で鳴き方の強弱，サスティン効果のすべてをプログラムで変化させています．

DAC6_1は団子，小団子を作るための$V_B$電圧を作っています．これは動作の途中で変更するわけではないので，音作りが決まれば工夫次第で省略できるユーザ・モジュールと思います．

いままでアナログ加算はPGAで行っていましたが，ここではSCBLOCKの「A入力」「B入力」を使って加算しています．SCBLOCKの自由な

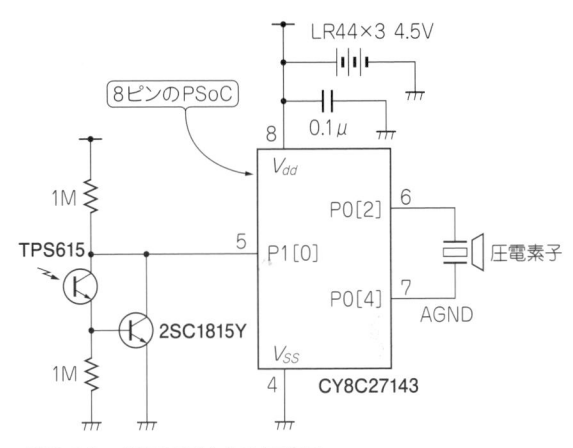

**図8-60 電子スズムシの回路図**

使い方の一例です（**図8-59**）．

最終形はフォト・トランジスタを駆動させ，光が入ったらポート入力を変化させる構成にしました（**図8-60**）．小型に工作したかったのでPSoCは8ピンのCY8C27143を使いました．これだけのことを行ってもROM 12％，RAM 4％の使用量です．

### ③ 光センサで鳴き始めるとともに，スリープで消費電流を低減させる

全体の流れは「リィ」の小鳴き一回と「リー」の大鳴きをランダムに3〜11回鳴らし，これを1サ

イクルとして10サイクル終わったらその日はスリープ・マクロ命令を使ってお休みします．

その間もユーザ・モジュール「SleepTimer」で1秒周期で起こされており，光センサ入力を監視して変化がなければ，再びスリープするということを繰り返します．

「SleepTimer」はスタートさせると，動作の裏（バック・グラウンド）で割り込み動作をします．それでスリープから「起こす」役割だけなので，割り込み処理は記述していません．

スリープするとディジタル・ブロックは停止しますが，アナログ・ブロックはスリープでは停止しないので，レジスタ操作で停止させます．全部のアナログ・ブロックに配置したユーザ・モジュールをStop()のAPI関数で停止したあとに，さらにリファレンスとアナログ・アウトプット・バスを手動で停止します．そのレジスタ操作は，

ARF_CR &= ~0x7;
// CT，SC，リファレンスoff
ABF_CR0 &= ~0x3c;
// AnalogOutBuf0〜3を無効にする

となります．スリープから起きたときには逆にスタートさせます．

ARF_CR |= 0x7;
// CT：on，SC：off，リファレンスlow
ABF_CR0 |= 0x34;
// AnalogOutBuf1，2，3を有効にする

ABF_CR0は，使うカラムによって値が異なるので，データシートで確認が必要です．

この操作によって，1秒ごとに起きているはずですが，平均電流は数十μA以下になります．使用した電池のLR44を80mAhとすると30μAで100日間程度はもつ計算になります．鳴いている数分間の計算は無視しているのと，薄暗いときの電流増加などまったく考慮していませんが，一か月以上筆者宅にて放置している現在も，気がつくと鳴いています．

● 雰囲気が出る虫籠

8ピンのPSoCを使って基板の面積を小さくしました．電池ホルダはゼムクリップをラジオ・ペンチで曲げて，基板裏にはんだ付けして電池ホルダらしくしました．鉄は表面のメッキにもよりますが，はんだ付けできます．ようじとバルサ材薄板を使って虫籠を作りました．

本物のスズムシはオスどうし呼応します．たとえば，マイクをつけて一匹鳴きだしたら複数の電子スズムシが鳴き合う作品などができれば，おそらく世界でも初の「オリジナル」工作になるでしょう．PSoCならできそうな気がします．

### おもなポイント

- sin波に電圧を足して変調したらそっくりの音ができた
- 加算にSCBLOCKを使った
- BPF2と変調を同時に使用した
- 鳴き方，繰り返し，スリープはプログラムの力を借り，満足するものができた
- アナログ・ブロックは手動で止めないとスリープしない．またリファレンスとアナログ・バスはレジスタ操作で止める必要がある

なお，CY8C27143版は光を明暗（30秒以上継続）させないと音を聴くことができませんので，CY8C29466にクローンして，電源を入れると鳴くだけのプロジェクトのプログラムも付録CD-ROMに入れてあります．圧電素子の接続はP0[2]とP0[4]で同じです．

第8章 | 想像して実現するPSoCの遊び方 | 測定・実用

## PSoCの活用例 No.12 測定・実用

### 導通チェッカ

PSoCのスリープの実力を発揮させる導通チェッカを作りました（**写真8-14**）．導通チェッカは回路の断線，ショートを判別するものです．ちゃんと導電すれば「ピー」と圧電素子から音が鳴ります．すでに組み上がった回路では，電流が回り込んでショートと誤認識する場合があります．そこで，ただ単に電流を流してブザーを鳴らすのではなく，50Ωを境に判定することにしました（**図8-61**）．

小型にするため，8ピンのCY8C27143を使いました．

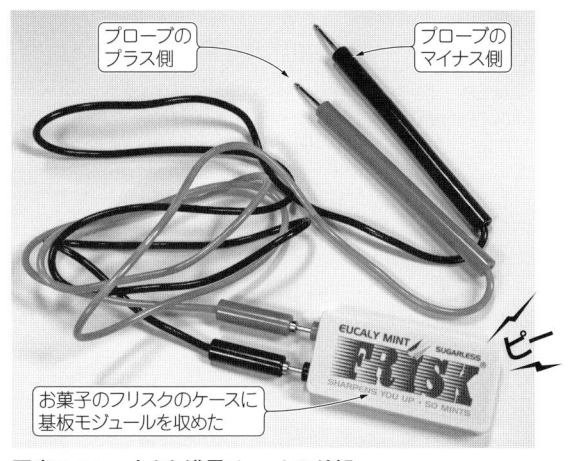

**写真8-14** 小さな導電チェッカの外観

### 導電チェッカ回路とデザイン

ポートP0[4]はプルアップ出力で「1」に設定します．こうすると約5.6kΩの内蔵プルアップ抵抗が有効になります．ここには48倍のPGA_1とプローブのプラス側が接続されており，ショートしていないときは電源電圧（3V）いっぱいに振れているので，PGA_1も電源電圧に振り切っている状態です．

プローブのプラス側がGNDとの間に50Ωの抵抗を挿入すると，PGA_1の出力は50/（5600 + 50）×3V×48倍 = 1.274Vとなります．

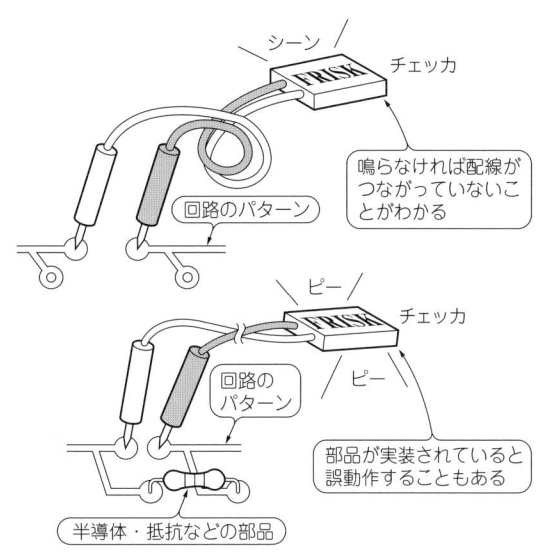

**図8-61** 導電チェッカの動作．ちゃんと導電していれば音が鳴る

比較にはCmpLPというコンパレータ機能のユーザ・モジュールを使いました．CmpLP_1を0.428 $V_{dd}$ の設定にすると電池電圧3V×0.428 = 1.286Vが比較電圧となり，上記1.274Vと近い値です．これによって50Ωより低い抵抗分ではCmpLP_1が反転し，Counter8_1のEnable（起動許可）端

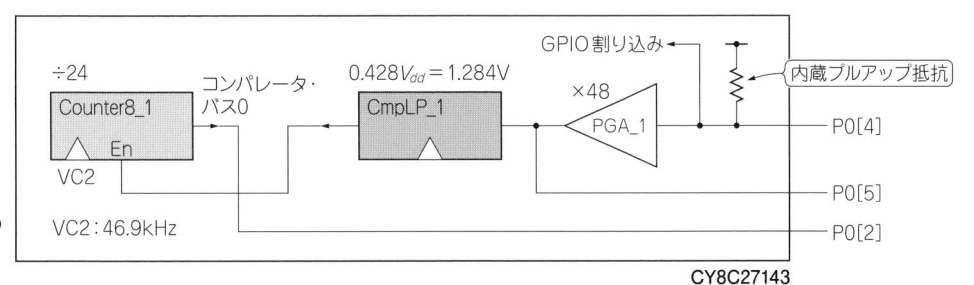

図8-62 導電チェッカのブロック図

VC2：46.9kHz

CY8C27143

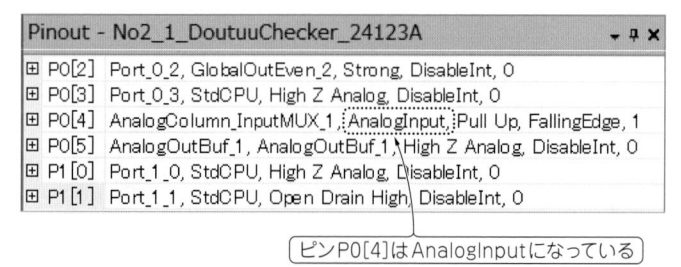

**図8-63** ピン出力のレイアウト設定

ピンP0[4]はAnalogInputになっている

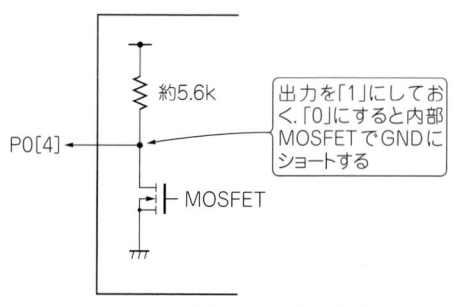

**図8-64** PullUp（プルアップ）の構造

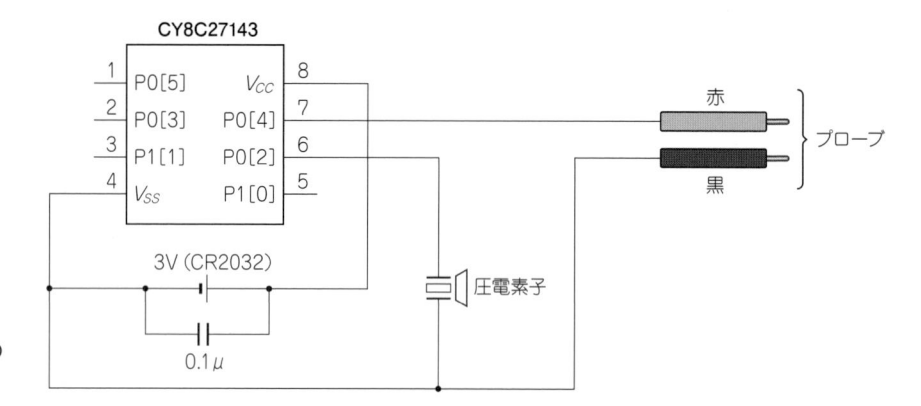

出力を「1」にしておく。「0」にすると内部MOSFETでGNDにショートする

**図8-65** シンプルな導電チェッカの回路図

---

子がONになり起動を開始します．Counter8_1は約2kHzで出力しており，圧電素子をつなげると「ピー」と鳴りはじめます（**図8-62**）．

ピンP0[4]は，内部配線でAnalogInputになっています（**図8-63**）．アナログ入力の場合はディジタル出力PullUpと共存できます（**図8-64**）．InitialValue（初期値）は1にしておかなければいけません．また，3V→0Vの変化があったときに割り込みを発生させるためInterruptの項目はFalling Edge（立ち下がり）に指定します．

説明のようにプローブのマイナス側は回路のGNDに接続します（**図8-65**）．

● 寝る・起きるのプログラム

起動とスリープ動作はプログラムで記述します（**リスト8-3**）．まず，GPIO（I/Oピンのこと）の割り込みとPSoC全体の割り込みを許可します．これにより，先ほど設定したP0[4]の入力が1→0に変化したときに割り込みが発生するようになりました．割り込みとして何か処理させることはないので，割り込み処理と宣言は記述しません．割り込みがかかるとスリープ状態から「起き

る」状態になることを利用するだけです．

メイン・ループではポートP0[4]を監視し，1なら「ショートしていない」か「導通チェッカを使っていない」状態なので，ユーザ・モジュールを停止してスリープします．「電子スズムシ」と同様にリファレンス/アナログ・バスは手動で止めてから「M8C_Sleep」マクロ命令でスリープさせます．

導通チェッカを使いP0[4]信号が下がると，割り込みのため「起こされ」，停止したユーザ・モジュールを起動させます．リファレンス/アナログ・バスは手動で起動させます．

「導通チェックを始めたらしい」という合図ですべての機能を「起こし」，きちんと測定して，50Ω以上ならまた「寝て」しまいます．

● 極小ケースに収める

お菓子のフリスクのケース（極少工作の定番ですね）を使い，回路を収めました．ケースが小さいぶん，プローブとリード線が邪魔に思います．チェッカのような用途は，電池動作で「浮いた」回路にするのが最適です（**写真8-15**）．

動作は上々で，スリープ時の消費電流は実測

リスト8-3　導通チェッカのプログラム

```
1    //-------------
2    // 導通チェッカ
3    //-------------
4
5    #include <m8c.h>          // part specific constants and macros
6    #include "PSoCAPI.h"      // PSoC API definitions for all User Modules
7
8    void main(void)
9    {
10       int   dly;
11
12       PGA_1_Start(PGA_1_HIGHPOWER);
13       CmpLP_1_Start();
14       Counter8_1_Start();
15       INT_MSK0=INT_MSK0_GPIO;     // GPIO割り込みを有効にする
16       M8C_EnableGInt;
17       for(;;) {
18           for(dly=0;dly<100;dly++);
19           while((PRT0DR & 0x10)==0);
20           PGA_1_Stop();
21           CmpLP_1_Stop();
22           Counter8_1_Stop();
23           ARF_CR &= ~0x7;         // CT, SC, リファレンスoff
24           ABF_CR0 &= ~0x28;       // AnalogOutBuf1を無効にする
25           for(dly=0;dly<100;dly++);
26           M8C_Sleep;
27           PGA_1_Start(PGA_1_HIGHPOWER);
28           CmpLP_1_Start();
29           Counter8_1_Start();
30           ARF_CR |= 0x1;          // CT:on, SC:off, リファレンスlow
31           ABF_CR0 |= 0x28;        // AnalogOutBuf1を有効にする
32       }
33    }
```

で13μA以下でした．ブザー動作中は6.5mAです．使う頻度を無視して，ボタン型電池CR2032を220mAhとすれば700日以上待機できる計算になります．PSoCのスリープはすごいですね．
**注意**：3Vの電圧を使うのでデリケートな回路には使用しないでください．また，保護回路を省略しているので電源が入った回路には使用できません．

### おもなポイント

● 50Ω時の入力電圧は0.027Vと低い

PSoC OPアンプのオフセット電圧で誤差が大きくなる場合，残ったポートP0[5]，P0[3]，P0[1]もプルアップにして並列にする手段があり

ます．電流は4倍の2mAが流れるので，比較電圧も変更します．
- スリープするときはアナログ系は手動で止める
- スリープから「起こす」だけなら割り込みの指定だけで，割り込み処理や宣言は不要
- 内蔵プルアップの使い方がわかった

## PSoCの活用例 No.13 測定・実用
## LCD温度表示計

● LCDに温度を表示

コーヒー・ブレイクとして，簡単なアプリケーションを作りました．ポピュラなアナログ温度センサ「LM35DZ」を使ったLCD温度表示計です（写真8-16）．10進数表示のAPI関数がない「LCD」ユーザ・モジュールで，10進数を表示してみました．

### 温度計の回路とデザイン

温度センサLM35DZをベーシックな電圧出力で使うと，2℃～150℃を0.02V～1.5Vで出力します．

グローバル・リソースのRefMuxの項目ではBandGap＋/－BandGapと設定しました．BandGapは1.3Vの高精度基準電圧源を指しており，AGND＝1.3V，REFHI(リファレンス上限)＝2.6V，REFLO(リファレンス下限)＝0.0Vです．

センサの数値を読み込むためのA-D変換に使ったADCINCユーザ・モジュールは12ビットで使い，変換フォーマットをUnsigned（無極性：正の整数→0～4095）としてあります．

入力 0V：変換値0

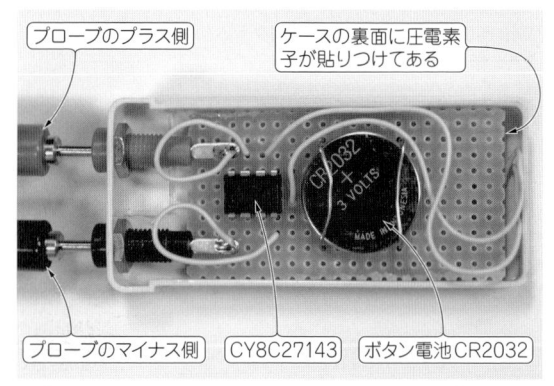

写真8-15 フリスクのケースを開けてみたらシンプルな回路が見える

入力1.3V：変換値2047
入力2.6V：変換値4095

という数値で変換されることを目標とします（図8-66）．

LM35DZで50℃を検出した際，出力0.5Vを2.667倍した1.3335VがA-D変換され，理想では変換値2100が求められます．これを元に温度を表示します．

RefMuxでREFHI＝2.6Vを出力しています．BandGapリファレンスは温度変化に対して高精度ですが，初期値にはバラつきがあります．テスタで2.6Vを実測して，補正係数としてプログラムに埋め込んでしまいました．

回路は，第6章のレッスン②（p.63）でも使用したLCDベンチを使いました（図8-67）．また，ブレッドボードで楽をしようと，LM35DZのプラ

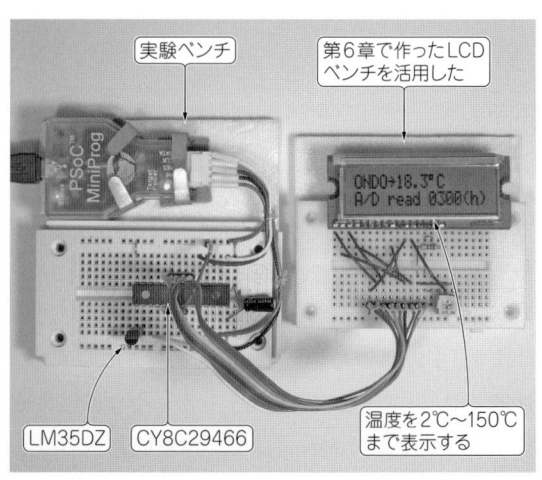

写真8-16 シンプルなLCD温度表示計の外観

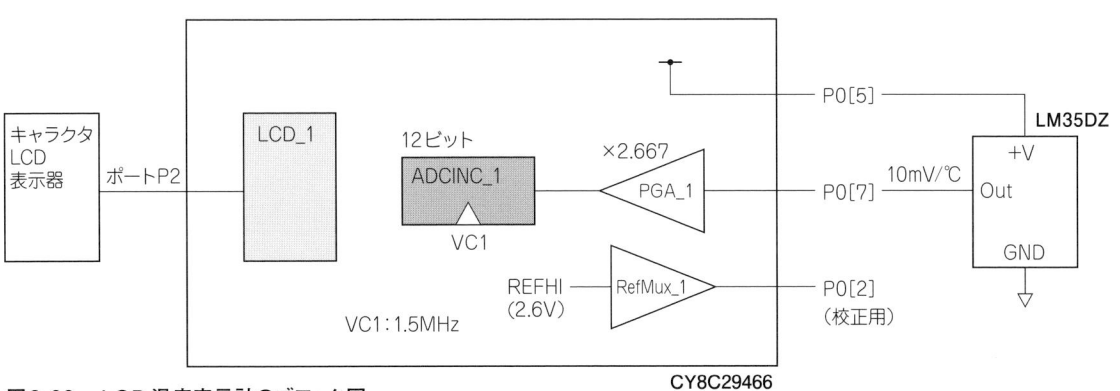

**図8-66** LCD温度表示計のブロック図

ス電源はポートP0［5］をStrong：1出力にして，電源の代わりにしました．

● longを使うプログラム

P0［2］に出力したリファレンスREFHIを実測したら2.612Vありました．2.6Vに対し初期誤差があります．また，PGA_1では×2.667倍しているので，本来の2.6Vの値に対し2.612/2.667 = 0.979倍の補正をかければよいことになりますが，整数演算なので979掛けて1000で割る操作になります．int（16ビット整数）ではオーバーフローするので，32ビット整数のlongを使いました．

0.1℃の分解能で表示したいので，50℃の場合では変換値2100を，500にする計算も同時に行いました．得られた数値を10進数の文字列にするには，「桁数−1」で割った余りから10の剰余をとって，文字列の0x30を足して文字に変換します．

文章で説明すると長くなりますが，付録CD-ROMに入っているプログラムを見ると，たいしたことはやっていないことがわかるでしょう．

● 0Vではなく0V付近

LM35DZの出力は0.02Vからです．内部では−55℃からの精度が確保されていますが，この使い方で0.02V以下は回路上の理由で出力できません．単電源機器には必ず付きまとう事柄です．

同様にPSoCの中でも0.0Vは扱えません．試しに完成したLCD温度表示計のセンサ入力をGNDに接続しても0にはならず，10進数で35と出てきました．PGAで2.667倍しているのを考慮すると，35/4096×2.6/2.667 = 8.3mVです．PGAのオフ

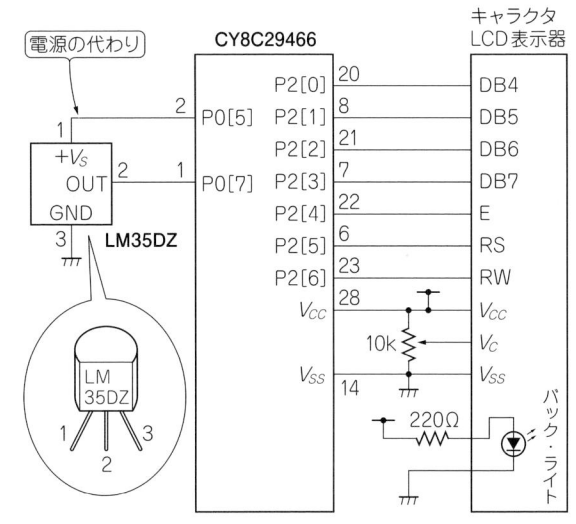

**図8-67** LCD温度表示計の回路図．外付け部品としてLM35DZを用いる

セット誤差というものも含まれます．この領域はノイズ成分もプラス側に作用するため，20mV以下は精度が出ていないと考えたほうがよいです．したがって，今回はREFHIのみについての補正でしたが，REFLOは上記の理由から正確ではないのでAGNDをもう一つ出力して，1.3Vと2.6Vの2点から直線をプロットすると，0V付近のオフセットをカバーできます（p.114の図8-68）．

さらにA-D変換の読み取り値と正確な入力電圧を使うと，A-D変換器の入力特性もカバーできます．キリがありませんが，測定点を増やすとさらに正確になります．

このように単電源回路の入出力では0.0Vは正確に扱うことができません．

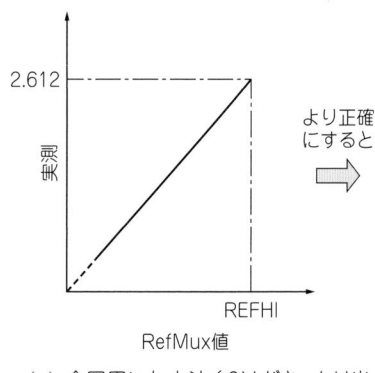

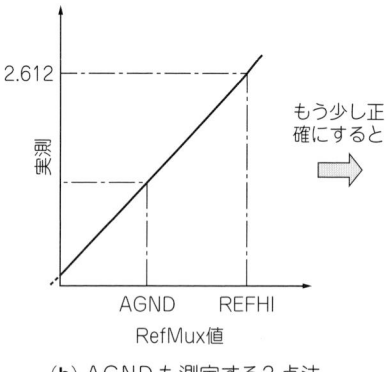

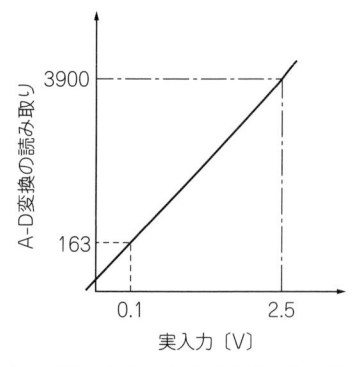

(a) 今回用いた方法（0Vがきっちり出ているとしてゼロと見なす）
(b) AGNDも測定する2点法（オフセットが予測できる）
(c) 正確な入力とA-D変換読み取り値の2点法

**図8-68** LCD温度表示計の回路の補正値の求め方

## おもなポイント

- 電圧出力型センサ入力をキャラクタLCDに表示するのはひじょうに簡単である
- 内部で絶対値やオフセット誤差が存在するための校正作業がある

## PSoCの活用例 No.14 測定・実用

### 低周期sin波発生回路

## 三つの求められる要素

筆者の仕事で1時間に一周期のsin波形を出力する回路が必要なために作ったものです．sin波の形に厳密な要求はありませんが，時計程度の時間の正確さと，最大・最小値0.1～1.1V（**図8-69**）および滑らかに変化することが求められました．これを実現するためには，下記の三つのことが必要です．

① ある程度精度の高い基準電圧源
② 時計と同程度のシステム・クロック
③ 高分解能のD-A変換器

さらに，構成するためのパソコンとシリアル・インターフェースを使ってコマンド受信しました．①～③を一つずつPSoCで実現しました．

### ① 基準電圧源

PSoCにはBandGap Reference（バンドギャップ・リファレンス）という基準電源を内蔵しています（No.13ですでに使用しました）．標準で1.3Vを高精度に出力していますが，その絶対値は1.275V～1.325Vをもっています．また，温度変化について詳しく記載されていませんが，アプリケーション・ノート「AN2219」（付録CD-ROM参照）のグラフなどから0℃～50℃の間では50ppm/℃～60ppm/℃（ピーピーエム・パー・ドシー：1℃の温度変化でどのくらい動くかの指標．1/1000000単位）程度の動作が推測されます．汎用の基準電源としては十分な性能をもっています．初期値の校正はパソコンから行う方式にしました．

### ② システム・クロックを高精度化する

PSoCは24MHzの内部高速発振器（IMO）と，32kHzの内部低速発振器（ILO）をもっています．しかし，水晶ほど精度は高くありません．このILOを外部から供給することを「ECO」と呼んでいます．ここに時計用として使われる精度の高い水晶発振素子を接続します（**図8-70**）．PSoC

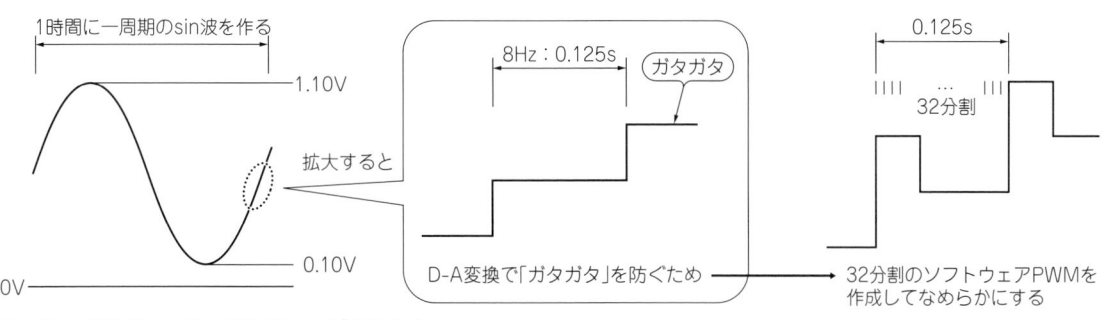

**図8-69** 低周期sin波と分解能を上げる仕組み

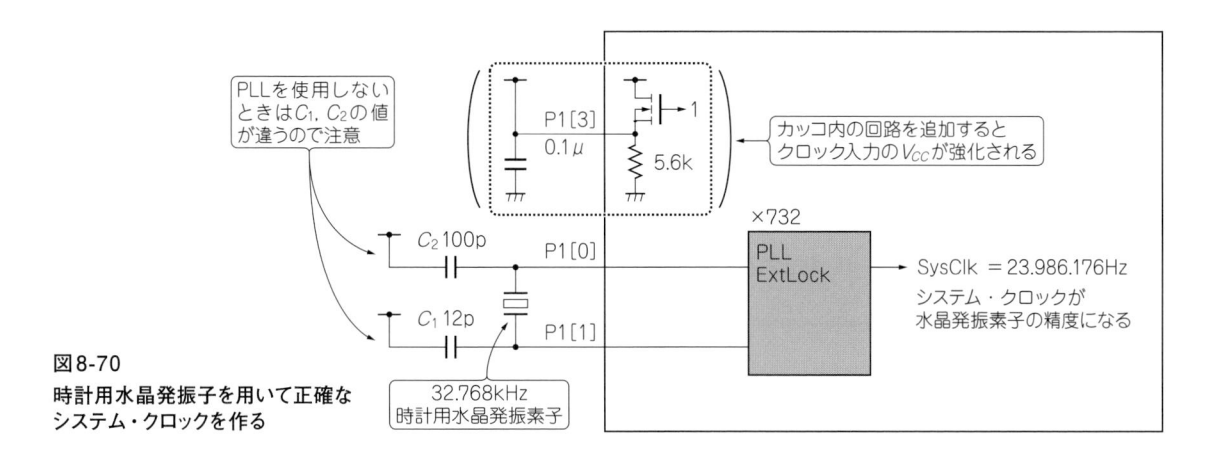

**図8-70** 時計用水晶発振子を用いて正確なシステム・クロックを作る

はPLLと呼ばれる逓倍発振器（低い周波数から高い周波数を作る回路）をもっているので，グローバル・リソース設定で「使う」設定にすれば，24MHzのIMOを高精度に置き換えて使うことができます．システム・クロックは32.768kHzの732倍の23986176Hzとなります．内容はアプリケーション・ノート「AN2027」に書かれています．水晶発振器を量産製品に使うのは大変ですが，工作や一品ものとしては役に立つ技法です．ブレッドボードでの実験でもうまくいきました．

**③ 高分解能D-A変換器を構成する**

D-Aコンバータ・ユーザ・モジュール「DAC8」に一工夫して，時分割で32段階のソフトウェアPWMを構成しました．DAC8の256段階に比べ，32倍の8192段階と細かくなりました．分解能としては8＋5＝13ビットということになります．ただし，1ビットとはいえガタガタな波形なので，ポートP0[3]に出力してから抵抗とコンデンサで構成したRCフィルタを通し，P0[4]からPGA_1に入力して1/2にします．そうするとなめらかな波形になります（**図8-70**）．

## 低周期sin波発生回路の回路とデザイン

コンパクトにまとめたい理由があったので，PSoCは8ピンのCY8C27143を使いました（**写真8-17**）．CY8C27143（8ピン）とCY8C29466（28ピン）との大きな違いは，ピン数とディジタル・ブロック・アレイの数が8個ということです．

細かい特性も違いますが，工作的に問題になることはありませんので，持っているPSoCで実験してみるとよいでしょう．書き込み信号のP1[0]とP1[1]を水晶発振器の入力で使っています（**図8-71**，**図8-72**）．書き込みで困ることはありませんが，動作させるときにはMiniProgを外さないと，配線の影響で希望の速度で動きません（不安定な速度で動くことがある．通信はできない）．

今回はsin波を出すだけなので，CY8C27143

## 3RD AREA

の機能だけで十分でした．

### ● E2PROMを使う

PSoCはフラッシュROMの一部をE2PROM（イーツーピーロム，イースケロム，またはイースケと呼ばれる）のように使うことができます．プログラム領域のフラッシュROMの一部を代替して使うメモリです（図8-73）．したがってプログラム領域に余裕がないと使用できません．

PSoCのフラッシュROMは64バイトずつのブロックで「ページ・ライト」という64バイト一括書き込み方式になっています．E2PROMとして使うには，64バイトが基本になります．

書き込みには，API関数E2PROM_1_bE2Writeを使います．

重要なのは書き込み時に一旦消去するため，書き込み数の「wByteCount」を，データが少なく

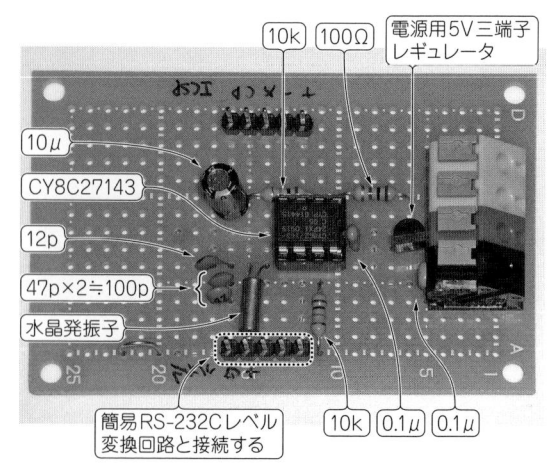

写真8-17　基板に組み上げた「低周期sin波発生回路」

てもこれを64とすれば，残りにゴミ・データが入って終了します．ここをデータ数と同じ値，例えば4にすると，このAPI関数はRAMをさらに64バイト使って，いったんRAMに64バイト読み出し

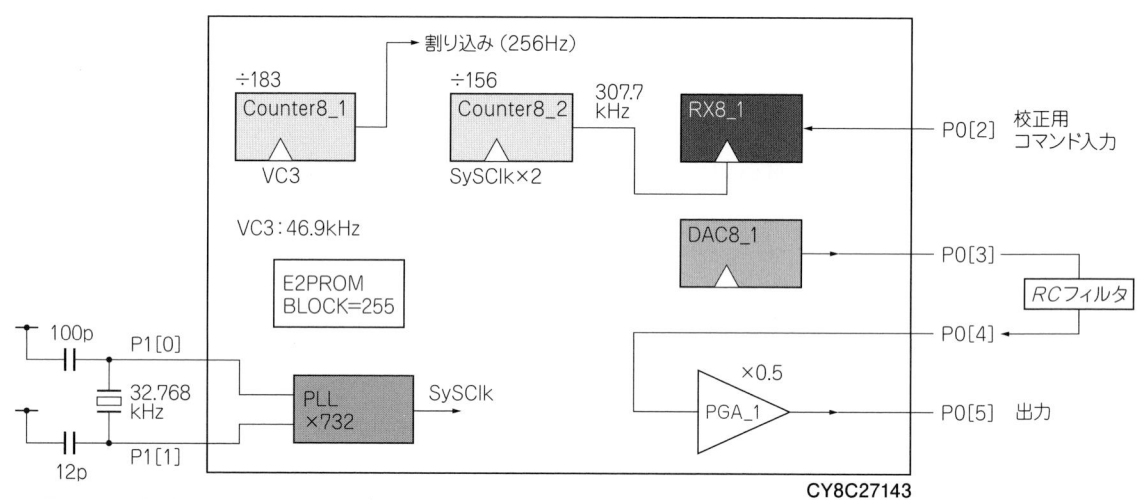

図8-71　低周期sin波発生回路のブロック図

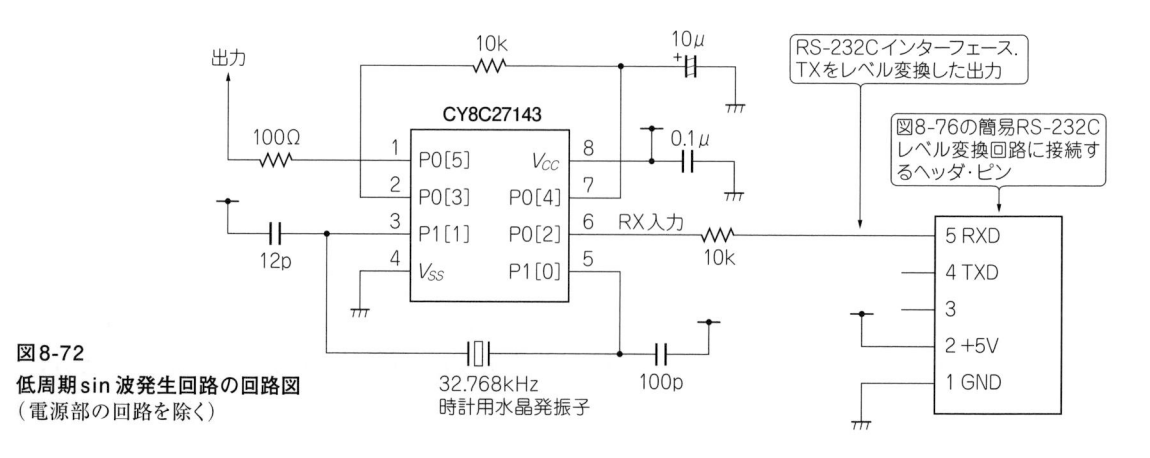

図8-72　低周期sin波発生回路の回路図（電源部の回路を除く）

116

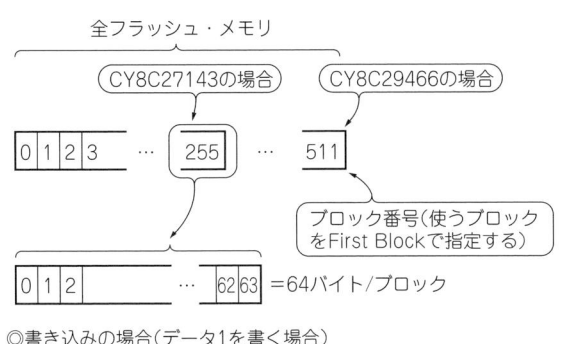

**図8-73** フラッシュROMをE2PROMとして使う

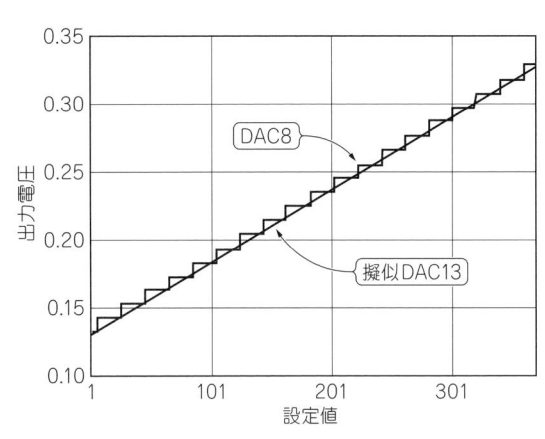

**図8-74** 単調増加させたDAC8と擬似DAC13の出力グラフ

てから，必要なデータを上書きし，それをフラッシュ・メモリに書き戻します．

今回は2ワード（4バイト）の連続したデータを最終ブロックの先頭に格納しますが，残りはゴミ・データが入ってもかまわないので下記のようにしています．

`E2PROM_1_bE2Write(0, limit.cdt, 64, 25);`

そのほか，「E2PROM」を使うときに，付録CD-ROMのプロジェクト・フォルダの中に入っている「flashsecurity.txt」を修正します．ブロックの並びと同じ並びで「W」（フルプロテクト）と書かれています．最後の255ブロックを使うため，そのブロックを「U」（プロテクト解除）に変更します．これで，アドレス0x3FC0から始まる255番目のブロックが書き込み可能になります．

読み出しには制限はありません．

● **ガタガタをなめらかにするプログラム**

256Hz周期のCounter8_1の割り込みを，プログラムで32分周した8Hzを使い，下位6ビットをPWM化し，上位8ビットをDAC8で出力すると同時にPWMの1に相当する周期で，上位8ビット+1を出力しています．見かけの分解能は8192に上がります．**図8-74**のようにD-Aコンバータのガタガタ波形が滑らかになりました．

メイン・プログラムでは，非同期シリアル通信でパソコンからのコマンドを受け付けています．本器では通常モードで始まり，記憶している最大値と最小値間を1時間かけて一周するsin波を出力しています．

- `'m'`：調整モードに入る
- `'n'`：調整モードを抜ける
- `'s'`：続く4桁の16進数に応じた出力を出す
- `'wh'`：sコマンドで出している電圧を最大値としてE2PROMに記憶
- `'wl'`：sコマンドで出している電圧を最少値としてE2PROMに記憶
- `'H'`：記憶されている最大値を出力
- `'L'`：記憶されている最少値を出力

グローバル・リソース設定でRefMuxの項目をBandGap ± BandGapにしました．BandGap基準電圧が正確な1.3Vであれば，1.1V/(1.3V + 1.3V)/0.5 × 8192 = 6932を出力すれば1.1Vが出力されます．しかしBandGapにもバラつきがあります．そこで`'s'`コマンドで近辺の数値を出力して，回路の出力を電圧計で測定し，1.100Vまで細かく調節して`'wh'`コマンドで記憶します．また，最小値にも内部回路の「オフセット」誤差があるので0.100Vまで絞り`'wl'`コマンドで記憶します．記憶した電圧は`'H'`および`'L'`で確認します．**写真8-18**は1.100Vを出力しているところです．設定してから期間をおいて，`'H'`コマン

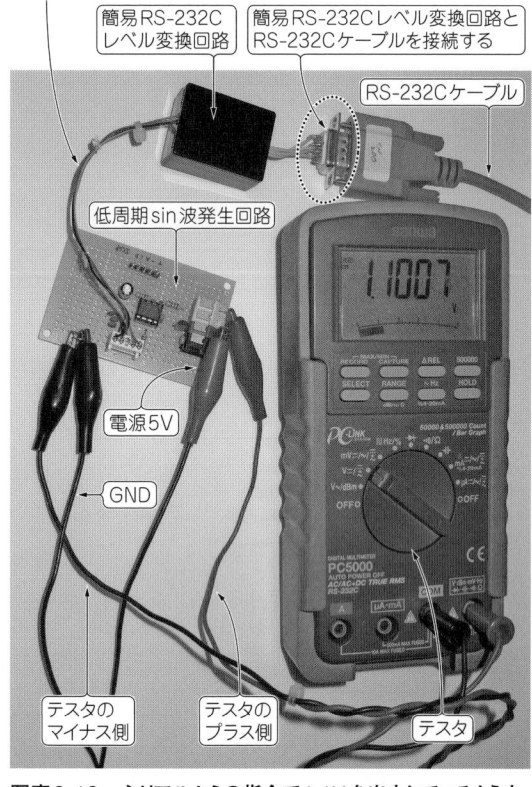

写真8-18 シリアルからの指令で1.1Vを出力しているようす

（写真内注釈）
- 簡易RS-232Cレベル変換回路と低周期sin波発生回路を接続する
- 簡易RS-232Cレベル変換回路
- 簡易RS-232Cレベル変換回路とRS-232Cケーブルを接続する
- RS-232Cケーブル
- 低周期sin波発生回路
- 電源5V
- GND
- テスタのマイナス側
- テスタのプラス側
- テスタ

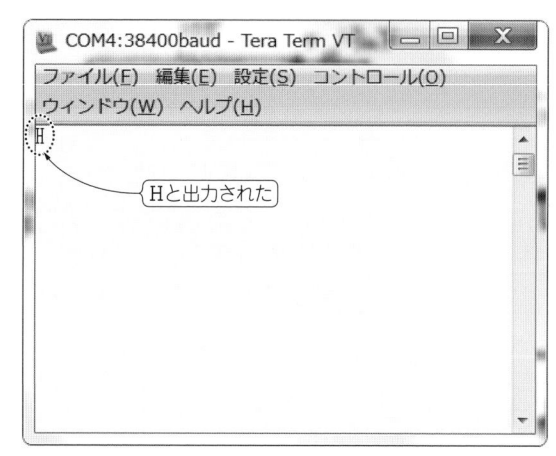

図8-75 'H'コマンドで最大値を確認．テラタームで送信している画面

表8-1 RS-232CのDSUB（ディー・サブ）9ピンの役割

| ピン番号 | 信号名 | 入出力 | 内容 |
|---|---|---|---|
| 1 | DCD | IN | キャリア検出 |
| 2 | RxD | IN | 受信データ |
| 3 | TxD | OUT | 送信データ |
| 4 | DTR | OUT | データ端末レディ |
| 5 | GND | — | グラウンド |
| 6 | DSR | IN | データ・セット・レディ |
| 7 | RTS | OUT | 送信リクエスト |
| 8 | CTS | IN | 送信可 |
| 9 | RI | IN | 被呼表示 |

ドで表示してみると（図8-75），ちゃんとした値が出ました．

● パソコンとのシリアル通信

　少し前までは，パソコンの標準インターフェースは「RS-232C規格」というシリアル・インターフェースが使われていました．現在のパソコンではUSBに変わってしまい，装備されているものは少なくなり，RS-232Cは「レガシィ（伝説的な）インターフェース」と呼ばれるようになってしまいました．RS-232Cはシンプルな通信規格で，制御の世界では「現役」で使われています．表8-1はRS-232Cのピン名で，TxD，RxDが送受信の信号です．そのほかの信号線「接続したか？」「了解」，「データ送ったか？」「了解」といった確認の信号です．近ごろでは図8-76の7ピン，8ピンの扱いのように，入り口でショートさせて機能を省略して使われることも多いです．

　今回はUSBポートに挿すUSB⇔RS-232C変換ケーブルなどの変換器を使いました．ケーブルの先はDSUB（ディーサブ）と呼ばれる9ピンのオス・コネクタで出力されます（表8-1）．本器では，写真8-19の変換ケーブルを使いました．RS-232C規格の電圧はPSoCの入力と違うのでレベル変換回路が必要です．変換専用ICが多く出ています．手元に部品など何もないときは簡易レベル変換器で間に合わせましょう（図8-76，写真8-20）．本器のように受信だけならば動きます．送信する場合は，パソコンの機種によっては使えない可能性が出てきます．パソコン側は専用ソフトウェアは使わず，フリーの通信ソフトウェア「TeraTerm」（テ

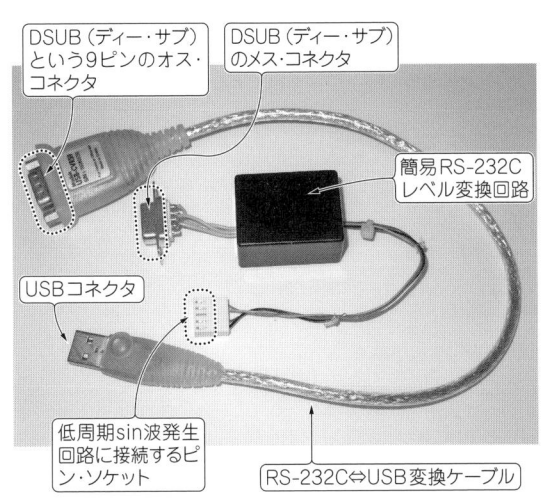

第8章　想像して実現するPSoCの遊び方　測定・実用

写真8-19　USBシリアル変換ケーブルと作った簡易レベル変換アダプタ

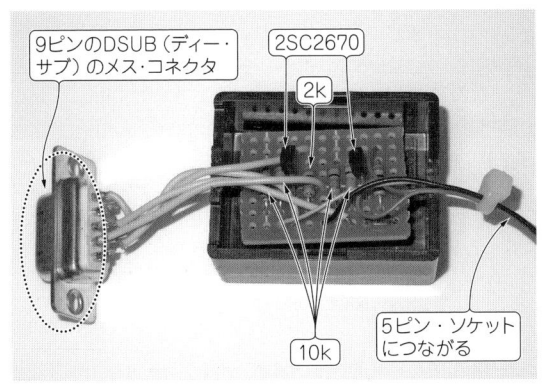

写真8-20　簡易レベル変換アダプタの中身

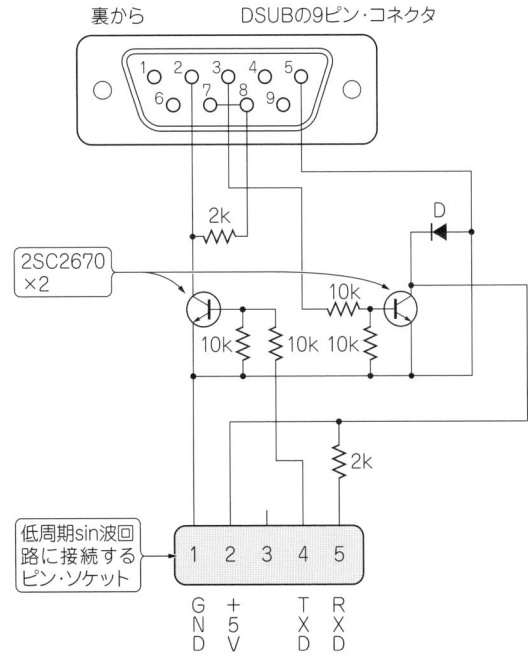

図8-76　簡易RS-232Cレベル変換回路の例

ラターム）を使いました．シリアル・ポートの設定を「38400」にすれば，通信が可能になります（**図8-75**）．

## おもなポイント

- 分解能アップ波形はなめらかになるが，総合精度はDAC8より上がるわけではない．事実，測定してみたら直線性の誤差は10mV以上あった
- E2PROMに校正データを格納した．E2PROMの書き込みには64バイト一気に格納とRAMに移動してから書き戻す2通りがある
- シリアル受信モジュールRX8を使って細かな処理を行った

## PSoCの活用例 No.15 測定・実用

### ホワイト・ノイズ発生器の実験

ホワイト・ノイズとは，すべての周波数に対して，均一なレベルの波形が合成されたノイズです．音だと「サー」と聞こえます．フィルタやアンプ，スピーカの特性調査に使います．用途によっては数MHz〜GHz帯まで使うこともありますが，オーディオ帯なら数十kHzまであれば十分に使用できます．

### アプリケーション・ノートにあった回路の仕組み

PSoCのアプリケーション・ノート「AN2037」で，PRS32とDAC6ユーザ・モジュールを使った応用が出ていたので確認しました．

119

```
Enable ○─────┐ ┌──────────┐                                  ○ Sync Clock
             │ │ 200kHz   │
             └─┤ Clock    ├──┐
               └──────────┘  │
                  │          │
          ┌───────▼──────┐ ┌─▼───┐ ┌──────────┐
          │ 32ビット(Pseudo│ │Timer│ │ 6ビットDAC │
          │Random Sequence├─┤ISR  ├─┤ (DAC6)   ├──○ ホワイト・ノイズ
          │  Generator)   │ └─────┘ └──────────┘
          │   (PRS32)     │                    
          └───────┬───────┘                    ○ Pseudo Random
                  └─────────────────────────────  Sequence (PRS)
```

図8-77
AN2037のブロック図

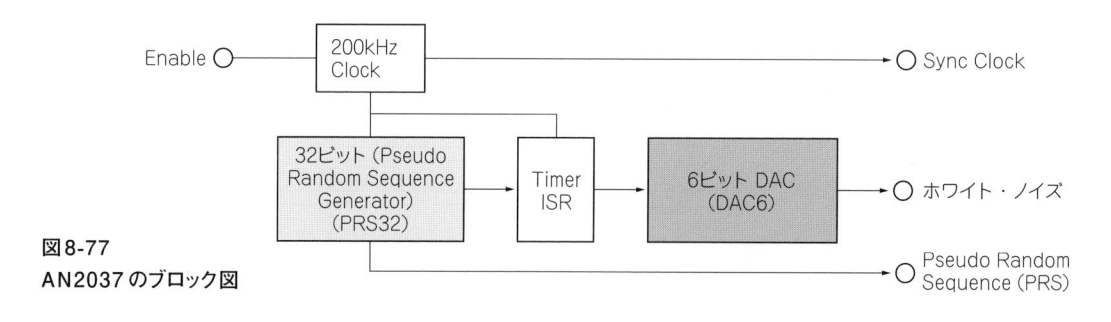

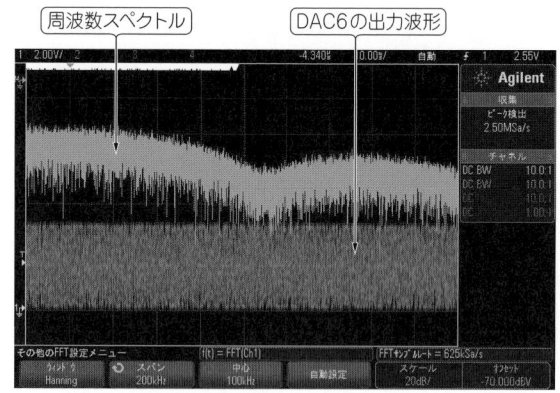

図8-78 DAC6の出力波形．周波数スペクトルがあまり伸びていないことがわかる

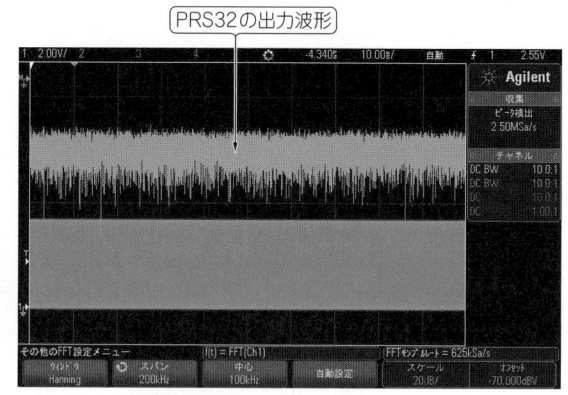

図8-79 PRS32の出力波形（下：2V/div 10ms/div）とスペクトル（上：中心100kHz，スパン200kHz）

　タイトルは「8PDIP Produces 100kHz Pseudo Random White Nose（with a Six-Hour Period）」といい，PDF文書のみでサンプル・プログラムが入手できなかったため，ブロック図から実現を始めました（図8-77）．PRS32を200kHzで動かし，その下位6ビットをDAC6で出力させるもので，PRS32の周期が200kHzで約6時間なことから，サブ・タイトルが付けられたと思われます．原典ではCY8C25122というPSoCが使われています．

● 「PRS」とは何か

　順番が逆になりますが，後述の製作「LEDキラキラッ」（pp.133〜136）簡単に説明しています．その名のとおり「Pseudo Random Sequence Generator」（擬似乱数発生器）です．PRS32は32ビット長のPRSで，そのパルス列が繰り返される周期は2の32乗（43億）クロックです．したがって短時間的に見れば「擬似」でないランダム・パルスになります．

　まず，PRS32を200kHzで動かすのは簡単ですが，その下位6ビットを200kHzでDAC6に書き込むことが困難でした．普通にAPI関数でPRS32から数値を読み出し，それをDAC6に書くだけでも10μ秒以上かかるのです．Counter8の割り込みで200kHzを出力するのも現実的ではありません．アセンブラでハイレベルなことをやっていた可能性があります．

　そこで，メイン・プログラムで無限ループで可能な速さで間に合わせてみました．すると，100kHz強のスピードでした．オシロスコープで測ってみると，DAC6の出力は出ているものの，周波数スペクトルはあまり伸びていません．40kHzぐらいから下がり始めています（図8-78）．

● PRS32の出力そのものはどうか？

　DAC6の確認はここでやめて，PRS32の出力（P0［1］）をそのまま見てみました．こちらのほうがホワイト・ノイズらしいです（図8-79）．

　試しに中心周波数5kHz，バンド幅も5kHzのBPF4を構成して（図8-80），このPRS32の出力をPSoC内部で通してみました．スペクトルはちゃんと中心が5kHzで幅5kHzの台形のような波

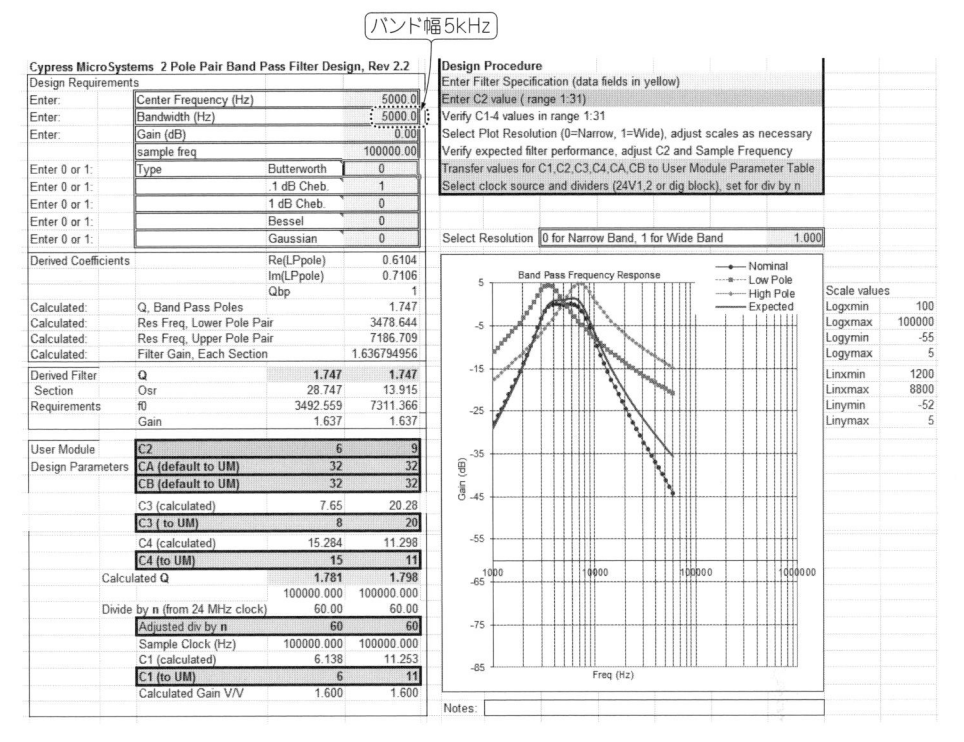

第8章 | 想像して実現するPSoCの遊び方 | 測定・実用

図8-80
BPF4の構成画面

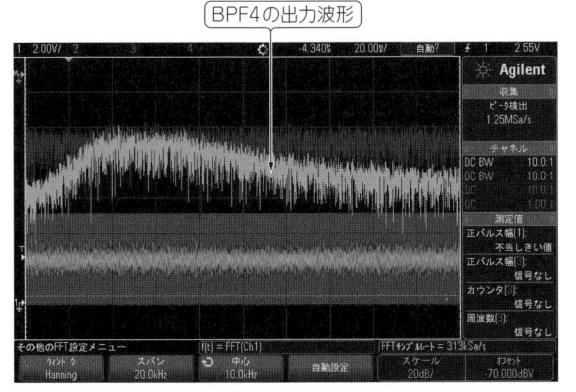

図8-81 BPF4の出力波形（下：2V/div 10ms/div）とスペクトル（上：中心10kHz, スパン20kHz）

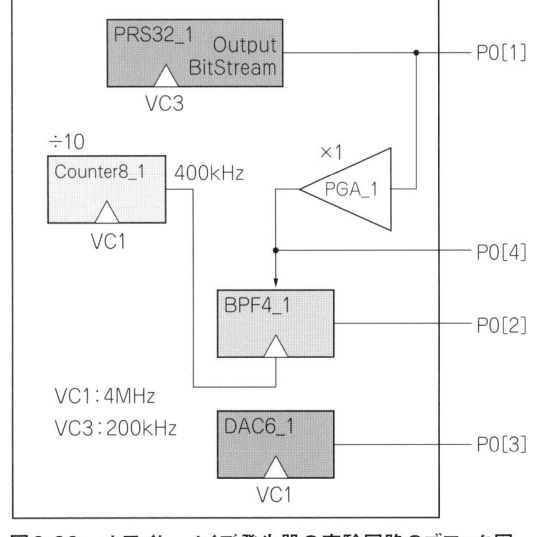

図8-82 ホワイト・ノイズ発生器の実験回路のブロック図

形になりました．フィルタの効果の確認には使えそうです（図8-81, 図8-82）．

オシロスコープ画面はフィルタ前の信号も重ねて表示しているので，見づらいかもしれません．そこでパソコンのマイクに入力し，フリーソフト「Audacity」で観測しました．オーディオの44.1kHzのサンプリングのため，半分の20kHz付近から落ちていますが（"サンプリング定理"のため，ソフトウェアやパソコンが原因ではない），精密なスペクトル表示がされています．縦軸はマイクの機種の入力に依存するので実際の値ではありませんが，比較としては十分使用できます（図8-83）．

なお，PGAは周波数帯域が数百kHz（スタートのパワー設定と，グローバル・リソースのBias値で多少変わる）しかありません．それ以上で使用するときは，P0[1]出力をじかに使用してください．

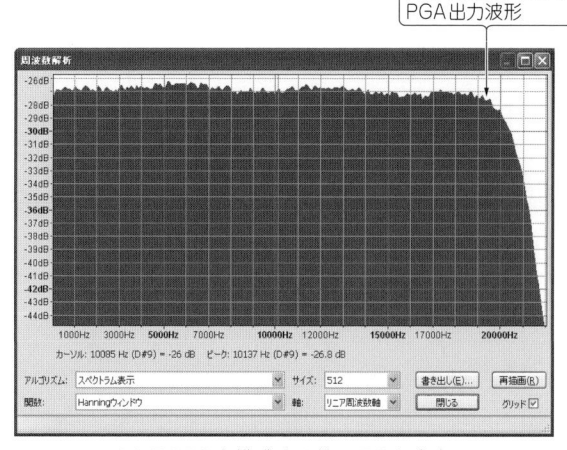

(a) BPF4を構成する前のPGA出力 　　　　(b) BPF4を構成した後のPGA出力

**図8-83　PGA出力波形のようす**

## おもなポイント

- 200kHzでDAC6に出力するのは難しい
- PRS32の出力そのものがホワイト・ノイズの代用として使える．「擬似」周期は200kHz時には6時間もあり，ランダムとして十分使用できる
- 自前でフィルタの効果が確認できた

## PSoCの活用例 No.16 測定・実用
## シリアル・データ・ロガー

### 自動でデータを取得する

パソコンに接続し，データを採取するシリアル・データ・ロガーを作りました（**写真8-21**）．パソコンで計測する方法はいろいろありますが，ほとんどの場合，計測アダプタを別途用意して行います．ちょっとした計測に使える計測アダプタを作りました．

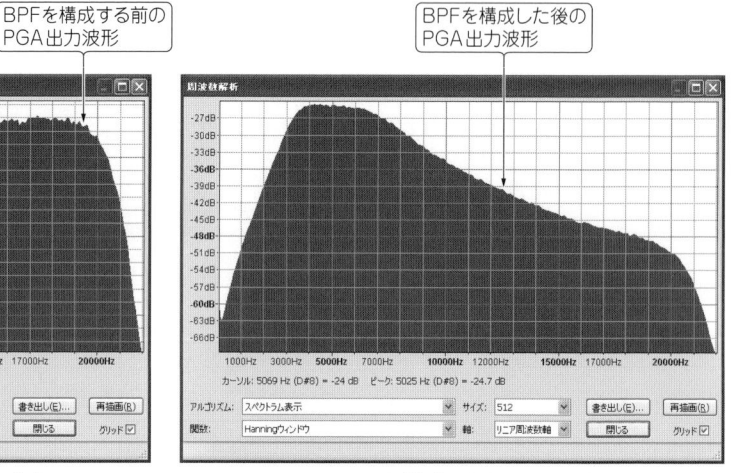

低速な信号を比較的正確な時間単位で，長時間測定する用途向けです．4チャネルの入力があり，8チャネルまで拡張可能です．採取したデータはシリアル・ポート経由でパソコンに送ります．「低周期sin波発生器」でもシリアル・ポートを使用したので，説明は省きます．今回は変換ケーブルではなく，市販の「USB-シリアル変換」モジュールを使いました．原理は同じですが，ロジック・レベル（TTLレベルとも呼ぶ，0～5Vの信号）なのでレベル変換回路がなくても直結でき，ブレッドボードで実験できるので便利です（**写真8-**

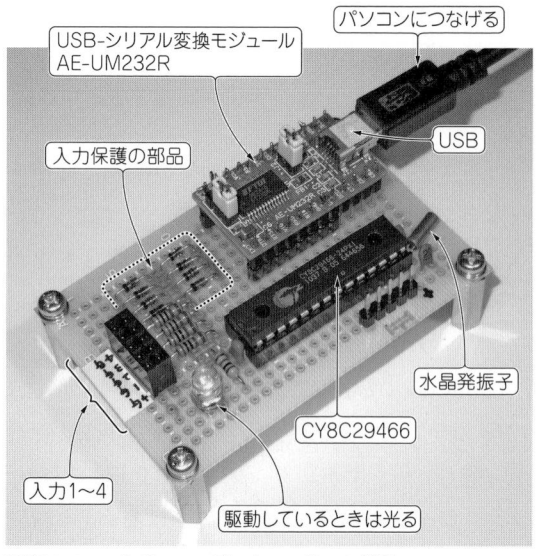

**写真8-21　シリアル・データ・ロガーの外観**

第8章 | 想像して実現するPSoCの遊び方 | 測定・実用

22）．また，時計用の水晶発振素子を使い，みずからタイム・ベースを刻むことでパソコンで計測間隔を時間管理しなくて済むようにしました．

パソコンでは，専用のアプリケーションを組まずに，「通信ソフト」でデータが採取できる簡単なコマンドにし，測定を開始したら中断するまで勝手にデータを送ってくる仕組みにしました．

## シリアル・データ・ロガーの回路とデザイン

「低周期sin波発生器」では，コマンドを受信するだけだったので，受信専用の「RX8」ユーザ・モジュールを使いました．データ・ロガーでは，送受信合体した「UART（ユアート）」ユーザ・モジュールを使いました（図8-84，図8-85）．

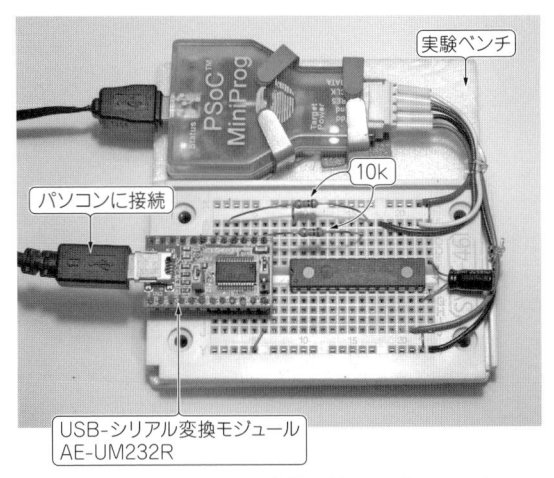

写真8-22 USB-シリアル変換モジュールとUART（ユアート）を接続実験中

「UART」は「ユニバーサル非同期シリアル送受信器」の頭文字をとったものです．受信専用の

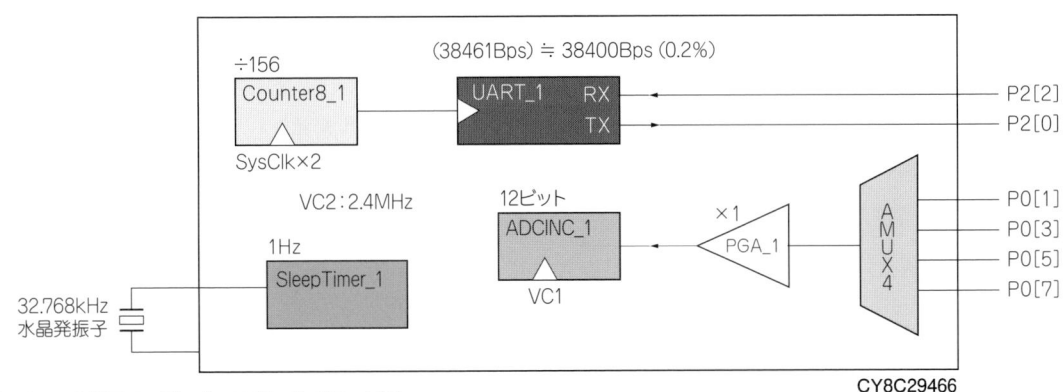

図8-84 シリアル・データ・ロガーのブロック図

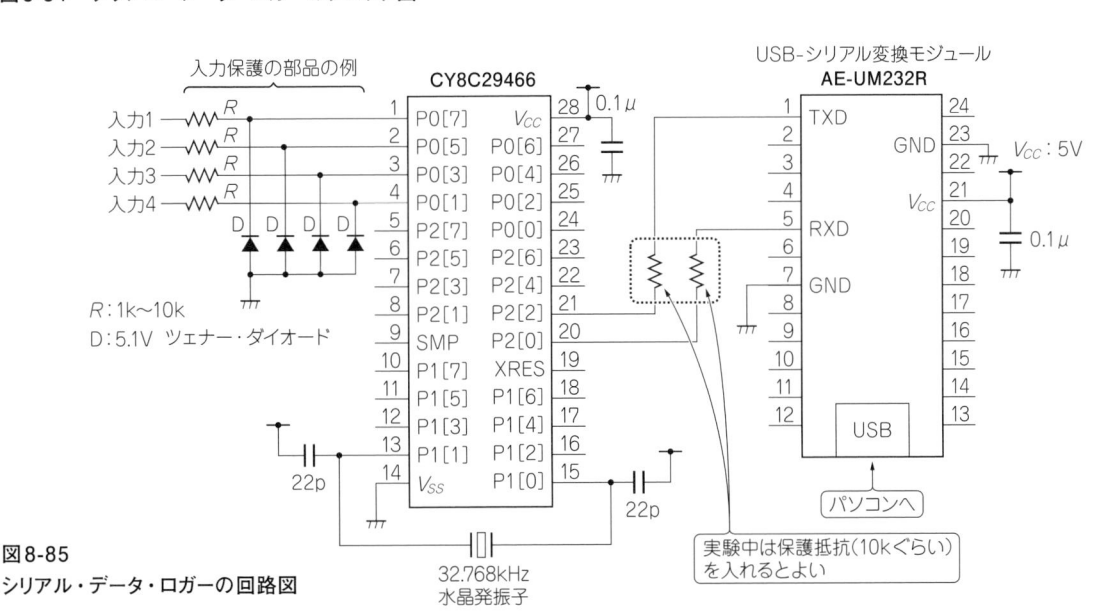

図8-85 シリアル・データ・ロガーの回路図

**図8-86**
AMUXユーザ・モジュールの説明

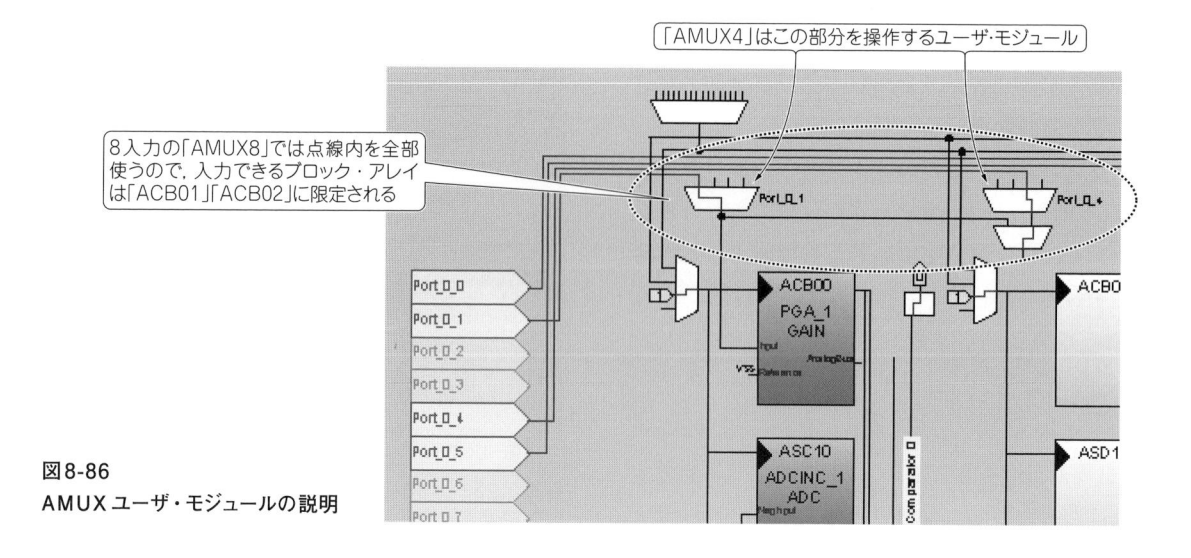

図中の注釈:
- 「AMUX4」はこの部分を操作するユーザ・モジュール
- 8入力の「AMUX8」では点線内を全部使うので，入力できるブロック・アレイは「ACB01」「ACB02」に限定される

「RX8」と送信専用の「TX8」を組み合わせてもUARTと同じ構成ができます．

入力を4チャネルにするため「AMUX4」ユーザ・モジュールを使います．これはデザイン時に「AnalogColumn_InputMUX」でのポート入力を設定するのと同じことを動作中に可能にするものです．ユーザ・モジュールでありながら，ブロック・アレイに置くタイプではなく，入力のマルチプレクサ（切り換え器）を直接操作するものです．

図8-86のように「AMUX4」は，どの「CTブロック」へも入力できますが，8チャネル全部使う「AMUX8」は「ACB01」，「ACB02」限定になります．

● アナログ入力

タイム・ベース用の水晶発振素子には32.768kHzの時計用を使いました．「低周期sin波発生器」と同じですが，シリアル・データ・ロガーでは「PLL」を使わず「SleepTimer」（スリープ・タイマ）の駆動だけなので，外付けするコンデンサの値が異なります．アプリケーション・ノート「AN2027」に詳しく記載されています．水晶発振素子はメーカで差があり，正式に製品に応用するには水晶発振素子のメーカと発振回路を吟味する必要があります．しかし，データシートにはコンデンサの数値が出ているので，適当にやっても高確率で動作します．工作では「ビビ」らないで，どんどん使ってみることが重要だと思います．

「UART」ユーザ・モジュールを「38400bps」の通信速度にするには8倍のクロックを入力します．「Counter8_1」で「SysClk*2」（48MHz）を1/156にして作りました．計算値では通信速度は38461bpsで誤差0.16％となり問題ありません．むしろシステム・クロックの最大誤差2.5％が影響する可能性のほうが大きいです．相手先の環境にもよる部分ですが，今のところ障害にはなっていません．

● プログラムの説明

「UART」ユーザ・モジュールはプログラムで使用します．受信は「測定開始」と「測定中止」のコマンドを受け付けるため，メイン・ループの中で受信文字を監視しています．「UART」の高レベルAPIと呼ばれる関数を使い，リターンのコードが来るまで読み込む機能を使いました．表向きには「1行読み込み」関数ですが，裏（バック・グラウンド）で割り込みを使い，プログラマが1文字ずつの受信を意識しないで済む動作をしています．

「測定開始」は文字"S"に続いて2けたの10進数値を受信し，秒単位の測定間隔にします．"S10"と受信したら，10秒間隔で測定を開始します．

32.768Hzの低周波発振器（ECO）から正確な

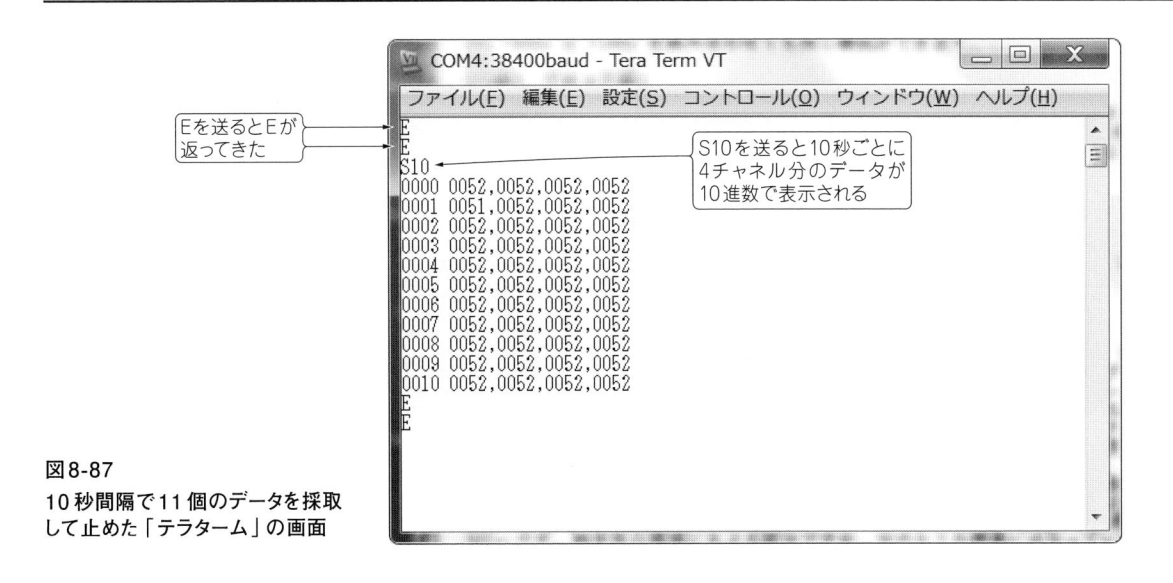

**図8-87**
10秒間隔で11個のデータを採取して止めた「テラターム」の画面

（画面内注釈）
- Eを送るとEが返ってきた
- S10を送ると10秒ごとに4チャネル分のデータが10進数で表示される

タイミングを発生させ，スリープ・タイマを駆動させています．測定開始をしたら，そのタイミングで勝手にデータを送信します．タイミングの問題はデータ・ロガーに常に付きまとう課題です．パソコンからの指令でデータを取得するよりはだいぶマシになります．

● **テラタームを使う**

パソコン側では，フリーの通信ソフトウェア「TeraTerm」（テラターム）（**http://ttssh2.sourceforge.jp/**）でコントロールします．

テラタームは自分のキーも表示する「ローカルエコー」モードにしてあります．「E」を送ると，「E」が返ってきました．「S10」を送ると10秒ごとに4チャネル分のデータが10進数表示で送られてきます．あとはテラタームからクリップボードへ貼り付け，エクセルなどで処理します（**図8-87**）．

## おもなポイント

- 「UART」ユーザ・モジュールを使いパソコンと送受信を行う
- アプリケーション・ノート「AN2027」を参考に時計用水晶発振素子を外付けし，比較的正確なタイム・ベースでデータが送られてくる
- 「AMUX」ユーザ・モジュールで入力を切り替える
- フリーの通信ソフト（Windows XPでは標準付属の「ハイパー・ターミナル」でも可能）だけでデータの取得が行えるので，専用アプリケーションが必要ない

# PSoCの活用例 No.17 カラー・コード表示器

写真8-23 カラー・コード表示器の外観

## カラー・コードとは

おそらく、工作好きの読者の皆さんも一度は考えたことはあるけれど、作ろうとは思わない工作があると思います。その一つに「LEDでカラー・コードを表示するマシン」はありませんか。作らない理由は色を光で表現するのは現実的に思えないからではないでしょうか。PSoCはPWM出力をいとも簡単に出せるので、この機会に実験してみました。No.13の「LCD温度表示計」の温度計の回路をそのまま使い、「LCD温度表示計」を「2桁カラー・コード表示器」に変えてみました（写真8-23）。

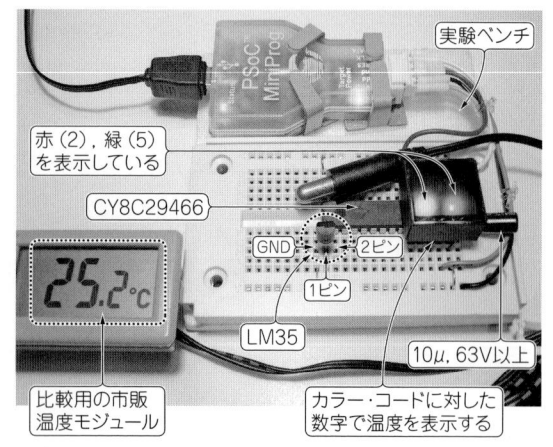

カラー・コードとは、リード型の抵抗の数値を表示するために使われており、0～9を塗料の色で表現しています（表8-2）。色には明度と彩度があり、下地の色も大事です。橙と赤の区別がつかなくなることもあります。

表8-2 抵抗のカラー・コードの対応表

| 数値 | 色 | 覚え方 |
|---|---|---|
| 0 | 黒 | 黒い礼（0）服 |
| 1 | 茶 | 小林一（1）茶 |
| 2 | 赤 | 赤いに（2）んじん |
| 3 | 橙 | 第3（橙3）の男 |
| 4 | 黄 | 四季（黄）の色 |
| 5 | 緑 | 五月ミドリ |
| 6 | 青 | ろく（6）でなしの青二才 |
| 7 | 紫 | 紫式七（7）部 |
| 8 | 灰 | ハイヤー（8） |
| 9 | 白 | ホワイトク（9）リスマス |

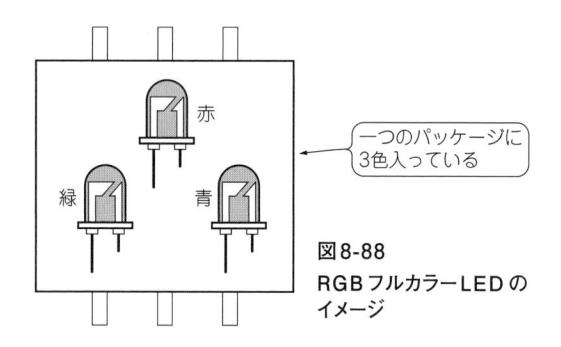

図8-88 RGBフルカラーLEDのイメージ

## LEDで表現する

LEDの中には「RGBフルカラーLED」というものがあり、光の三原色「赤」(R)、「緑」(G)、「青」(B)の頭文字をとってRGBと名づけられており、名前のとおり一つのパッケージの中に3色のLEDが入っています（図8-88）。

昔、美術の授業で習った記憶がおぼろげながらよみがえり、色と同じく光もこの三原色ですべての「色」が表現できると思っていました。

全10色のうち、赤や青はそのまま出せますが、問題は「茶」と「灰」です。両方とも明るさを下げないと表現できず、不安要素でした。思い切って色を変えてしまう（ピンクや青緑に変更）か、白色光の下地（バックライト）をつける解決法もありますが、まずやれるだけやってみました。

### ●光の調整はPWMを使う

LED工作ではおなじみの「PWM」（ピー・ダブリュ・エム）を使います。PWMは、Pulse Wise

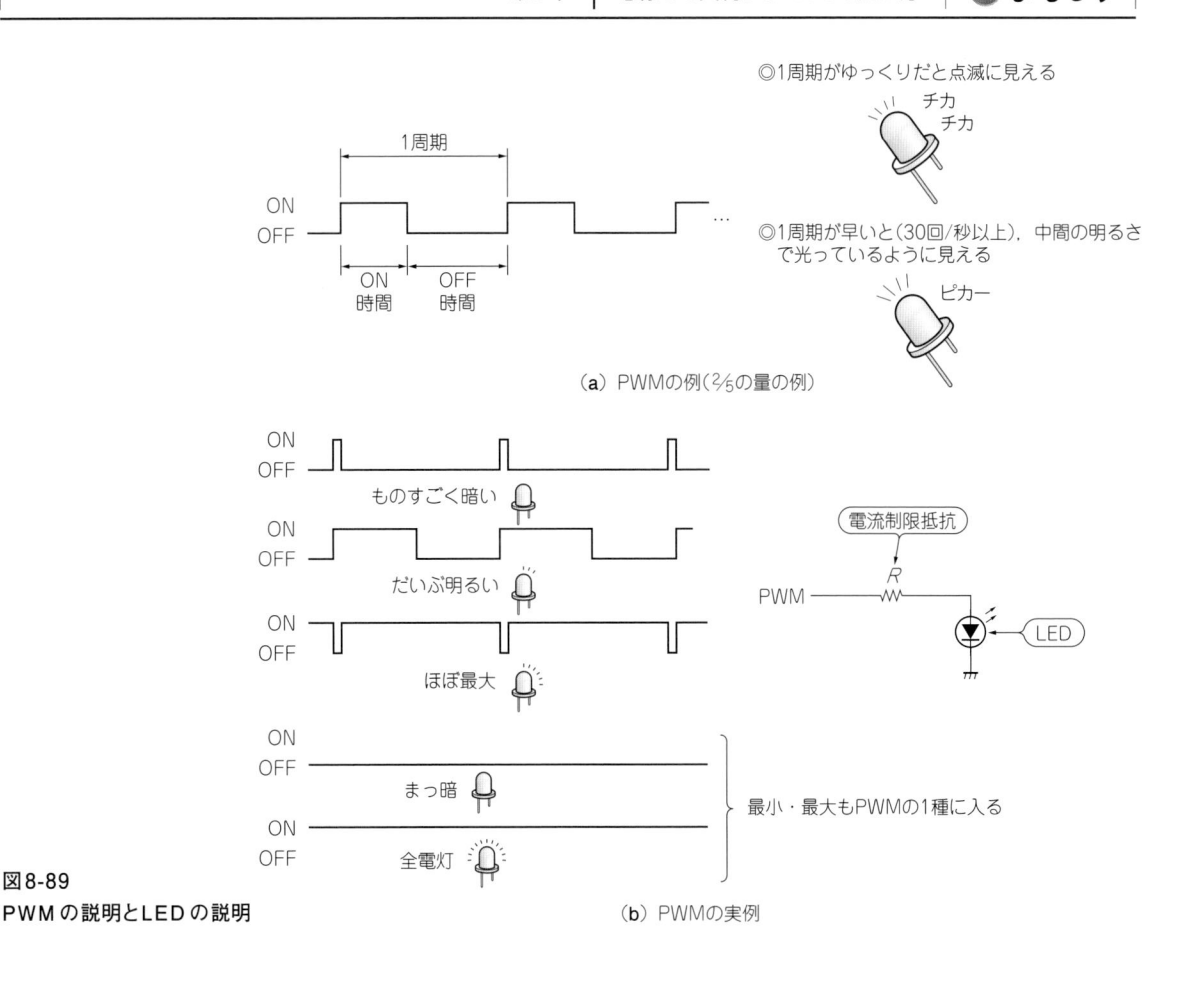

第8章 | 想像して実現するPSoCの遊び方 | おもしろ

図8-89
PWMの説明とLEDの説明

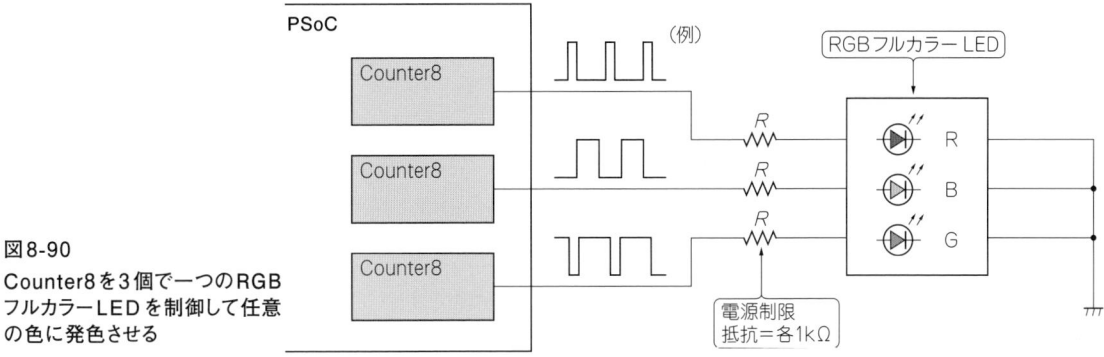

(a) PWMの例（2/5の量の例）

◎1周期がゆっくりだと点滅に見える チカチカ

◎1周期が早いと（30回/秒以上），中間の明るさで光っているように見える ピカー

(b) PWMの実例

図8-90
Counter8を3個で一つのRGBフルカラーLEDを制御して任意の色に発色させる

Modulation（パルス幅変調）の頭文字をつなげた用語です．動作については**図8-89**を見てください．人間の目で追いつかない速度でLEDを点滅させると，ONとOFFの比率によって明るさが調整できるのが「LEDのPWM駆動」です．毎秒30回以上のスピードが必要ですが，電子掲示板など，用途によっては，視線を動かすと点滅が見えるので，もっと速いPWMを使うこともあります．

速くするだけではありません．温度制御には数秒以上のゆっくりしたPWMも存在します．

● 「Counter8」を使う

「Counter8」は第4章のレッスン①で出てきました．周期設定器「Period」と比較器「CompareValue」の各値と入力するクロックでPWMを発生させることができます．このCounter8を3個使い，**図8-90**のように「赤」「緑」「青」の

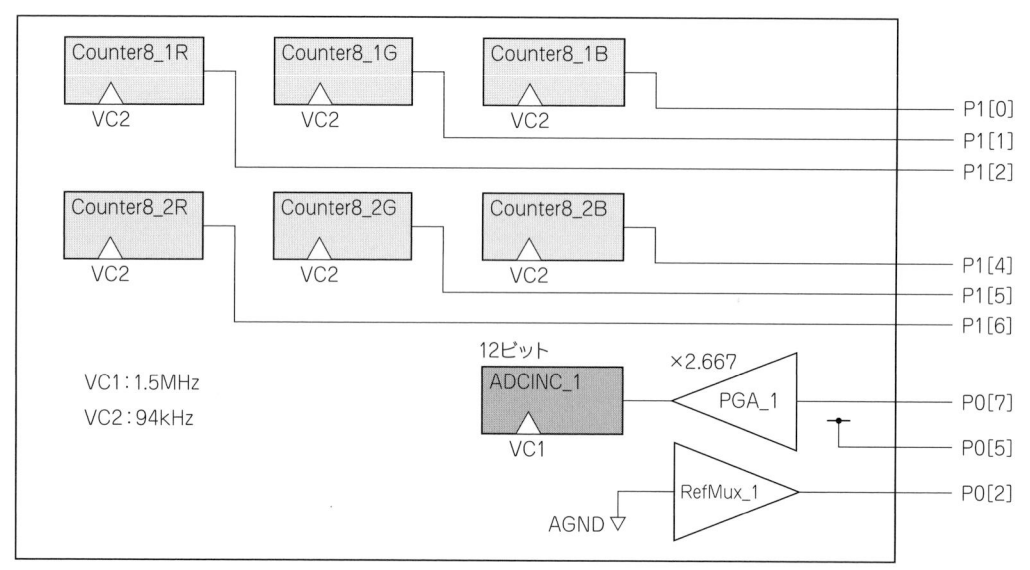

**図8-91** 2桁カラー・コード表示器のブロック図

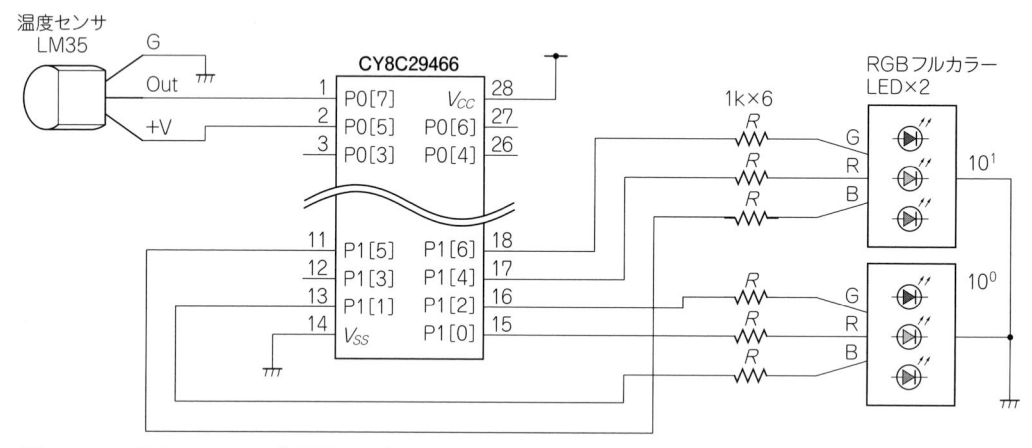

**図8-92** 2桁カラー・コード表示器の回路図

LEDを個別に調節します．2桁なので合計6個のCounter8を配置します．CY8C29466のディジタル・ブロックは16個あるので，あと3桁は簡単に追加できます．

## 🚀 カラー・コード表示器の回路とデザイン

Counter8は入力クロックを約94kHz，周期設定器を255にしたので，PWM周期は94k÷256＝366Hzです．これだけ早いと「チラつき」はまず見えません．比較器には0（最小）から255（最大）の値を設定します（**図8-91**）．

図8-92の回路は，ブレッドボードで実験できるようにチップ型のLEDを使い，連結ピンでそのままボードに挿せる方式にしました．少し細かい配線ですが，**図8-93**の実体配線も参照してください．

● 温度計と同じ動作

温度測定の部分は「温度計」と同じです．ポピュラーな温度センサIC「LM35」をもっとも普通の電圧出力モードで使っています．表示は2桁なので0℃～99℃までとしました［0℃付近は測定できない（温度計の項参照）］．プログラム内で10進数に変換したあと，適当な時間間隔をあけて，「Counter8」の「CompareValue」に色の値を設定します．その割合は**表8-3**にしました．

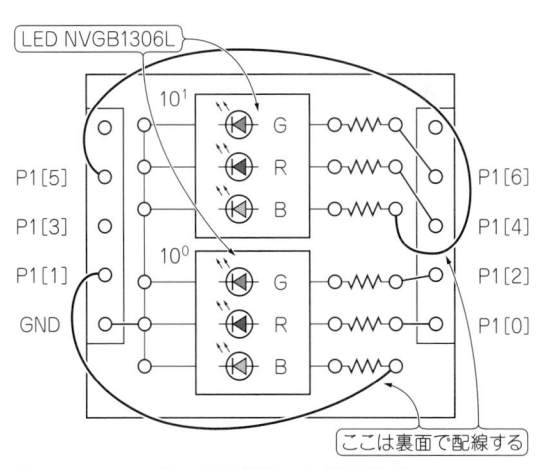

第8章 | 想像して実現するPSoCの遊び方 | おもしろ

**図8-93** LED部の表示基板の実体配線図

**表8-3** 各色のRGBの`CompareValue`値（割合）

|   | 青 | 緑 | 赤 |
|---|---|---|---|
| 黒 | 0 | 0 | 0 |
| 茶 | 0 | 3 | 4 |
| 赤 | 0 | 0 | 128 |
| 橙 | 0 | 64 | 128 |
| 黄 | 0 | 240 | 128 |
| 緑 | 0 | 128 | 0 |
| 青 | 128 | 0 | 0 |
| 紫 | 128 | 0 | 24 |
| 灰 | 8 | 8 | 8 |
| 白 | 128 | 128 | 128 |

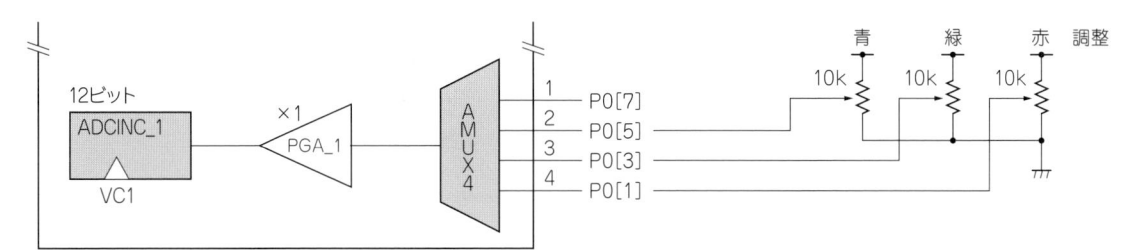

**図8-94** カラー・コードの色を調節する回路

　例えば，10の桁に数字の4（黄色）を表示する場合，各「`CompareValue`」は下記のようになります．

「`Counter8_2R`」：128
「`Counter8_2B`」：　0
「`Counter8_2G`」：240

　結果としては，「カラー・コード」として判別できました．意外でしたがやってみるものですね．ただやはり茶色と灰色が少しきついです．両方とも暗いので「白」など明るい色と同時になると，見づらいです．ブラウン・スモーク色のアクリルで表面をカバーしたら，少し見やすくなりました．

● 色の調整

　色の調整には別の回路を組みました（**図8-94**）．3色分のボリューム（半固定抵抗）とその数値をLCDに表示するプログラムで「色」を表示させ，そのときの色の数値をメモしておきました．詳しい説明は省略しますが，調整中の**写真8-24**と，ワークシートもサンプルとして付録CD-ROMに収めてあります．**写真8-24**ではボリュームを回

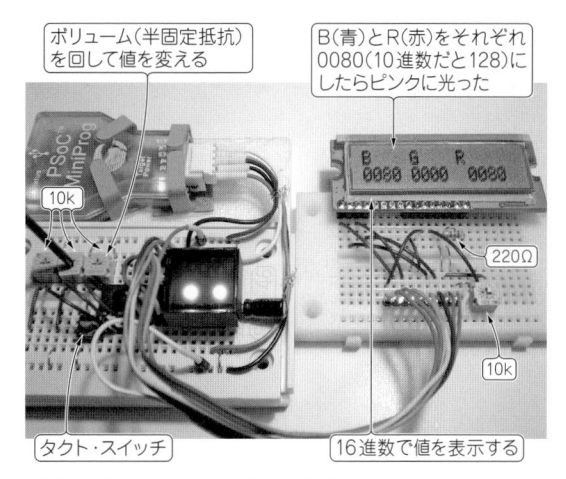

**写真8-24** カラー・コード色の調整中

してB（青）とR（赤）をそれぞれ0080（16進数表示，10進数では128）にしたら「ピンク」色になったようすです．数値はRGBフルカラーLEDの種類によっても違うので楽しい作業でした．

### おもなポイント

● PSoCはハードウェアPWMが簡単に構成できる

## PSoCの活用例 No.18 うそ発見器

### スパイ映画さながら

PSoCでうそ発見器を作りました(**写真8-25**,**図8-95**).PSoC単体で実現できるので簡単なうえ,遊び方は工夫できそうです.

うそ発見器は英語では「Polygraph」(ポリグラフ)とも呼び,スパイ映画に出てくることもあります.この工作の原理は,皮膚の表面の発汗で微弱な電流が流れ,その変化がそのまま音に出てくるという単純なものです.本物の「うそ発見器」は発汗のほか,脳波や心拍数,表情の変化まで検知するそうです.

電流の変化を音にするには,まず抵抗に通し「電流−電圧」($I$−$V$)変換させ,音の変化にする「電圧−周波数」($V$−$F$)変換させます(**図8-96**).ここではPSoCのアプリケーション・ノート「AN2161 − Analog-Voltage-to-Frequency Converter(アナログ$V$−$F$コンバータ)」を利用しました.0V〜5Vの入力で0〜10kHzの周波数を直線的(リニヤ)に出力するアプリケーションです.

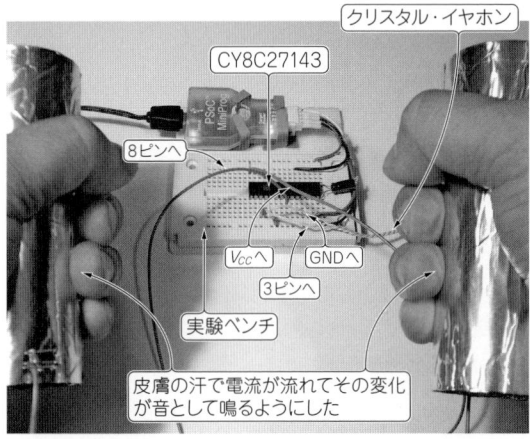

**写真8-25** うそ発見中!

**図8-95** うそ発見器でうそがばれるイメージ

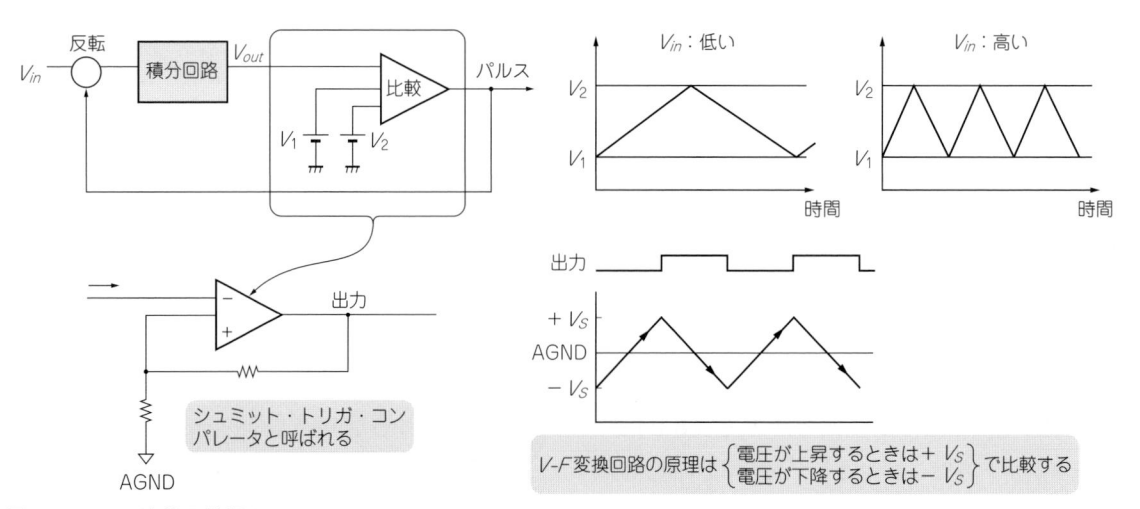

**図8-96** V−F変換の仕組み

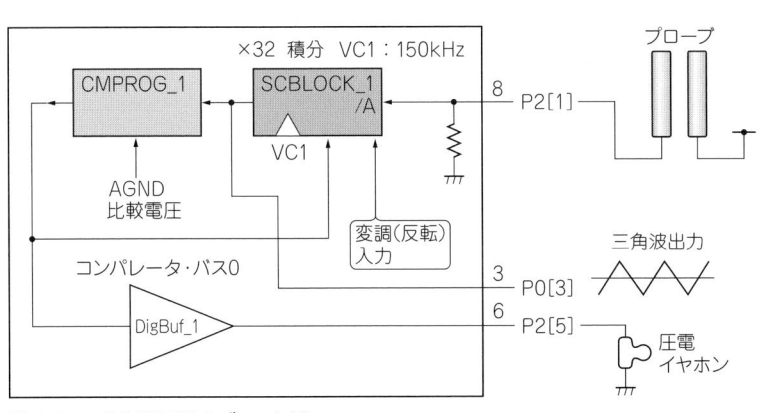

第8章 | 想像して実現するPSoCの遊び方 | おもしろ

**図8-97** うそ発見器のブロック図

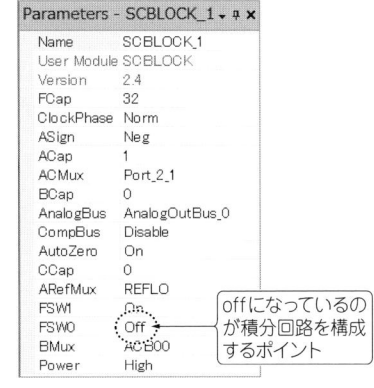

**図8-98** SCBLOCKの設定

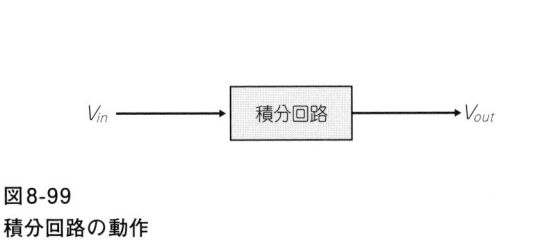

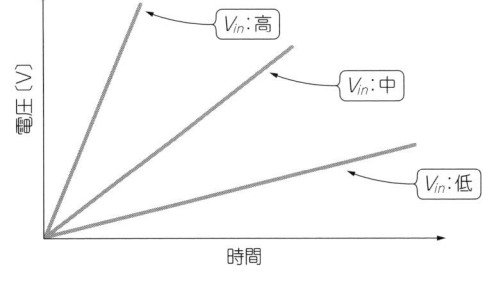

offになっているのが積分回路を構成するポイント

**図8-99** 積分回路の動作

## うそ発見器の回路とデザイン

### ● SCBLOCKとCOMPの機能

おもな機能は「SCBLOCK」とコンパレータ「COMP」で作っています（**図8-97**）．その内容はアプリケーション・ノート「AN2161」で解説されているので，簡単に原理を説明します．

「SCBLOCK」は積分回路として構成し，また「ASCブロック・アレイ」に配置して「変調（反転）」入力を使います．SCBLOCKを積分回路として構成する方法はアプリケーション・ノート「AN2041」にも解説されています．**図8-98**の設定値では「FSW0」が「Off」になっているのが積分回路（**図8-99**）を構成するポイントです．「FCap」「ACap」の比率も，この値でないとうまくいかないようです．

もう一つのポイントは「COMP」で構成している「シュミット・トリガ・コンパレータ」（別名：ヒステリシス・コンパレータ）というもので，入力が上昇するときと下降するときで違う二つの電圧で比較します．ここでは，それぞれAGND + $V_s$，AGND − $V_s$という電圧になります．積分回路で発生した電圧は，初めは時間が経つとどんどん上昇していき，ついには電源電圧を超えてしまいます．実際には電源電圧以上は出ないので，その時点で固定（「飽和する」という）します．そこで，ヒステリシス・コンパレータである程度以上に達したら，入力を反転させるのです．すると今度は下降し始め，ある程度の電圧を下回ったら入力の反転をやめます．これを繰り返すことで三角波が作成されます．このとき入力電圧の高さで三角の角度が変わり，高い入力ほど頻繁に反転が繰り返されるので，電圧に比例した周波数が取り出せることになります．

原典では，コンパレータに「CMPPROG」ユーザ・モジュールを使用し，プログラム内でレジスタを操作して「ヒステリシス・コンパレータ」を構成していました．レジスタの知識が必要なうえ，設計が面倒です．付録CD-ROMに入っている開発環境「PSoC Designer 5」は，機能の多い「COMP」が使えるので変更し（AGNDを境にプラス・マイ

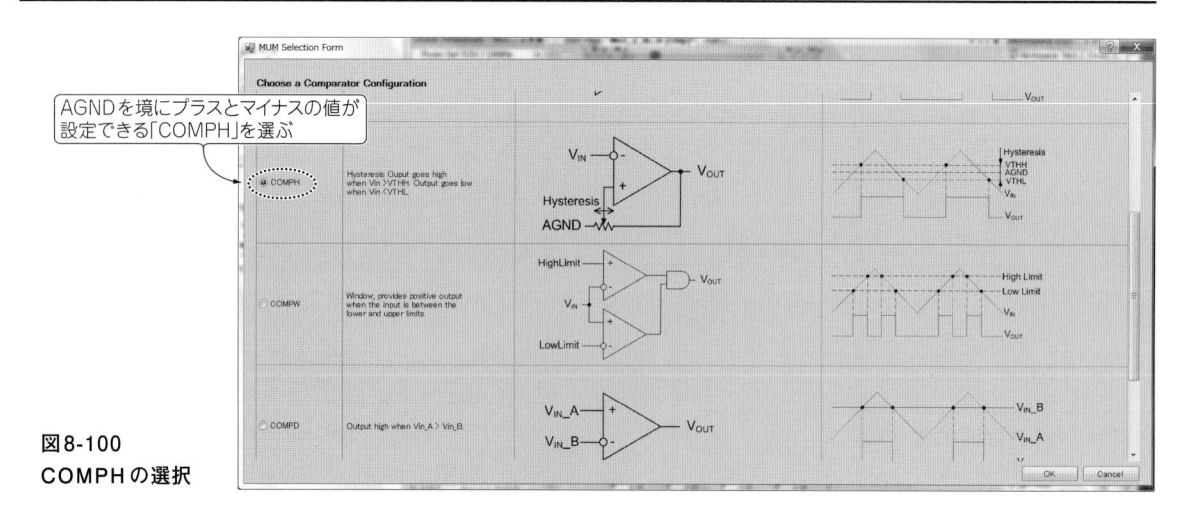

**図8-100**
COMPHの選択

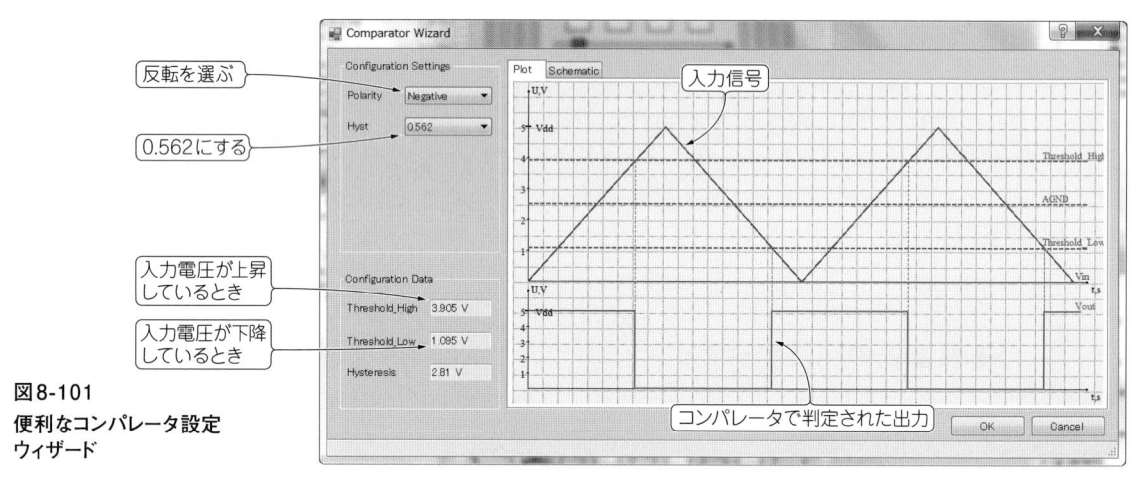

**図8-101**
便利なコンパレータ設定ウィザード

ナスの値が設定できる「COMPH」を選ぶ．**図8-100**)．コンパレータ設定のウィザードでヒステリシス・コンパレータを組んでみました．コンパレータ設定ウィザードはチップ・エディタに配置した「COMP」上で右クリックし「COMP Wizard…Ctrl+W，W」を選ぶと出てきます．

「Hyst」の値を「0.562」にすると，比較する電圧が自動的に計算されて表示しています．その電圧の実際の内訳は下記のようになります．

$AGND + (V_{cc} - AGND) \times 0.562$
$AGND - (V_{cc} - AGND) \times 0.562$
ただし，$AGND = 2.5V$，$V_{cc} = 5V$

「SCBLOCK」を反転させるには出力が反転する必要があるので，「Polarity」（極性）の項目も「Negative」（反転）にして，OKボタンを押すと，パラメータが設定に反映されます（**図8-101**）．

具体的な数値は，入力電圧が上昇しているときは3.905V，下降しているときは1.095Vでコンパレータ出力が反転するように設定しました．

● 動作と応用

「$V-F$コンバータ」回路を「うそ発見器」にするため，プローブを作りました．といってもラップの芯に厚手のアルミ・ホイルを巻きつけただけのものです[注1]．さっそく両手で握ってみると「プィーン」と音が鳴り始めました．確かに，手のひらが汗ばむと音が高くなります．「握る」形にしたので，うそをつかなくても強く握ると音が高くなってしまいました．なにかの楽器のような……．

---

(注1)：実験で使った「うそ発見」プローブは，使用中に静電気を拾いやすく，また，PSoC側に静電気対策はなにもしていません．パソコンにも影響を及ぼす危険もあるので，冬季の乾燥した環境では特に静電気に注意してください．

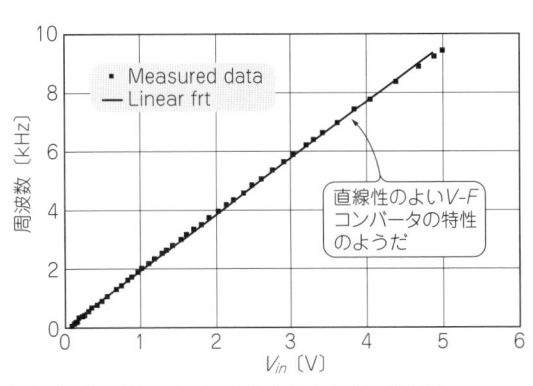

第8章 　想像して実現するPSoCの遊び方　　おもしろ

**図8-102** 　V-Fコンバータの特性（AN2161より）

左右の握り具合で「テルミン」のような感じで音階が出そうです．なお，三角波がP0[3]に出力しているので，ここにイヤホンを接続すると「三角波の音」が聞こえます．

この回路は，原典によると直線性の良い「V-Fコンバータ」です（**図8-102**）．「うそ発見器」に精度は必要ないので，この応用だけではもったいないですね．

## おもなポイント

- 「SCBLOCK」で積分回路を作る
- ヒステリシス・コンパレータを使う
- V-Fコンバータで電子工作ができた

## PSoCの活用例 No.19 おもしろ

## LEDキラキラッ

### 初登場！「PRS」とは

PSoCの特徴的なユーザ・モジュールの中に「PRS」があります．Pseudo Random Sequnce Generator（擬似乱数発生装置）の略称で，参考文献では，「擬似乱数発生－PWM」と呼んでいます．内容は高度で使いがいのあるユーザ・モジュールです．筆者は電子工作的に「乱数発生」の部分に興味が集中したので，LEDをキラキラッと光らせてみました（**写真8-26**～**写真8-28**）．

**写真8-26** 　LEDキラキラッを絞った状態

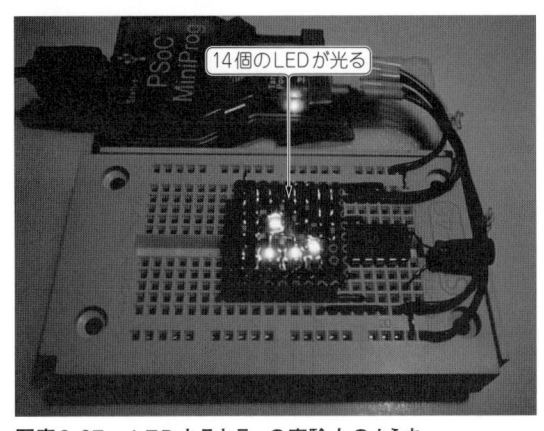

**写真8-27** 　LEDキラキラッの実験中のようす

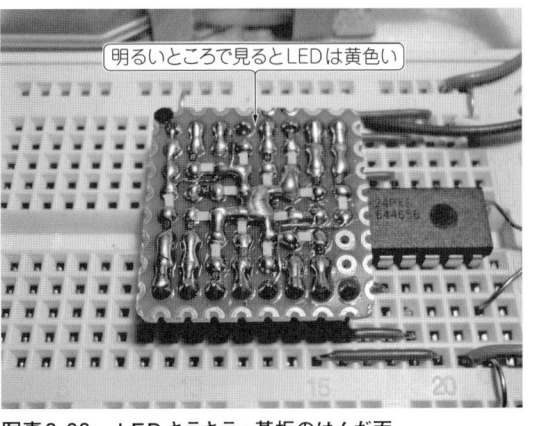

**写真8-28** 　LEDキラキラッ基板のはんだ面

## ● キラキラッの仕組み

PRSの内部構成には，ロジック回路の「シフト・レジスタ」が使われ，「暗号化」「符号化」に使われる方法が採用されています．すでに「ホワイト・ノイズ発生器」で使用したので，その発生した「乱数」をLEDに応用したらどんな光り方をするのか「直球」で駆動させてみました（図8-103）．工作のイメージとしては，「ダイヤ」がキラキラッと輝いている場面を想像し，できあがったものは実際そのとおりになりました．

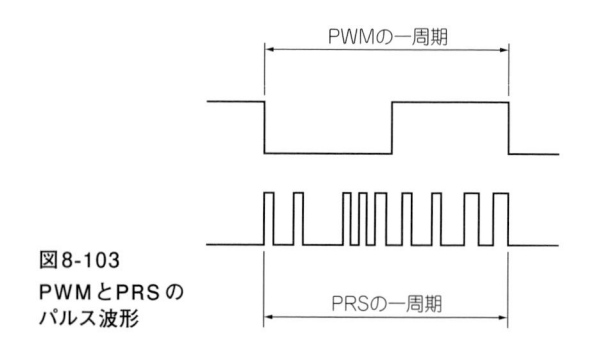

**図8-103**
PWMとPRSのパルス波形

## 🚀 LEDキラキラッの回路とデザイン

## ● ブロックの配置

14個の「PRS8」ユーザ・モジュールを配置し，それに対応するLEDを配線しました（図8-104）．「PRS8」の出力は短いパルスなので，LEDを「キラッ」と光らせるのにはうってつけです．しかし，実際に点灯させるとわかりますが，「PRS8」は8ビットの論理回路から発生される擬似乱数です．頭に「擬似」が付くように，8ビット分の256回で同じ繰り返しになります．

同時に14個動作させると，14個のLED全部が同時に点灯する時間が256回に1回あります．実際に目にするとかなり目立つので，スタート命令のAPI関数を記述するときに，プログラムのむだループで適当に時間差を付けました．

PWMと違い「PRS」の周期は2の累乗になるので，「キラキラッ」の度合いは，入力周波数をコントロールします．「Counter8」を一つ設け，366Hzを作って各「PRS8」に入力させています．「PRS8」は8ビット幅なので1/256になり，周期は366/256で1.43Hzとなります．各LEDは0.7秒周期の間で366Hzのパルス分解能でランダムな点灯をすることになります．少し難しい言い回しになりました．点灯時間は多くても数パルスな

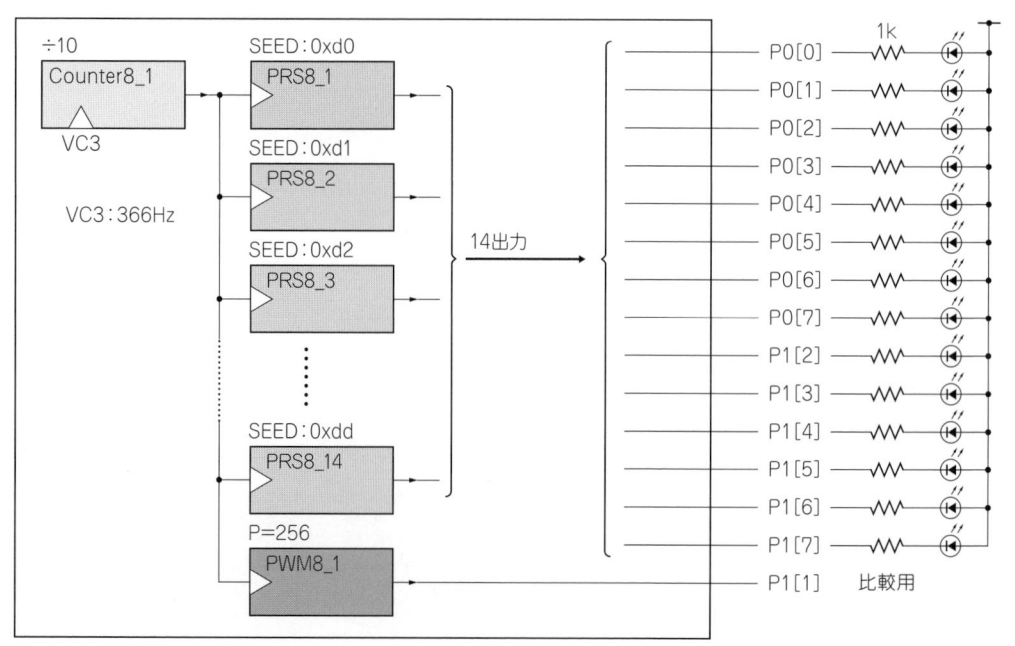

図8-104　LEDキラキラッのブロック図と回路図

リスト8-4　LEDキラキラッのプログラムの一部分

```
1    //------------------------
2    // LED16個　キラキラ
3    //------------------------
4
5    #include <m8c.h>                    // part specific constants and macros
6    #include "PSoCAPI.h"                // PSoC API definitions for all User Modules
7
8    #define  DLYNUM   1000              // 各PRSの開始にディレイをかける:約50ms
9
10   void delay(long pause)
11   {
12       long i;
13       for (i=pause; i--; );
14   }
15
16   // 各PRSに違う値を設定する
17   // スタートが同時だと、一瞬全部消灯/点灯するのでスタートにディレイをいれてずらす
18   void main(void)
19   {
20       BYTE   seed;
21
22       seed = 0xd0;
23       Counter8_1_Start();
24       PWM8_1_Start();                 // 比較用PWM
25       PRS8_1_Start();                 // PRS8_1
26       PRS8_1_WritePolynomial(0xb8);
27       PRS8_1_WriteSeed(seed);         // PWMの比較値に相当する値
28       delay(DLYNUM);                  // ソフトウェア・ディレイ50ms
29       seed++;                         // seed値を1つずらす
30       PRS8_2_Start();                 // PRS8_2
31       PRS8_2_WritePolynomial(0xb8);
```

ので10ミリ秒以下の点灯時間でランダムに「キラキラッ」と光り，0.7秒で同じ繰り返しをするものが「ランダム」の度合いを変えて14個存在する，というものができました．

また，PWMの「Compare Value」に相当する「Seed」という値が同じだと，周期が同じになり「ランダム」感に欠けるので，0xd0を先頭に各「PRS8」は＋1ずつ増加して設定しました．

「擬似乱数」の正確な理論とはかけ離れた使い方ですが，見た目には各LEDが「キラキラッ」し

ています．ダイヤ型の樹脂のサンプルが存在したら，ぜひともかぶせてみたいものです．

● プログラムの説明

プログラムで制御する部分はありませんが，各「PRS8」ユーザ・モジュールを時間差をおいてスタートするために，ループを入れてありますが，メイン・ループで処理するものは何もありません．リスト8-4はプログラムの一部です．各「PRS8」を少しずつ遅らせてスタートする記述が延々と続き，終了します．

# 3RD AREA

LEDキラキラッ・ブレッドボード用に基板を切断した

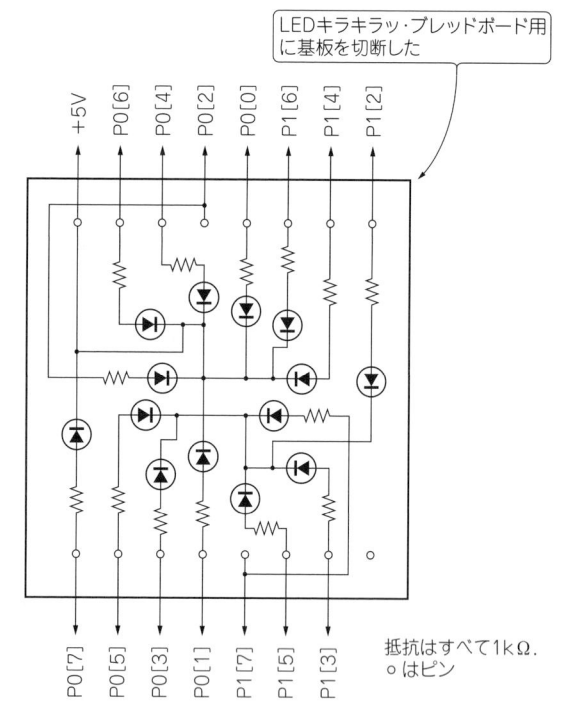

抵抗はすべて1kΩ.
○はピン

**図8-105** LEDキラキラッの基板の配線

● 工作

　ブレッドボード上に実装する基板を製作しました．白色チップLEDとチップ抵抗をユニバーサル基板のパターン面に実装しました．P0ポートとP2ポートに出せれば連続したピン配置でよいのですが，GOO，GOEの配線からP0とP2ポートへ同時に出すことができません．そこで，P1［2］～［7］はいったんP2ポートに出してからブレッドボード上にジャンパ配線して，P1ポートへ接続しました．P2ポートは今回使用しておらず，入力にしてあるので，この使い方ができました（図8-105）．

## おもなポイント

- 「PRS」ユーザ・モジュールは，LEDを「キラッ」と点灯させるのに適している
- 「擬似」乱数どうしは，スタートをずらすことで見た目には「ランダム」に見える

## PSoCの活用例 No.20 おもしろ

### 16個LEDオブジェ

### ゆっくり光が回る

　CY8C29466には16個ものディジタル・ブロック・アレイがあります．全部使う機会はあまりないので，カウンタのユーザ・モジュールを16個配置したものを作ってみました（写真8-29）．構成はシンプルで，アプリケーションとしては短時間でできます．工作として「オブジェ」にまとめました．
　「Counter8」はディジタル・ブロック・アレイの中でも筆者は一番よく使うユーザ・モジュールです．PWM出力が簡単に出せるので，16個の

**写真8-29** 16個LEDオブジェが光っているようす．光が回りながら光っているように見える

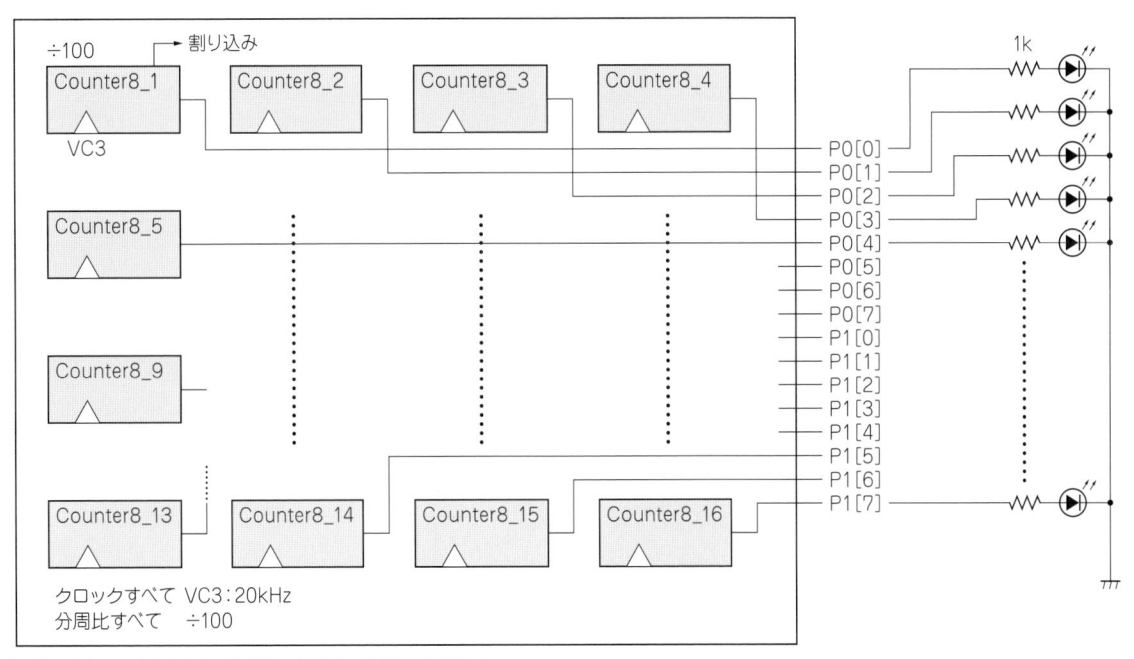

図8-106　16個LEDオブジェのブロック図と回路図

LEDの光量を個別に制御しました．この程度なら汎用マイコンでソフトウェアでも可能ですが，「直感」的に思いついたものがすぐに実現できるところが，PSoCは便利です．

## 16個LEDオブジェの回路とデザイン

16個のCounter8ユーザ・モジュールからGOO，GOEに出力させ，そのままポートP0[0]〜P0[7]，P1[0]〜P1[7]へ接続したLEDを駆動します（図8-106）．全部のCounter8は同じ設定で周期は200Hz，「Period」は99です．したがって0〜99までの光量が調節できます．また，Counter8_1は割り込みにも使っています．なお，アナログ・ブロックはまったく使っていません．PSoC Designerのキャプチャ画面を見ると一目瞭然です（図8-107）．あまりに簡単なので「全部いっぺんに設定できないの？」というぜいたくな悩みまで出てきました．

### ● 伸び縮みする光の仕組み

LEDに乳白色の樹脂パイプをかぶせました．光具合を調整すると，適度な反射と拡散で「光る棒」のような効果が出ました．光量を変化させる

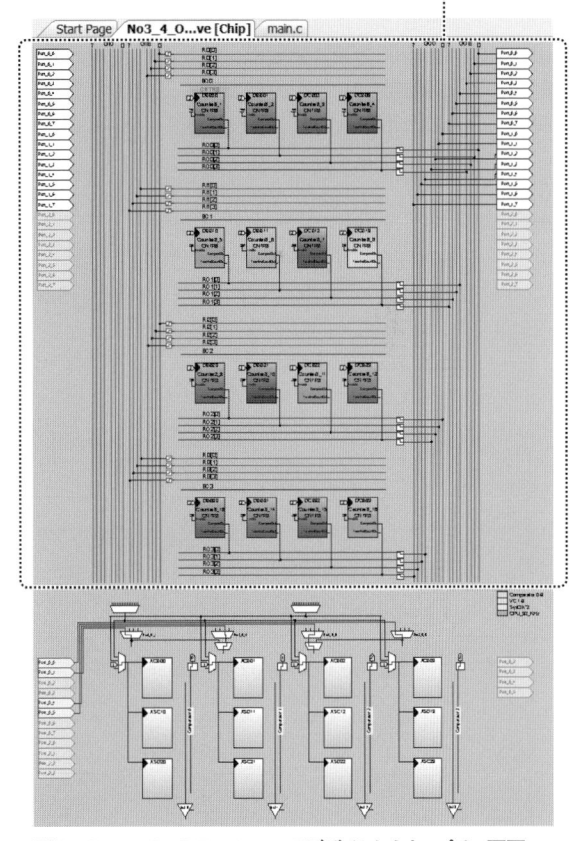

図8-107　PSoC Designerでデザインしたキャプチャ画面

と，まるで「棒」の光る長さが変わるように見えます．この「棒」をサークル状に並べ，波型に光

リスト8-5　16個LEDオブジェのメイン・プログラム

```
45    void main(void)
46    {
47        int i,ird;
48        BYTE    bval;
49
50        for(i=0;i<16;i++) ledbuf[i] = 0;
51        timec = 0;
52        ird = 0;
53        Counter8_1_Start();
54        Counter8_2_Start();
55        Counter8_3_Start();
56        Counter8_4_Start();
57        Counter8_5_Start();
58        Counter8_6_Start();
59        Counter8_7_Start();
60        Counter8_8_Start();
61        Counter8_9_Start();
62        Counter8_10_Start();
63        Counter8_11_Start();
64        Counter8_12_Start();
65        Counter8_13_Start();
66        Counter8_14_Start();
67        Counter8_15_Start();
68        Counter8_16_Start();
69
70        Counter8_1_EnableInt();      // 16個のうちCounter8_1だけ割り込みさせる
71        M8C_EnableGInt;
72        fval3 = PI2*THETA/16.0;      // 16個LEDに相当するsin波形の遅れ分
73        for(;;) {
74        PRT2DR |= 0x2;
75            timec = 10;              // 0.02secステップでsin波形を計算
76            fval1 = (float)ird;      // time step 6sec/cycle
77            fval2 = fval1 *  THETA * PI2 / 120.0;   // sin(3θ)→sin(2*pai*(ird/120)*θ)
78            for(i=0;i<16;i++) {
79                bval = (BYTE)((sin(fval2)+1.0)*50.0);
80                ledbuf[i] = bval;
81                fval2 += fval3;      // 右隣のLEDの光量の数値
82            }
83            if(++ird>=120) ird=0;    // 時間分解能は120とした
84        PRT2DR &= ~0x2;
85            while(timec != 0);       // つぎの0.01秒待つ
86        }
87    }
```

を調整したものを時間的にグルグル回転させると，「ウェーブ」が回っているように見えます．「波」はプログラムでsin()関数を使って作成しました（リスト8-5）．図8-108のようにsin(3θ+x)を一周16個のLEDに割り当て，時間的にxをずらしてウェーブを移動させます．この程度の「波」

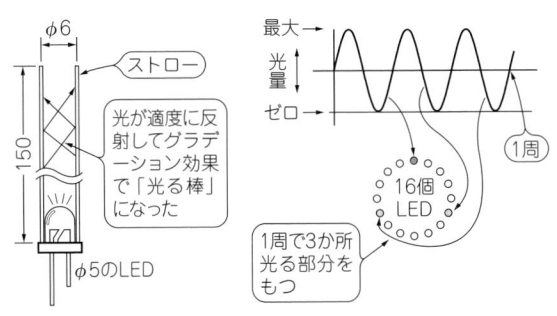

第8章　想像して実現するPSoCの遊び方　　おもしろ

(a) LEDオブジェ1本分の構造　　(b) sin3θとLEDの光量

**図8-108　光る棒の構造とウェーブの仕組み**

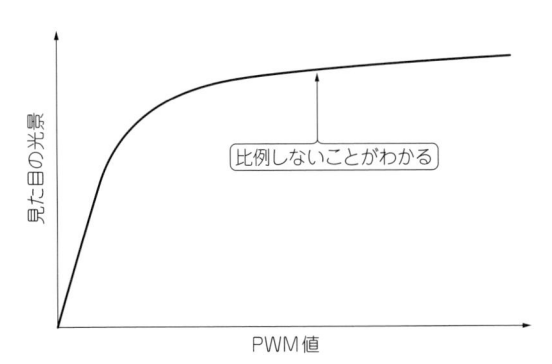

**図8-109　PWMの値と見た目の光量の関係**

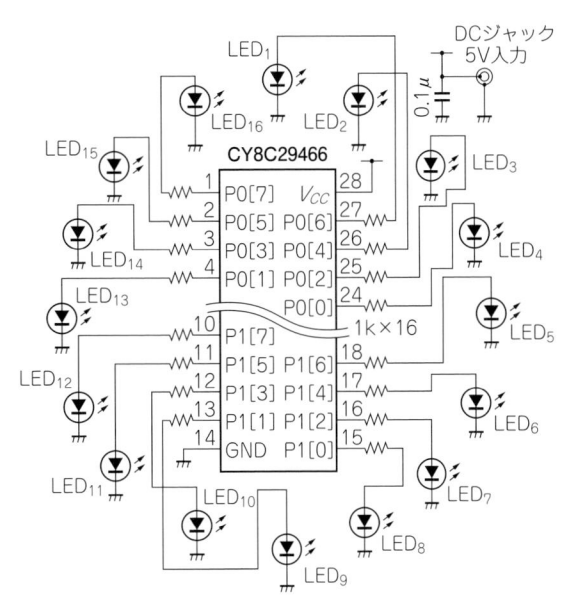

**図8-110　16個LEDオブジェの配線図**

にわざわざ算術計算させなくても，テーブル・データとしてもっておいて，それを順次参照するほうが速度的には有利ですが，PSoCで三角関数を使う機会もあまり「ない」と思われたので，使ってみました．

PWMの値とLEDの見た目の光量は比例しないようです（**図8-109**）．電流やLEDの特性にもよりますが，数値が小さいと光量の差が判別できますが，たとえば98と99ではまったく違いがわかりません．おそらく**図8-108**のカーブに近いと思われます．したがってできあがった「ウェーブ」もsin波というよりは太鼓橋のように見えます．工夫するとすれば，例えばsin3θ+1.0を2乗，3乗してみるなど，とんがった「波」に加工してみるのもおもしろいです．

● プログラムの説明

メイン・プログラムと割り込みを橋渡しするためのBYTE配列ledbuf[16]を確保して，ledbuf[0]→$LED_1$の光量，ledbuf[1]→$LED_2$の光量

…というような関係で値を格納します．

DIP型のピン配置と手配線の関係で，$LED_1$はP0[6]，$LED_2$はP0[4]…という接続です（**図8-110**）．割り込みの中で「Counter8」の番号と出力ポートを調整しています．

メイン・プログラムの中では，C言語の浮動小数点演算「MATH（マス）」ライブラリを組み込み，sin()関数を使いました．この演算は処理に時間がかかります．メイン・プログラムで0.02秒ごとに計算させて，なんとか間に合っているようです．

具体的な方法は，sin3θの結果は-1.0～1.0の間なので，これを0～100の光量の値にするため，1.0を足してから50倍して，整数に変換しました．算術関数を使ったので行数は少なくできました．演算部分より「Counter8」をスタートさせるAPI関数の羅列のほうが行数が多いです．

## おもなポイント

- ハードウェアPWMが16個出力できる
- PWMの値とLEDの発光量は比例しない
- 算術演算を光り方に応用する

## PSoCの活用例 No.21 巨大な雪の結晶

### どこよりも目立つイルミネーション

巨大な雪の結晶はオリジナル・クリスマス・イルミネーションとして自作したものです（**写真8-30**）．5年以上前に一度製作したものを「PSoC版」として復活させました．「工作」の要素が多い（**写真8-31**）作品ですが，多数のLEDを使うサンプルとして紹介します．

正六角形を基本とした「雪の結晶」をイメージしたもので，各頂点はさらに5個のセグメントに別れており，RGBフルカラーあるいは白色LEDが一つずつ装着されています．大きさは直径50cm弱，φ5mmの砲弾型LEDの頭を平らに削り，接着し，端面から光を入れるために，材質は5mmの透明アクリルです（**図8-111**）．表面にドリル・ビットで浅い溝（キズ）を入れることで端面から入れた光を面状に発光させるものです（**図8-112**）．これを窓の内側に配置すれば，外から光る結晶として見えるというものです．

● お蔵入りの理由

合計24個のRGBフルカラーLEDと，6個の白色LEDを駆動させるため，当時の回路は頂点に一つ

**写真8-30** 巨大な雪の結晶が光っているようす

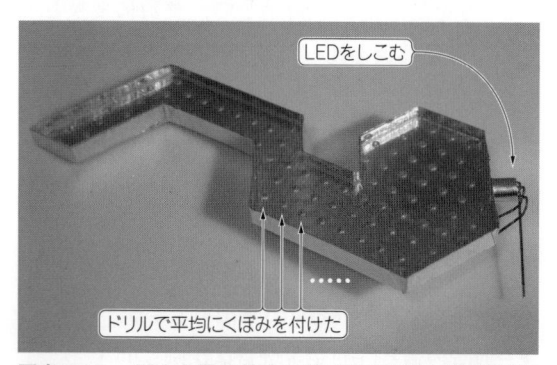

**写真8-31** 巨大な雪の結晶のパーツ．ドリルで均等にくぼみをつけた

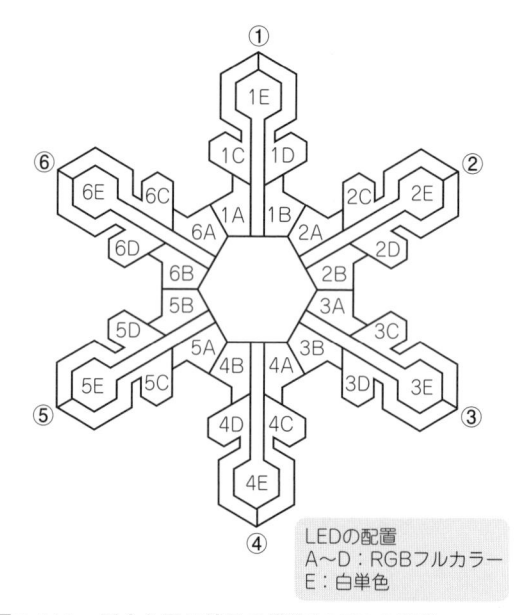

**図8-111** 巨大な雪の結晶の構造とLEDの配置
LEDの配置
A〜D：RGBフルカラー
E：白単色

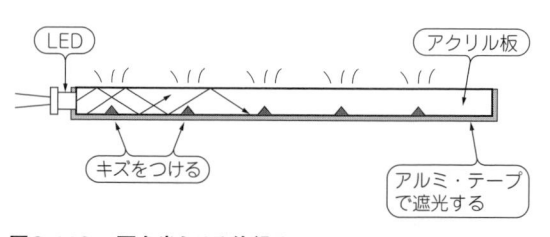

**図8-112** 面を光らせる仕組み

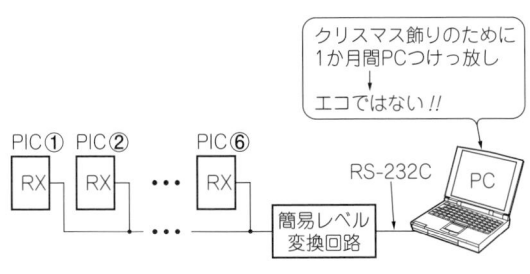

第8章　想像して実現するPSoCの遊び方　　おもしろ

**図8-113　5年前当時のPICマイコンで作った巨大な雪の結晶の構成**

ずつ18ピン・マイコンを取り付け，6個のマイコンを非同期シリアル通信でつなげ，光るパターンをパソコンから指令させていました．一つだけ白色LEDなのは，当時使ったマイコンではピンが足りなかったからです．構成が大げさなうえ，パソコンを駆動させ続けなければならず，その年だけで「お蔵入り」しました（図8-113，写真8-32）．

● 1個のPSoCでLED78個を制御

　RGBフルカラーLEDは3個のLEDで構成されています．したがって全部で78個のLEDの制御が必要です．

　数値表示器（7セグメントLED）にも使う，ダイナミック点灯方式を採用しました．人間の目には追いつかない速度で時間分割し，順次点灯させる方式です．さらに発展させて，16段階に明るさを変更できるダイナミック接続＆ソフトウェアPWM方式と命名しました（図8-114）．

## 巨大な雪の結晶の回路とデザイン

　CPUとI/Oだけのアプリケーションですが，点灯するタイミング作成に「Counter8」ユーザ・モ

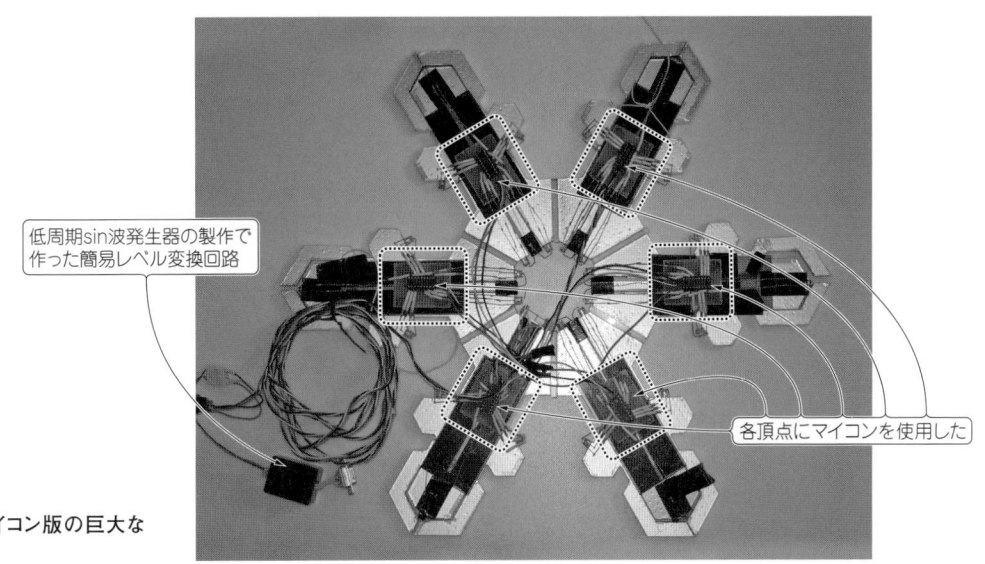

**写真8-32　初期型PICマイコン版の巨大な雪の結晶**

（a）ダイナミック点灯の各LEDの持ち時間
（b）ソフトウェアによるPWM

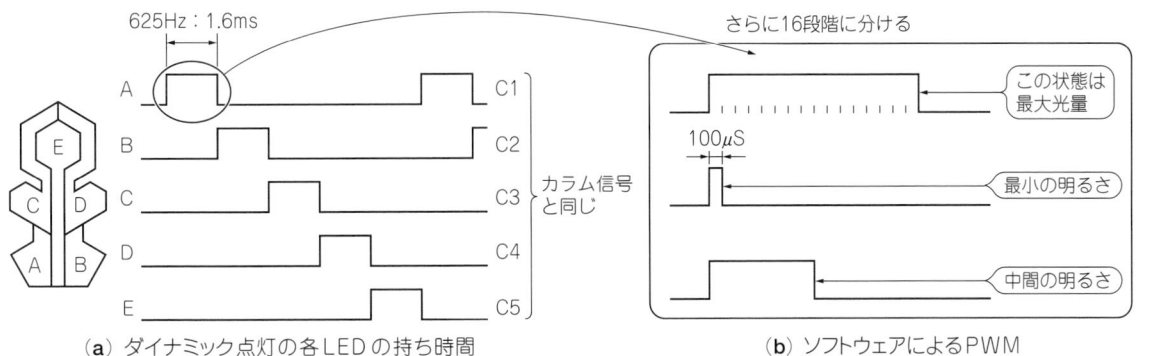

**図8-114　ダイナミック点灯方式の解説**

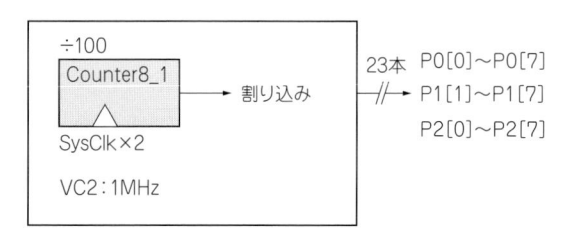

図8-115 巨大な雪の結晶のブロック図

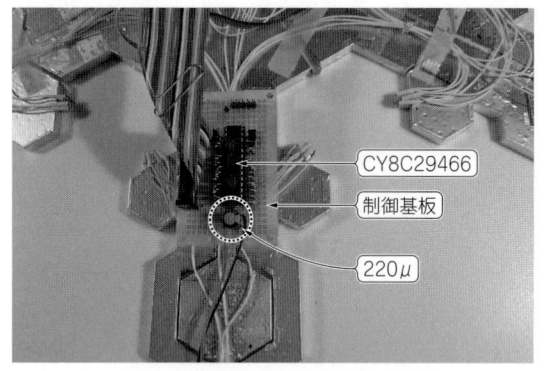

写真8-33 PSoC版の巨大な雪の結晶の配線

ジュールを一つ配置し，10kHzで割り込みをかけています（図8-115）．

R（赤），G（緑），B（青）の光量のバランスは電流制限抵抗の値で調節しており，個々のLEDのバラつきには対応していません．また，使用したRGBフルカラーLEDがカソード・コモン（マイナス側がつながっている）タイプのため，ポートから電流を流す「ソース」接続になりました．この接続の最大定格値は25mAです．実測したら最大値に近い電流で使用していることがわかりました．また，PSoCのポートは奇数/偶数ポート（ICの左右別）の4本の合計が80mA以下という制限もあるので，安定した「製作物」として大量に作るなら抵抗はもう少し大きくしたほうがよいでしょう（図8-116，写真8-33）．

● プログラムの説明

各LEDの明るさは配列としてメモリ上に格納します（リスト8-6）．16段階はデータとしては4ビットですがメモリ上では8ビット（1バイト）使っています．以下のように宣言しています．

BYTE pat[5][6][3];

// 5セグメント，6頂点，3カラー(G, B, R)の9ビット

例えばpat[0][3][1]であれば，4番目の頂点

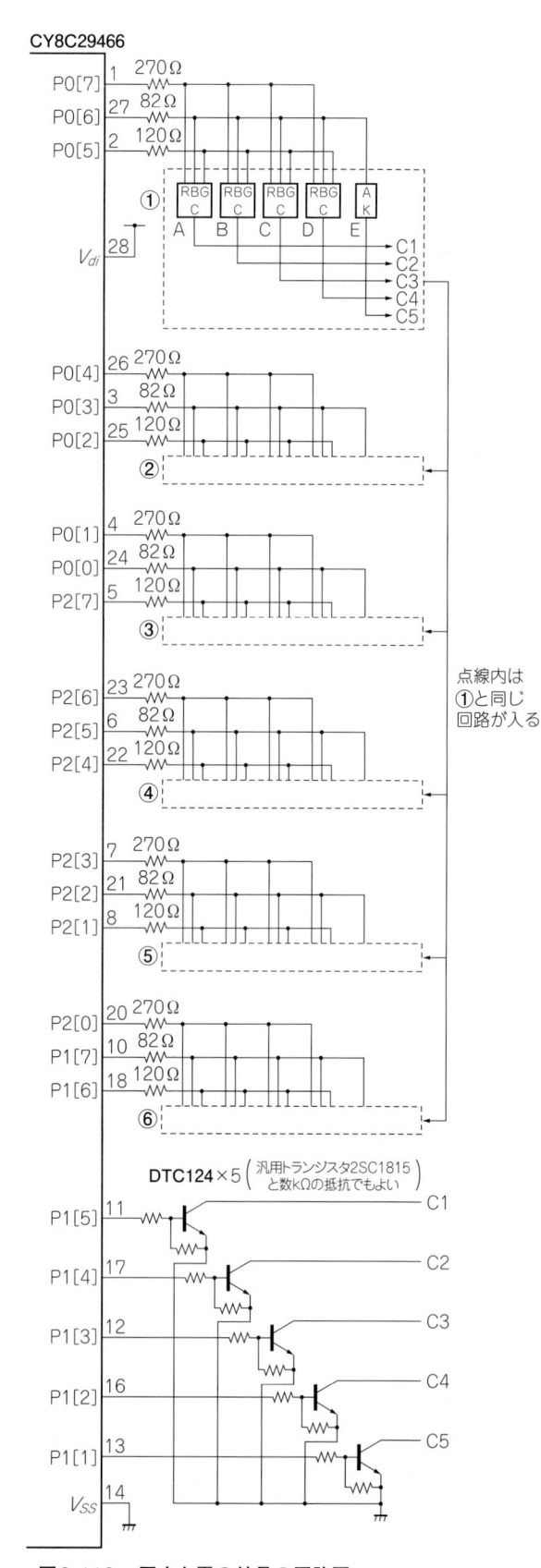

図8-116 巨大な雪の結晶の回路図

リスト8-6　巨大結晶の割り込みプログラムの一部

```
        ⋮
void  Counter8_1_Int(void)
{
    static   BYTE   p0r,p1r,p2r,cnt100ms;

    PRT1DR = 0x1;                   // パターンを消す、モニタ兼用
    PRT0DR = 0;
    PRT2DR = 0;
    if(dflag==1) {
        PRT0DR = p0r;
        PRT2DR = p2r;
        PRT1DR = p1r;
    } else {
        PRT0DR = PRT1DR = PRT2DR = 0;
    }
    scanc = ++scanc & 0xf;          // 16階調
    p0r = p2r = 0;
    p1r = 1;
    if(scanc == 0) {                // 625Hzで3ビットセグメント操作
        if(++dispcnt>=5) dispcnt = 0;
    }
    switch (dispcnt) {
        case 0 :
            p1r = 0x20;             // スキャンパターンセット
            if(led.pat[0][0][0]>scanc) p0r |= 0x80;    // R
            if(led.pat[0][0][1]>scanc) p0r |= 0x40;    // B
            if(led.pat[0][0][2]>scanc) p0r |= 0x20;    // G
            if(led.pat[0][1][0]>scanc) p0r |= 0x10;
            if(led.pat[0][1][1]>scanc) p0r |= 0x08;
            if(led.pat[0][1][2]>scanc) p0r |= 0x04;
            if(led.pat[0][2][0]>scanc) p0r |= 0x02;
            if(led.pat[0][2][1]>scanc) p0r |= 0x01;
            if(led.pat[0][2][2]>scanc) p2r |= 0x80;
            if(led.pat[0][3][0]>scanc) p2r |= 0x40;
            if(led.pat[0][3][1]>scanc) p2r |= 0x20;
            if(led.pat[0][3][2]>scanc) p2r |= 0x10;
            if(led.pat[0][4][0]>scanc) p2r |= 0x08;
            if(led.pat[0][4][1]>scanc) p2r |= 0x04;
            if(led.pat[0][4][2]>scanc) p2r |= 0x02;
            if(led.pat[0][5][0]>scanc) p2r |= 0x01;
            if(led.pat[0][5][1]>scanc) p1r |= 0x80;
            if(led.pat[0][5][2]>scanc) p1r |= 0x40;
            break;
        ⋮
```

割り込みをポートにセットしている割り込みの先頭部分で表示パターン

最初にカラム信号をOFFにする

一つ前の割り込みで作成された表示パターンをセットしカラムを出力

夜22時～翌日17時は消灯

各頂点の5個のLEDの光量データと16段階のカウンタ(scanc)と比較してポート・データをセット．Case0から4まで絶対位置(絶対番地)で演算

この記述が延々と続く

のAセグメントの青色LEDの数値となり，ここに15を入れれば最大光量，0で消灯となります．

メイン・ループで各セグメントの光り方を計算して配列に格納し，「Counter8_1」割り込みの中で高速で各LEDを順次点灯させています．具体的には「青」～「白」～「ピンク（紫）」の順で気がつかないほどゆっくりとした変化をさせることにしました．RGBフルカラーLEDはバラつきが多く，同じ色を出そうとしても微妙に違います．結果的にイルミネーションとしては色がバラけて，良い効果が出ました．

そのほか，セグメント「E」に配置した白色LEDは，夜空の星をイメージした「$1/f$の揺らぎ」にしました．過去の筆者の作品で得意に使っていたものです［『エレキジャック』No.11参照（CQ出版社）］．

「$1/f$の揺らぎ」の計算式は，0～1.0を取る数値Xにおいて

X<0.5の場合，X=X+2*X*X；

X>=0.5の場合，X=X-2*(1.0-X)*(1.0-X)；

で計算できます．16段階なのでX×16として「揺らぎ」を「光量」に変換し，「E」の場所の配列，

pat[4][N][1]（Nは頂点の位置）

に格納します．計算の時間間隔は100msとしました．

● 点灯させてみて

白色系のLEDは扱いに注意が必要でした．5年ぶりに出したとき作品は1/3ぐらいLEDが壊れていたので，以前購入したところとは別の電子部品ショップでLEDを買い，壊れていないLEDと混ぜました．発光量と色合いは差がありますが，よい効果になっています．

このイルミネーションは筆者の家の2階の窓に設置しました．数十Hzでダイナミック点灯させると，遠くから見たとき，視線を動かすとチラチラします．巨大な雪の結晶では，周波数を高く（625Hz）したため，視線を左右に動かしても「チラ」つきません．かなり遠方（100m以上離れたところ）から見ても大丈夫でした．また，表示を1/5にしても光量的に遜色はないものでした．

### おもなポイント

- 割り込みするとき配列へのアクセスは絶対位置（絶対番地）に対して1行ずつ行う

C言語ではループにしたいところですが，配列の添え字に変数を使うとそのぶんの演算が増え，10kHzでは間に合わなくなります．PSoCに限ったことではないですが，高速ではないCPUではよくあることです．

- LEDへの出力は割り込みの中で一番先頭で行うことで演算時間のバラつきで表示にムラができるのを防止した
- カラム（C1～5）を切り替える際，いったん消灯させてから表示パターンをセットすることでとなりのLEDへのにじみ（干渉）をなくした

なお，pat変数はユニオンとしてバイト配列で使えるようにしました．一気に全部消去するときに便利だから！

### PSoCの活用例 No.22 おもしろ

### ソーラー玄関灯

### 太陽電池を使った玄関灯

未曾有の大災害に見舞われたあと，わが近所（東京都下某所）も節電のため玄関灯を消したお宅が多く，夜になると街灯以外の光がなく真っ暗な町になりました．わが家の玄関灯は自動で強弱するため，白熱電球が使われておりエコではありません．本書をきっかけに，思い切って改造しました（**写真8-34**）．

第8章　想像して実現するPSoCの遊び方　　おもしろ

写真8-34　ソーラー玄関灯エコを意識して点灯中

### ● 白色LED点灯回路

参考文献の「内蔵昇圧回路SMPの実験と白色LEDドライバの製作」の回路を使いました．LEDは玄関灯を意識し，高輝度タイプを16個使いました．また入力電圧は太陽電池にし，その入力電圧をセンサ代わりに使い，夕方になると点灯する方式にしました．

### ● SMPとは

SMPとはスイッチ・モード・ポンプの略称で，低い電圧からPSoCの電源（3.3Vや5V）を作り出す機能です．PSoCにはSMP専用端子が出ています（8ピンのPSoCにはこの端子はない）．この玄関灯ではニッケル水素バッテリ1セルの1.2Vから3.3Vを作り出しています（図8-117）．コイル1が必要になります．また，PSoCを動作させる以外の電流を取り出すことはほとんどできないので，LEDは別の昇圧回路を使用します．昇圧回路は，LEDに接続した電流制限抵抗を電流検出（シャント抵抗）の役割りをさせ，目標値を超えると昇圧のための発振を止める動作をさせます．

### ● 太陽電池の特性

太陽電池は意外と扱いが難しい電池です．一般に小型の太陽電池モジュールでは「開放電圧」と「短絡電流」が表示されています．電流を取り出そうとすると電圧は低くなるため，効率が最大限まで上がるところで使用しますが，日照条件で変わります（図8-118）．使用した電池はパーツ・ショップで購入したもので，開放電圧が2V，短絡電流が100mAのものを2個並列にしました．

参考までに，晩夏9月の晴天時に1.2Vの電池に流れる充電電流は200mAありました．また，

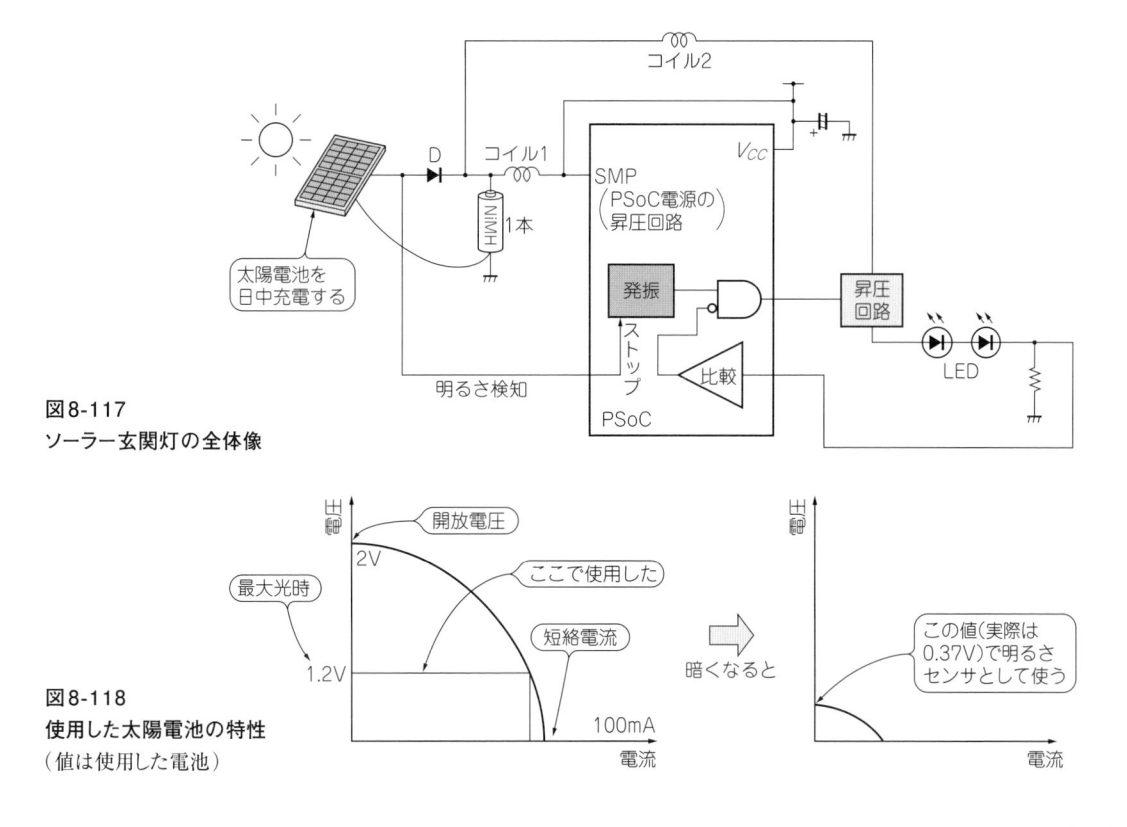

図8-117
ソーラー玄関灯の全体像

図8-118
使用した太陽電池の特性
（値は使用した電池）

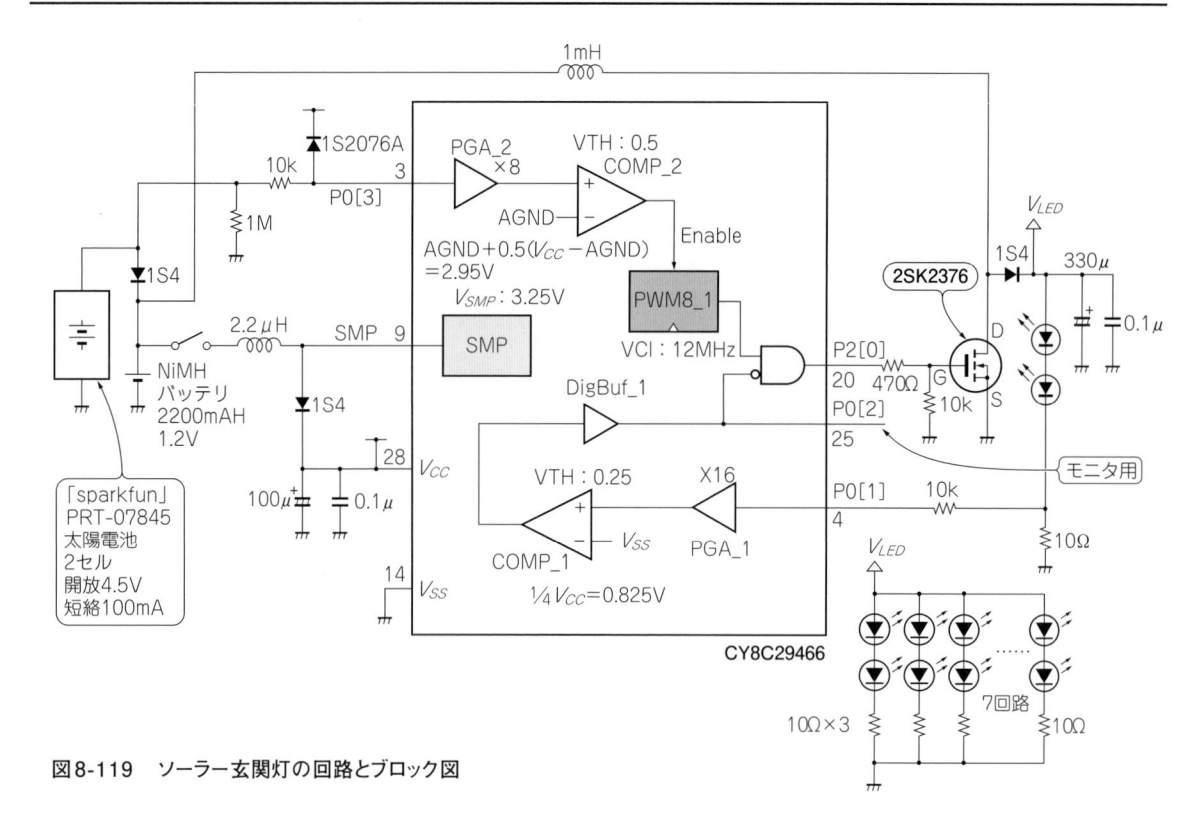

**図8-119** ソーラー玄関灯の回路とブロック図

暗くなれば開放電圧が低くなるので，約0.4Vで「夕方」として判定することにしました．この値は実際に薄暗くして決定した値です．

### ソーラー玄関灯の回路とデザイン

昇圧回路は参考文献とほぼ同じです．必要に応じて定数を変えてあります．また，太陽電池を明るさセンサとして使うための「PGA_2」とコンパレータ「COMP_2」を追加しました（**図8-119**）．ここの比較電圧はAGNDを基準にしたのでややこしくなってしまいました．VTHで割り合いを決めるのですが，基準が$V_{ss}$ならば，比較値＝$(V_{cc}-V_{ss})\times$VTHです．基準をAGNDにしてしまうと比較値＝AGND＋$(V_{cc}-$AGND$)\times$VTHとなります．計算値は**図8-119**のブロック図をご覧ください．PGA_2で8倍しているので，2.95V÷8＝0.37Vとなります．これを下回ると昇圧回路が動き出しLEDが点灯開始します．

LEDに流す電流はシャント抵抗10Ωでしきい値が51mVです．GND付近の微小電圧は誤差が出る可能性があり，精度が心配でしたが，実測約6mAで無事に動いているようです．LEDとしては少ない電流ですが全部で16個あり，玄関灯としてはまずまずの明るさです．

● プログラムの説明

SMPでPSoCをフル駆動させると電流を消費します．そのため，充電中はスリープさせることにしました（付録CD-ROM内のプログラムを参照）．ただ，その間もSMPは動かさなくてはならないので，工夫が必要でした．

太陽電池で検出した信号はP0［2］に出力してあります．メイン・ループ内でP0［2］を監視してスリープに入りますが，その前にアナログ・ブロックをすべて停止させておきます．1秒にセットしたスリープ・タイマで1秒ごとに起こされ，太陽電池のようすを調べ，状態が変化していなければまたスリープします．

なお，SMPとスリープを同時に使うときには，「OSC_CR0」というレジスタを操作しておく必要があります（プログラムの20行目，**リスト8-7**）．これを怠ると，スリープ時にSMPが一瞬落ちて

リスト8-7　「OSC_CR0」というレジスタを操作する（プログラムの20行目）

```
1    //---------------
2    // ソーラー玄関灯
3    //---------------
4
5    #include <m8c.h>           // part specific constants and macros
6    #include "PSoCAPI.h"       // PSoC API definitions for all User Modules
7    void main(void)
8    {
9      PGA_1_Start(PGA_1_LOWPOWER);
10     PGA_2_Start(PGA_2_LOWPOWER);
11     DigBuf_1_Start();
12     DigBuf_2_Start();
13     PWM8_1_Start();
14     COMP_1_Start(COMP_1_LOWPOWER);
15     COMP_2_Start(COMP_2_LOWPOWER);
16  // ACB00CR1 = 0x52;         // Compare with REFLO 1.3V
17
18     M8C_EnableGInt;           // スリープタイマのため
19     INT_MSK0 = INT_MSK0_SLEEP;        // スリープタイマ有効
20     OSC_CR0 |= 0x20;          // スリープ時にBandGapリファレンスを動作させる（SMPのため）
21                               // SMPとスリープを同時に使うためのおまじない
22     for(;;) {
23       PRT0DR |= 0x1;          // モニタ用
24       PRT0DR &= ~0x1;         // モニタ用
25       if((PRT0DR & 0x4)==0) {         // 太陽電池による充電中はPSoCをスリープ
26         PRT2DR &= ~0x1;       // P2[0]を0にしておく：コイル焼損防止のため
27         PRT2GS &= ~0x1;       // スリープ中のP2[0]をグローバル接続を切り離す→汎用ポートに変更
28         ARF_CR &= ~0x7;       // CT, SC, リファレンスoff
29         M8C_Sleep;            // スリープしてもスリープタイマによって1秒ごとに起こされる
30         ARF_CR |= 0x1;        // CT：on, SC：off, リファレンスlow
31         PRT2GS |= 0x1;        // スリープ終了でP2[0]を汎用ポート→グローバル接続にもどす
32       }
33     }
34  }
```

しまい，動作がおかしくなります．

● 雨の日の対策工作

　LEDは2個直列で，8列の合計16個使いました．本物の玄関灯を改造しました（**写真8-35**）．といっても電球ソケットから電球を外し，ガラス製のシェードに引っ掛けただけです（**写真8-36**）．ケースに格納してありますが雨が吹き込む環境ではないので厳密な対策はしていません．白色LEDの光を拡散させる乳白色のシェードは「ボトル・タ

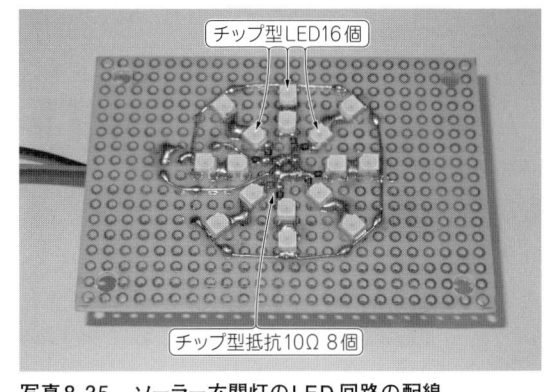

写真8-35　ソーラー玄関灯のLED回路の配線

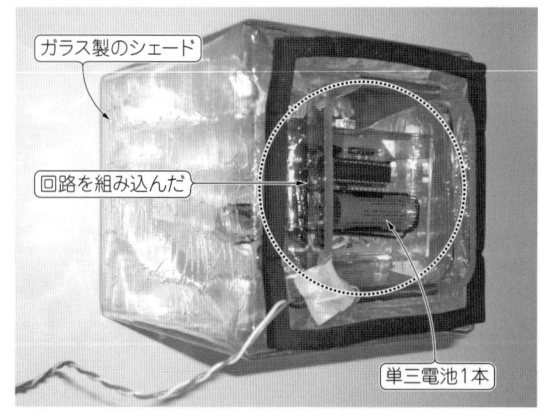

**写真8-36** ガラス製のシェードに組み込んで格納

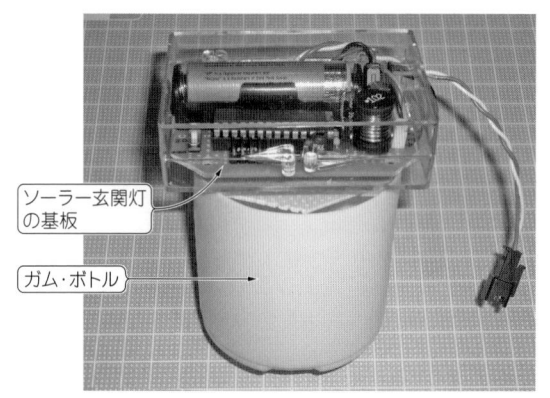

- ガラス製のシェード
- 回路を組み込んだ
- 単三電池1本

**写真8-37** ソーラー玄関灯基板とガム・ボトルを利用したシェード

- ソーラー玄関灯の基板
- ガム・ボトル

イプのガム」容器です（**写真8-37**）．直射日光を避ける場所なので劣化は少ないと考えています．

● エコな動作

はじめ，センサ代わりの太陽電池と玄関灯の距離が近く，自身の光が太陽電池に入り，消灯してはまた点灯するという「発振」が起こったため，太陽電池を数メートルだけ離しました．ここは「COMP_2」にヒステリシス・タイプを使うことである程度防げそうです．

点灯時間ですが，夏のカンカン照りでフル充電したとき，約6時間点灯していました．真冬の日照時間での点灯時間は晴天時が3時間以下です．低温がニッケル水素電池に影響していることも考えられます．また，曇りでは点灯しないこともあります．単純な充電回路でも実用になることがわかりました．電池1本では点灯時間が物足りないですが，わが家の活動時間は一応点灯してくれています．

## おもなポイント

- SMPとスリープの併用には「OSC_CR0」の操作が必要
- スリープ中もSMP動作すると実測で1.6mA消費していた

### PSoCの活用例 No.23 おもしろ

## PSoC玉ころがし

### 「動く玉」と「動かない玉」

3軸加速度センサを使っておもしろいものができないかと考えました．そこで，3軸の内の$X$軸，$Y$軸を使い，前後左右に動かしても元の空間位置に戻れば，LEDマトリクス表示器に光っている「玉」がある，というものを作りました（**写真8-38**）．

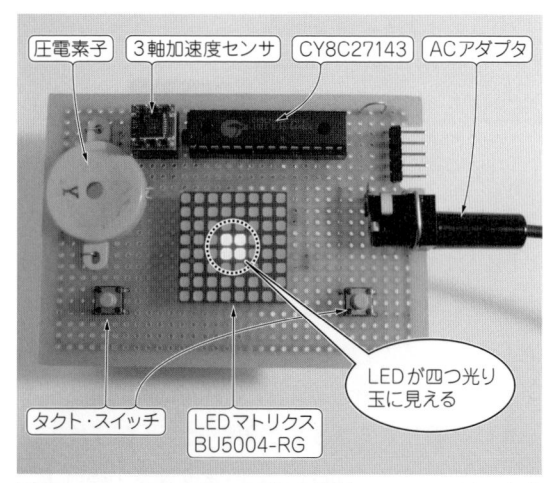

**写真8-38** PSoC玉ころがしの外観．LEDマトリクスを光らせつつ光に合わせて音が鳴る

- 圧電素子
- 3軸加速度センサ
- CY8C27143
- ACアダプタ
- タクト・スイッチ
- LEDマトリクス BU5004-RG
- LEDが四つ光り玉に見える

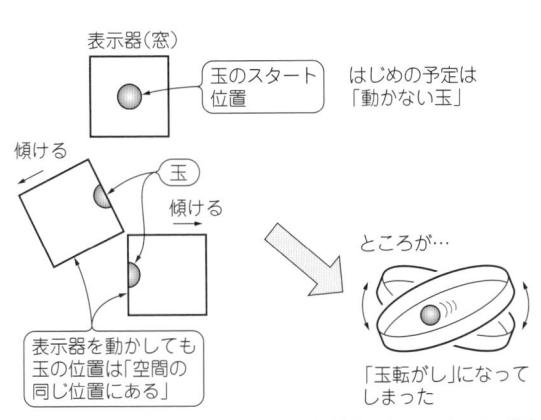

図8-120　もともと作りたかった動作「動かない玉」から,「動く玉」に変更した

る」,いかにも「玉が動かないでその場所に存在する」というものをもくろんでいました．

ところが，実際に組んでみると，この加速度センサは加速度はもちろん，3軸の傾きにも敏感に反応します．作ってみると，お盆に乗せたビー玉を転がしているような感覚になりました．そこで「動かない玉」から，「動く玉」にテーマを変えてしまいました（図8-120）．

## 玉ころがしの回路とデザイン

### ● 加速度センサ

加速度センサは3軸（$Z$：上下，$Y$：左右，$X$：前後）の加速度（動きの変化率）を測定するセンサです．秋月電子通商で購入した3軸加速度センサ・モジュール「KXM52-1050」を使いました．ゆっくりした動きにもある程度対応します．ただ，オフセットが少しずつ動くので，絶対位置の測定には不向きです．

### ● 動作の表示テーマ

動作は当初，LEDマトリクス表示器の中央を四つ光らせた「玉」を基板ごと手に持って動かし，表示させた元の位置に戻せば「玉」も真ん中に「戻

### ● DUALADCユーザ・モジュールを使う

3軸加速度センサの反応は3000Hzにも及びます．手の震えまで敏感に反応するのは抑えたいので，LPF2で2.5Hzまで落としました．そのあとでA-D変換します．今まで採っていた方法の「AMUXで切り替えてADCINCで変換」は使わず，2チャネルのA-D変換を同時に行う「DUALADC」ユーザ・モジュールを使用しました（図8-121）．

加速度センサはモジュール化されたものが販売されており，DIPソケットにさして使用しました．LEDマトリクス表示器は8個×8個＝64個の赤/緑の2色に発光しますが，今回は赤しか使用していません．1/8で時分割表示（ダイナミック点灯）

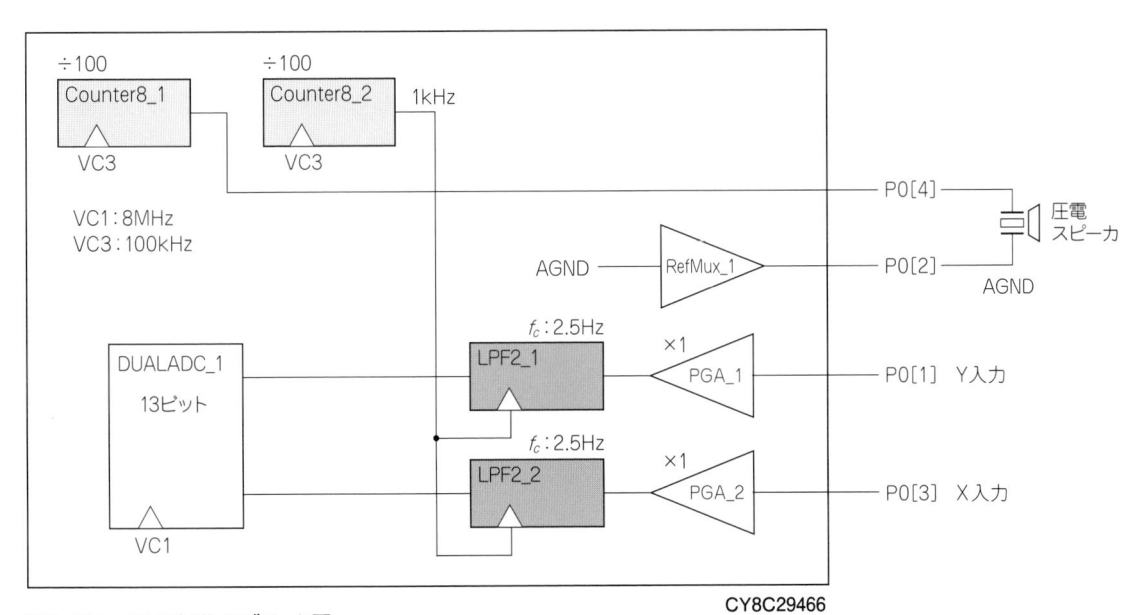

図8-121　玉ころがしのブロック図

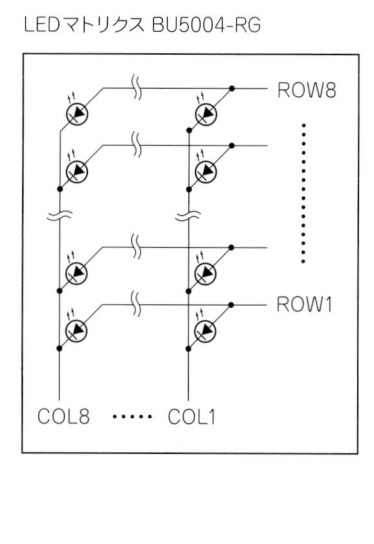

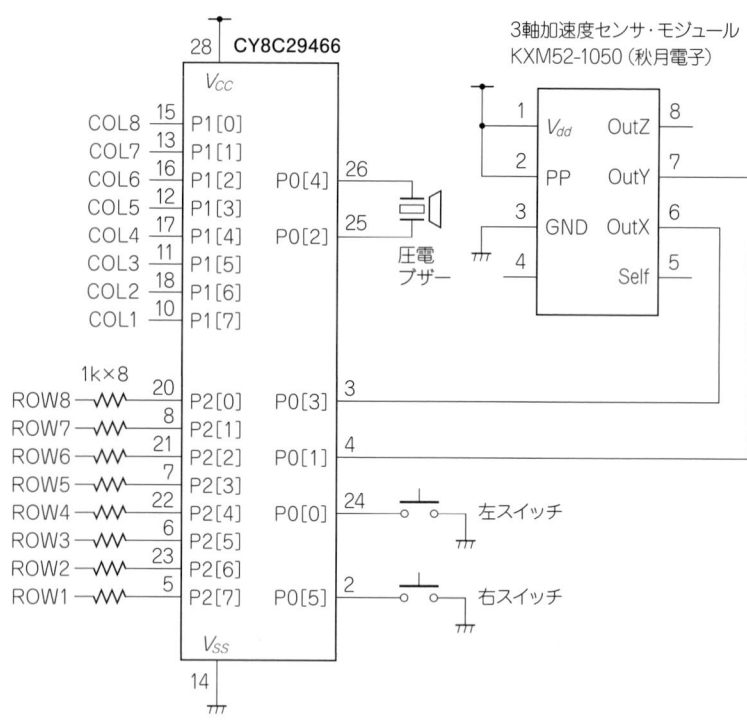

**図8-122 玉ころがしの回路図**

です．各カソードに1kΩの抵抗を入れてあります．単純計算で一列につき3.5mAです．「玉」の表示は二列だけなのでこの電流で大丈夫ですが，全列点灯させると定格の25mAを超えることもあるので注意してください（**図8-122**）．

## 玉ころがしのプログラムの説明

### ● 玉の座標計算

A-D変換後の処理は全部プログラムで行います．LEDマトリクスの描画は「Counter8_2」割り込みの1kHzで，「玉」の座標計算はメイン・ループの中で「DUALADC」の変換タイミングで行っています．

「DUALADC」はユーザ・モジュール内の積分動作のほかに，裏で走る（バック・グラウンド）でプログラム計算しています．データシートによると，プログラム時間(CalcTime)は，

260*DataClock/CPU_Clock >=

260*8MHz/24MHz = 87uS

サンプル・レートは，

データ・クロック/(2^(bit+2)+CalcTime)

= 8MHz/(2^15+87uS) = 244sps

で行っています．

「Counter8_2」でも割り込みを使用しているので，サンプル・レートはもう少し落ちるはずですが，この「DUALADC」の約200サイクル/秒を基準としてメイン・プログラムをまわしています．ここで，「DUALADC」で読み取った$X$軸，$Y$軸の信号を傾きとして移動距離を計算し，座標に加算します．具体的には読み取り値を1/2000した値を足しています．

なお，表示範囲は8個×8個のLEDですが，空間は12個×12個とってあり移動範囲も同じにしたため，「玉」が見えなくなっても反対に傾けるとすぐに戻ってきます．12個×12個が四角い「お盆」に相当します．

また，圧電ブザーからは端にいくほど「カリカリ」音がするようにしました．

### ●「DUALADC」と「ADCINC」

「DUALADC」のデータ取得は，「ADCINC」と変わりありませんが，2番目のデータを読み込

## リスト8-8 「DUALADC」の値の読み方

```
118  if(DUALADC_1_fIsDataAvailable()!=0) {        // 変換フラグチェック
119    lval2 = DUALADC_1_iGetData1();              // y座標読み取り
120    lval1 = DUALADC_1_iGetData2ClearFlag();     // x座標読み取り & フラグクリア
```

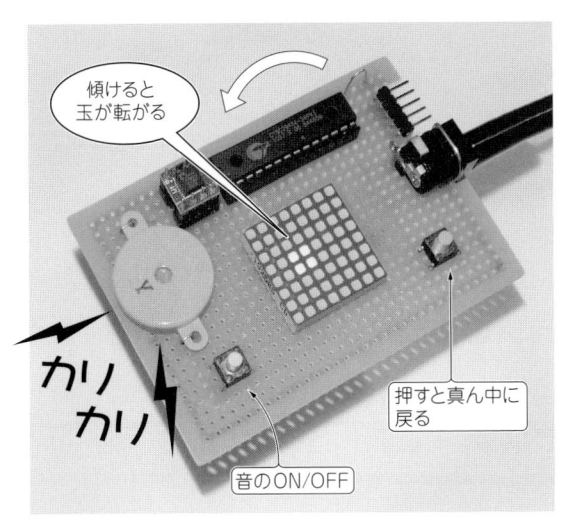

写真8-39 傾けると玉が転がっていく

んだあとに，フラグをクリアします．なお，読み取り＆フラグ・クリアを行う関数は「ADCINC」では，

　ADCINC_1_iClearFlagGetData()

でしたが，「DUALADC」では，

　DUALADC_1_iGetData2ClearFlag()

と語彙が逆になっています．ユーザ・モジュール作成者が違うのが原因でしょうか？ 使い方は同じなので，エラーが出てもあわてないようにしましょう（リスト8-8）．

### 動作させてみる

玉が端っこに行くほどカリカリ音がします．玉がどこかにいっても，右スイッチを押すと真ん中に表示されます．もし基板をまったく傾けないことができたら，初め予定していた「動かない玉」の動作も体験できます．また，手の震えは極力抑えるつもりで「LPF2」を入れましたが，片手で操作しようとすると力めば力むほど傾き方向で震えることもあり，「手の震え検査器」としても使えそうです（写真8-39）．

### おもなポイント

- 加速度センサは傾き測定にも使用できる
- 「DUALADC」ユーザ・モジュールを使ってみた
- LEDマトリクスはトランジスタで補強しなくても1kΩの抵抗だけで表示できた

## PSoCの活用例 No.24 DTMFリモコン・カー

### ピ・ポ・パで操作するリモコン・カー

● DTMFとは？

「DTMF」という信号を使って，信号を送信するリモコンと受信するカーを作りました（写真8-40）．

DTMFは（Dual-Tone Multi-Frequency）の略称です（トーン信号，ダイヤル・トーン，プッシュ信号とも呼ばれる）．2種類の音波を合成した音です．公衆電話や電話機のプッシュ・スイッチを押すと鳴る「ピ・ポ・パ」でおなじみの音です．たとえば，プッシュホンの「1」を押したときの「ピ」という音は，697Hzと1209Hzのsin波の合成音

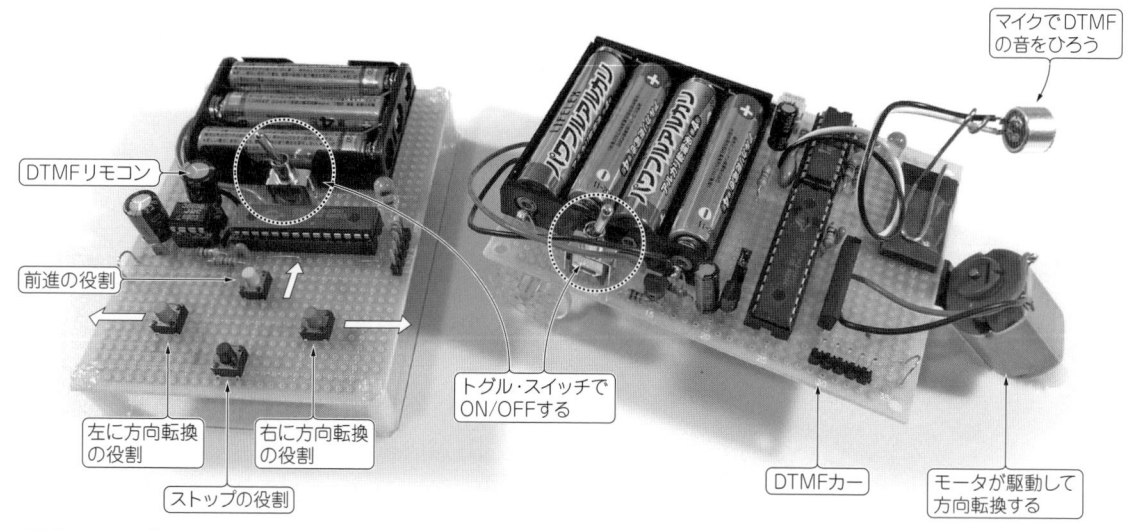

**写真8-40** 「DTMFDialer」ユーザ・モジュールを使って動作するDTMFリモコン・カー

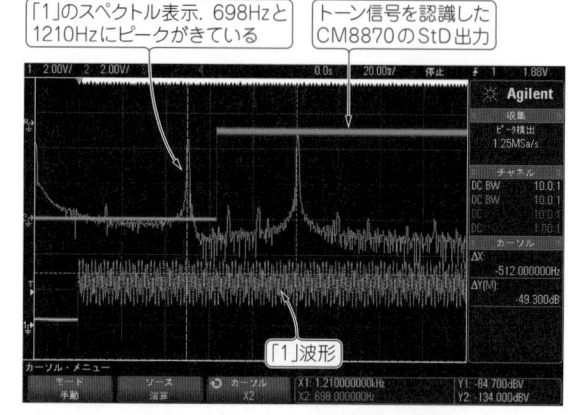

**図8-123** プッシュ・スイッチと出力周波数の関係．スイッチ「1」の波形

**表8-4 送信側DTMFのコード**

| $fr/fc$ | 1209Hz | 1336Hz | 1477Hz | 1633Hz |
|---|---|---|---|---|
| 697Hz | 1 | 2 | 3 | Aa |
| 770Hz | 4 | 5 | 6 | Ba |
| 852Hz | 7 | 8 | 9 | Cc |
| 941Hz | * | 0 | # | Dd |

です（**図8-123**，**表8-4**）．

　本機は発振（送信）側で2種類の音波を作って合成するだけですが，受信側では，音を2種類に分別してから判別する処理が必要となり，技術的な比率は受信側が大部分を占めます．スマートホンのアプリケーションでもこの音で電話をかけるものが存在するようです．

　PSoCでは「DTMFDialer_1」（ディー・ティー・エム・エフ・ダイヤラ）という発信モジュールがあるので，簡単に構成できます．受信に関しては，アプリケーション・ノートに方法が存在しており，プログラムで駆使したもので結構複雑です．本書の趣旨では追いつかない高いレベルなので紹介するだけにとどめ，専用ICを使って対応しました．

## 🚀 送受信を考える

　DTMFはすでに確立されている技術で，送信側と受信側を有線でつなげると，安定してうまく動作します．今回の「DTMFリモコン・カー」は，スピーカで鳴らした音を，マイクで拾ってリモート・コントロールができるか？ の実験工作の意味もあります．

　理屈ではうまくいくはずですが，スピーカとマイクの周波数特性や，発振素子の周波数精度の要素がからみ，なかなかディープな工作となりました．

● ピ・ポ・パの送信回路

　「DTMF Dialer」ユーザ・モジュールを配置するだけで「ピ・ホ・パ」音を使うことができます．基本機能は，発音時間と休止時間を決め，連続し

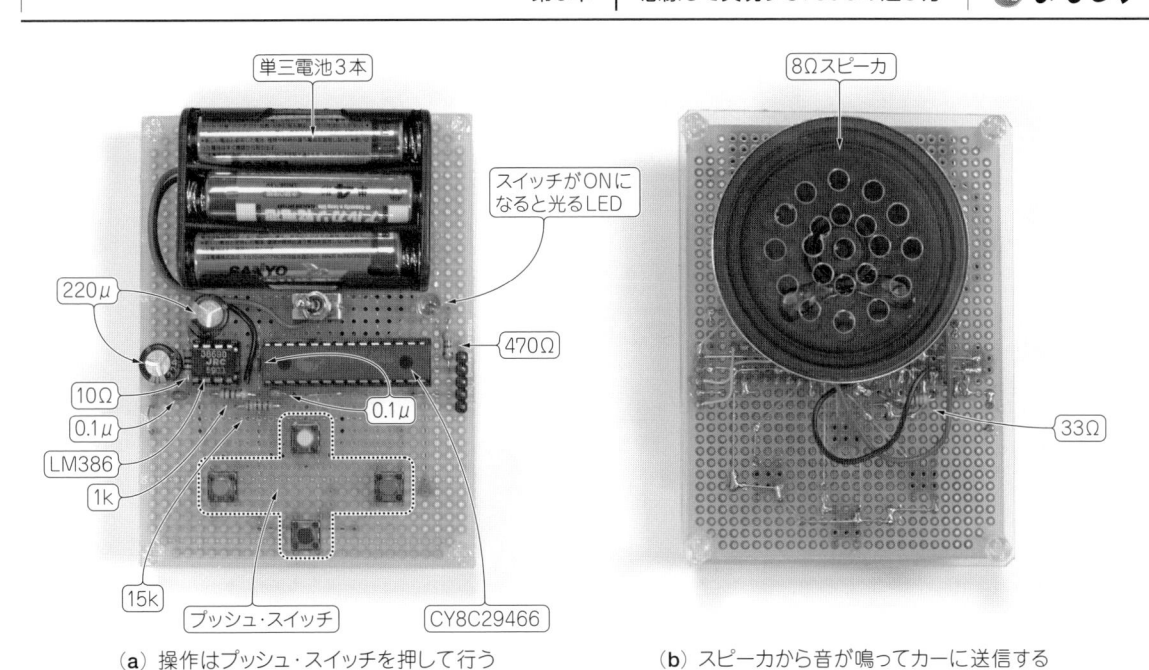

第8章 | 想像して実現するPSoCの遊び方 | おもしろ

（a）操作はプッシュ・スイッチを押して行う　　（b）スピーカから音が鳴ってカーに送信する

**写真8-41　リモコンは送信側**
プッシュ・スイッチを押して信号を送信する．裏にはスピーカが備えてある

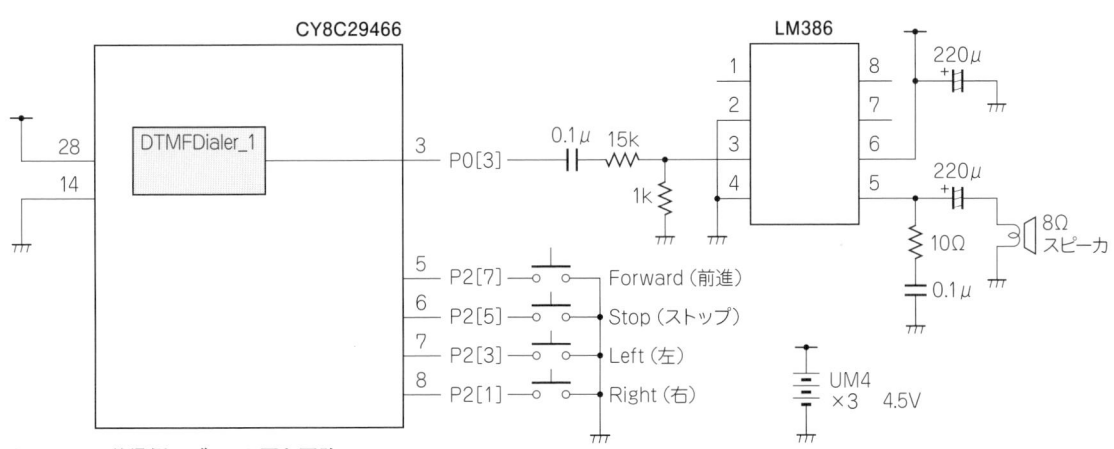

**図8-124　送信側のブロック図と回路**

て発音します．例えば，電話番号に相当する文字列（例えば「34567」など）を与えると，連続して発音します．

カーの「前進」「停止」の動作は，リモコン（**写真8-41**）から一定時間（1秒くらい）信号を送信すればOKです．しかし，方向舵（カーの前方に付いているモータ）は一定時間だけの操作では思いどおりに右に進行させたり，左に進行させたりできない場合もあるので，鳴らす時間は設定値の最大値（65.53秒）に近い50秒とし，止めるときには「DTMF Dialer」ユーザ・モジュールを止め

ることにしました（**図8-124**）．神経を使うところは発振周波数です．電源5Vでは公称周波数偏差は約2.5パーセントあります．

● 受信回路

ここは専用ICの出番です．PSoCに慣れた方は，付録CD-ROM内のアプリケーション・ノート「AN2247」や「AN2122」を参考にして受信回路の作成にチャレンジするのもよいでしょう．有線の回路が書いてあり，有線ならうまくいく確率は高いです．使用したICはDTMFレシーバ「CM8870PI」（秋月電子通商で購入）です．適切な入力を入れれ

# 3RD AREA

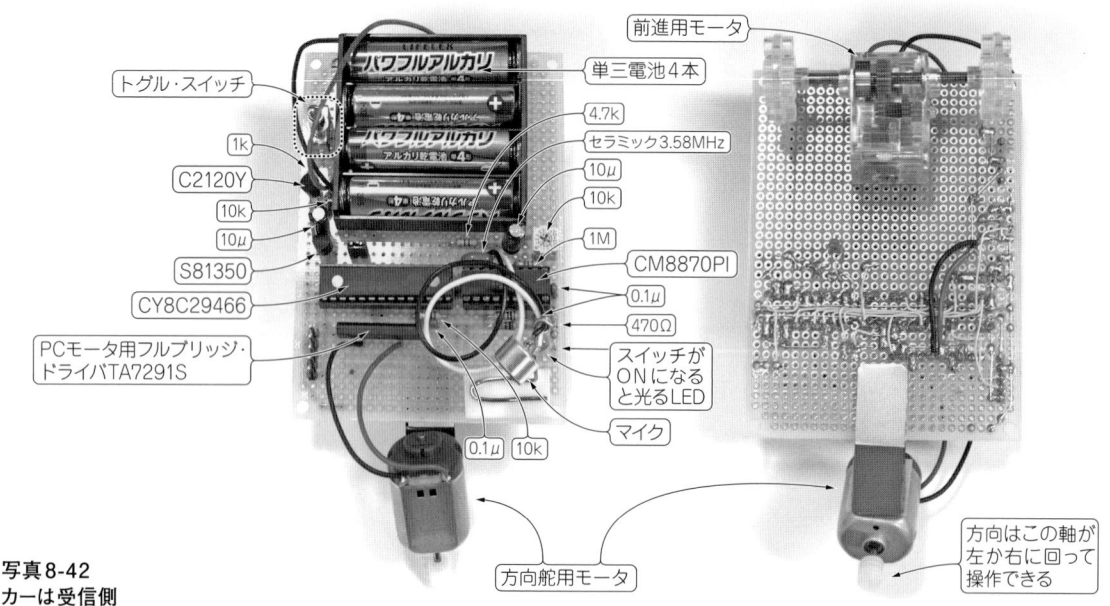

**写真8-42**
カーは受信側
マイクで「ピ・ポ・パ」の音を拾ってモータを動かす

ラベル(上部写真より):
- トグル・スイッチ
- 単三電池4本
- 4.7k
- 1k
- C2120Y
- セラミック3.58MHz
- 10k
- 10μ
- 10k
- S81350
- 1M
- CY8C29466
- CM8870PI
- 0.1μ
- 470Ω
- PCモータ用フルブリッジ・ドライバTA7291S
- スイッチがONになると光るLED
- 0.1μ
- 10k
- マイク
- 方向舵用モータ
- 前進用モータ
- 方向はこの軸が左か右に回って操作できる

(a) 方向舵用のモータとマイクが備えてある。リモコンからの音をマイクで拾い、モータを駆動する

(b) 前進用モータを駆動すると進み、方向舵用のモータを回すと方向転換する

**図8-125**
PWMで動作電圧を制限させてモータを動かす

(a) 模型用モータに過大電圧をかけると危険!

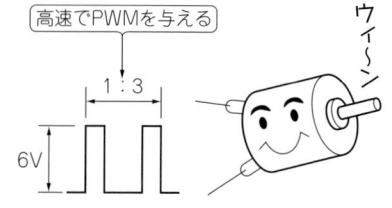

(b) PWM（1：3の脈動）を高速で加えて1/4に平均化する

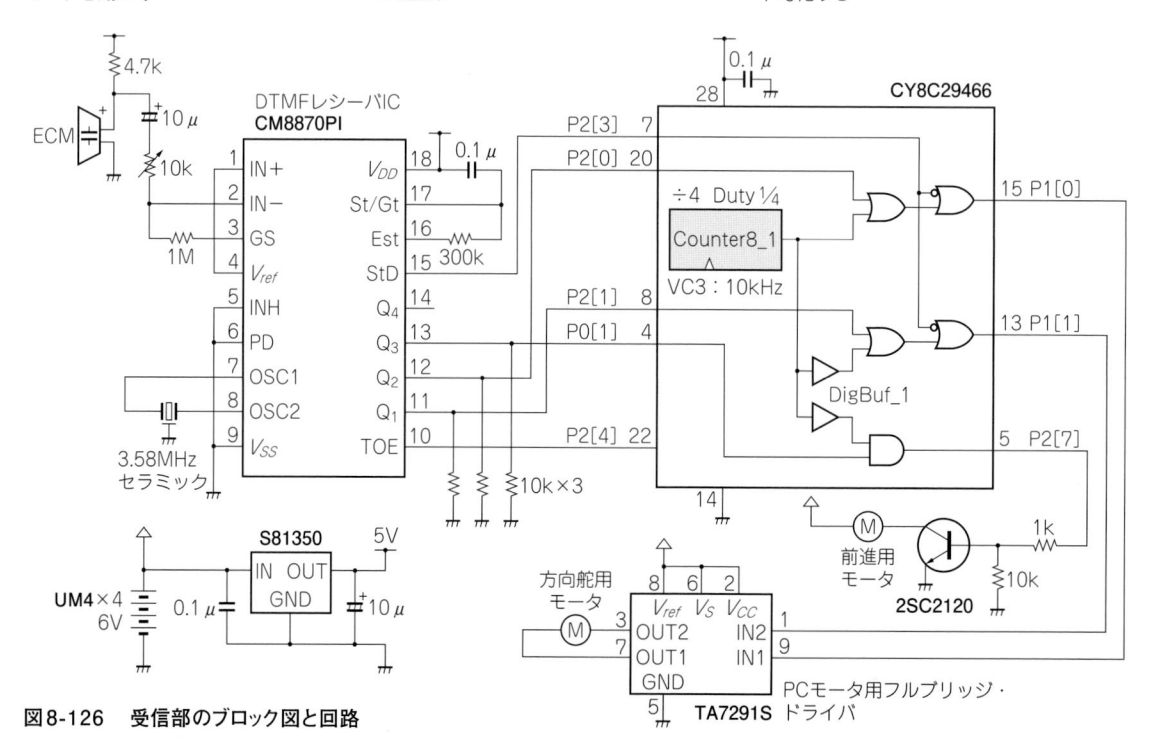

図中文字: モクモク / ブル / ブル / ウィ〜ン / 6V / 高速でPWMを与える / 1:3

**図8-126** 受信部のブロック図と回路

回路記号:
- 4.7k, ECM, 10μ, 10k, 1M
- DTMFレシーバIC CM8870PI
- 1 IN+  VDD 18
- 2 IN−  St/Gt 17
- 3 GS   Est 16  300k
- 4 Vref StD 15
- 5 INH  Q4 14
- 6 PD   Q3 13
- 7 OSC1 Q2 12
- 8 OSC2 Q1 11
- 9 Vss  TOE 10
- 3.58MHz セラミック
- 0.1μ
- P2[3] 7, P2[0] 20
- CY8C29466
- ÷4 Duty 1/4
- Counter8_1
- VC3：10kHz
- DigBuf_1
- 15 P1[0]
- 13 P1[1]
- 5 P2[7]
- P2[1] 8, P0[1] 4, P2[4] 22
- 10k×3
- S81350 5V, IN OUT GND, UM4×4 6V, 0.1μ, 10μ
- 方向舵用モータ, 前進用モータ
- TA7291S PCモータ用フルブリッジ・ドライバ
- Vref Vs Vcc, OUT2 IN2, OUT1 IN1, GND
- 2SC2120, 1k, 10k

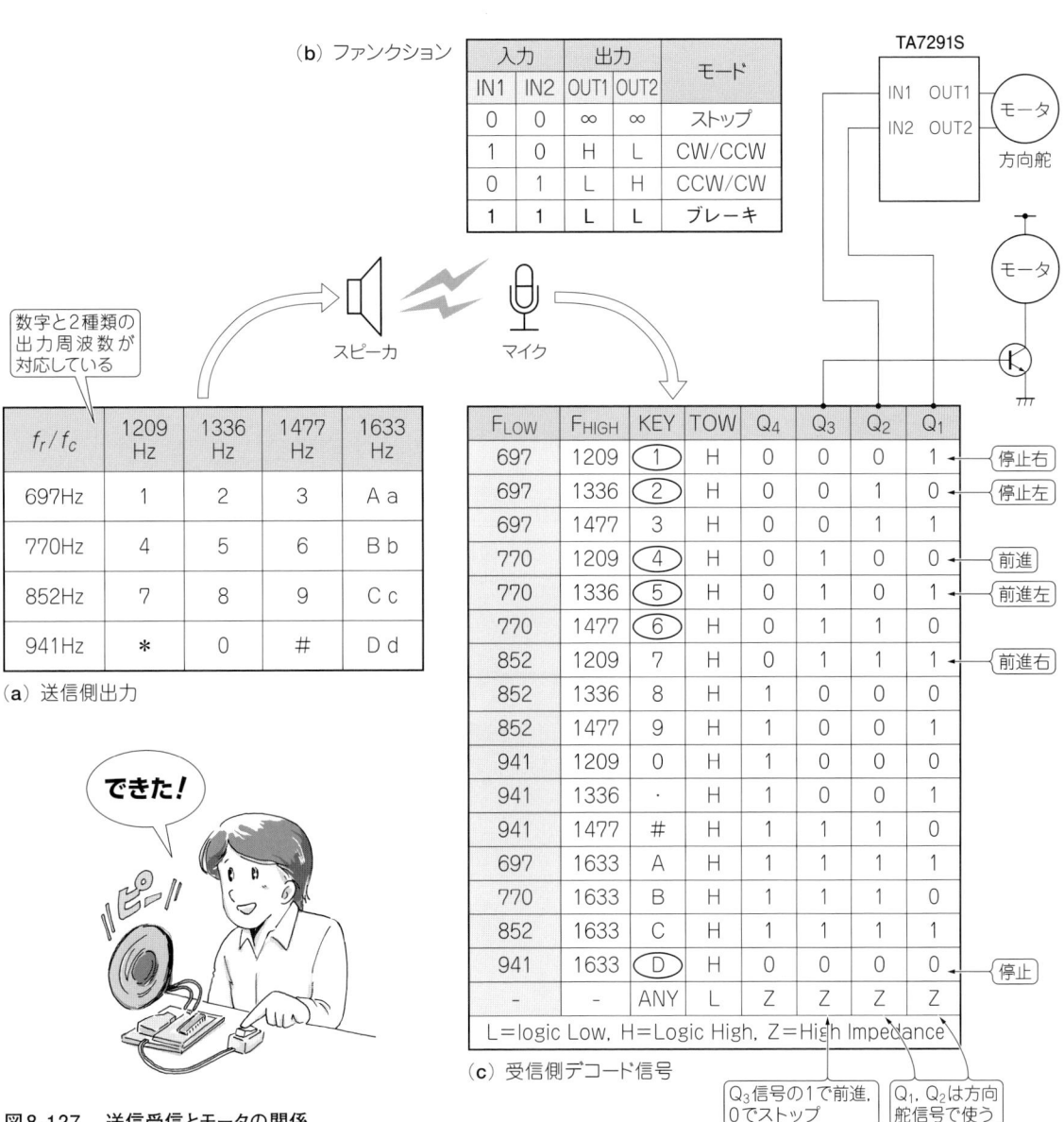

第8章 想像して実現するPSoCの遊び方 ● おもしろ

(b) ファンクション

| 入力 | | 出力 | | モード |
|---|---|---|---|---|
| IN1 | IN2 | OUT1 | OUT2 | |
| 0 | 0 | ∞ | ∞ | ストップ |
| 1 | 0 | H | L | CW/CCW |
| 0 | 1 | L | H | CCW/CW |
| 1 | 1 | L | L | ブレーキ |

数字と2種類の出力周波数が対応している

| $f_r/f_c$ | 1209 Hz | 1336 Hz | 1477 Hz | 1633 Hz |
|---|---|---|---|---|
| 697Hz | 1 | 2 | 3 | A a |
| 770Hz | 4 | 5 | 6 | B b |
| 852Hz | 7 | 8 | 9 | C c |
| 941Hz | * | 0 | # | D d |

(a) 送信側出力

| $F_{LOW}$ | $F_{HIGH}$ | KEY | TOW | $Q_4$ | $Q_3$ | $Q_2$ | $Q_1$ | |
|---|---|---|---|---|---|---|---|---|
| 697 | 1209 | 1 | H | 0 | 0 | 0 | 1 | 停止右 |
| 697 | 1336 | 2 | H | 0 | 0 | 1 | 0 | 停止左 |
| 697 | 1477 | 3 | H | 0 | 0 | 1 | 1 | |
| 770 | 1209 | 4 | H | 0 | 1 | 0 | 0 | 前進 |
| 770 | 1336 | 5 | H | 0 | 1 | 0 | 1 | 前進左 |
| 770 | 1477 | 6 | H | 0 | 1 | 1 | 0 | |
| 852 | 1209 | 7 | H | 0 | 1 | 1 | 1 | 前進右 |
| 852 | 1336 | 8 | H | 1 | 0 | 0 | 0 | |
| 852 | 1477 | 9 | H | 1 | 0 | 0 | 1 | |
| 941 | 1209 | 0 | H | 1 | 0 | 1 | 0 | |
| 941 | 1336 | · | H | 1 | 0 | 1 | 1 | |
| 941 | 1477 | # | H | 1 | 1 | 0 | 0 | |
| 697 | 1633 | A | H | 1 | 1 | 0 | 1 | |
| 770 | 1633 | B | H | 1 | 1 | 1 | 0 | |
| 852 | 1633 | C | H | 1 | 1 | 1 | 1 | |
| 941 | 1633 | D | H | 0 | 0 | 0 | 0 | 停止 |
| - | - | ANY | L | Z | Z | Z | Z | |

L=logic Low, H=Logic High, Z=High Impedance

(c) 受信側デコード信号

$Q_3$信号の1で前進，0でストップ
$Q_1$, $Q_2$は方向舵信号で使う

図8-127 送信受信とモータの関係

ば，4本の信号線から16段階の識別出力が出てきます（**写真8-42**）．

PSoCでは，この信号をデコード（コード信号を分別）するだけのロジック回路の役割を中心にしました．

模型用モータは動作電圧が1.5V〜3Vと低いので，ここに電池四本の6Vを印加すると焼損の恐れがあります（**図8-125**）．そこで，「Counter8」を使ってPWM信号（高速で脈流を発生させる）で平均1/4にしてモータを駆動しました．左右の方向舵には，モータ用フルブリッジIC「TA7291S」を使いました．2本の入力で「正転」「逆転」「停止」「ブレーキ」の動作ができます．このICの駆動もPWM信号で1/4にしました（**図8-126**）．

● 送受信の結合

模型は停止していても左右に動く構造にしました．したがって動作には「前進」「停止」「右」「左」しかありませんが，前進しながらの「右」と「左」が加わるので，全6動作をコントロールします．送受信回路と，左右の方向を切り替えるため「フルブリッジIC」，および前後のモータのドライブ用トランジスタの駆動は**図8-127**になります．

図8-128　ストップ・スイッチを押さないとどこまでも走っていく

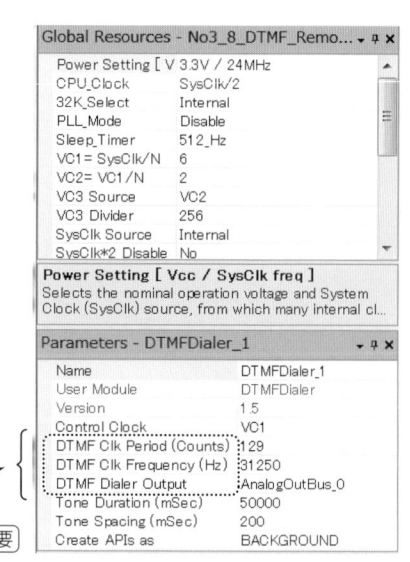

図8-129　グローバル・リソースの一部と「DTMFDialer」ユーザ・モジュールの設定

ここの調整が必要

## 動作させてみる

　スピーカとマイクにそれぞれ違う特性があり，意図しない倍音が出たりするので，送信側の周波数は，神経を使って調整しました．

　その成果もあり，リモコンとカーの両方を両手に持って操作すると，ちゃんと動作しました．次に床で走らせてみました．リモコンとカーの距離は1mもありません．ときどき誤動作しますが動きました．どうやら，カー自身のモータの振動やノイズをマイクが拾っているようです．リモコンを持って追いかける姿はまぬけですが，当初の目的「音で制御」は達成できました（**図8-128**）．

## おもなポイント

- ユーザ・モジュール「DTMFダイヤラ」のコードとデコーダIC「CM8870PI」のコードの一部が異なるので影響のないコードを使った
- ユーザ・モジュール「DTMFダイヤラ」を使用するためには「CPU Clock」は「12MHz」，また発振の誤差によっては「DTMF Clk Period」「DTMF Clk Frequency」の2項目の調整が必要（**図8-129**）
- モータ駆動にPWMを使い電圧を下げた

# 索 引

**数字・アルファベット**

A-D変換 …………………………………… 11, 16, 56, 78, 112, 149
ADCINC …………………………………………………………… 30, 149
AGND …………………………………… 39, 51, 56, 73, 104, 112, 116, 131
API …………………………………………… 45, 59, 64, 68, 94, 108, 134
Audacity ……………………………………………………………………… 35
BPF …………………………………………………………………… 29, 85
Counter ……………………………………… 25, 28, 39, 43, 51, 66, 68
CPU ………………………………………… 11, 17, 20, 22, 30, 60, 141
CY8C29466 …………………………………… 18, 23, 27, 37, 94, 115, 136
C言語 ……………………………………………… 11, 59, 66, 139, 144
D-Aコンバータ ………………………………………………… 16, 79, 115
D-A変換 ………………………………………………………… 16, 69, 114
DigBuf ……………………………………………………………… 28, 56
DUALADC ………………………………………………………………… 149
I/Oポート ………………………………………………………………… 60
Interconnect ……………………………………………………………… 55
LCD ……………………………………………… 28, 63, 112, 114, 126
LPF ………………………………………………………………… 29, 49
main()関数 ………………………………………………………………… 59
MiniProg ………………………………………………… 13, 23, 31, 46
PGA …………………………………………… 14, 28, 47, 75, 85, 91, 109, 113
PSoC ……………………………………………………………………… 17, 22
PSoC Designer …………………………… 9, 11, 15, 19, 24, 32, 38, 42, 60, 131
RefMux ………………………………………… 39, 40, 42, 44, 47, 112, 117
SCBLOCK ……………………………………… 30, 60, 82, 84, 98, 107, 131
SPWave …………………………………………………………………… 35

**あ・ア行**

アナログ・ブロック ……………………… 20, 27, 39, 44, 52, 54, 69, 71, 108, 131

**か・カ行**

グローバル・リソース …………………………………………………… 39
交流信号 …………………………………………………………………… 72
コンパレータ ………………………………………………… 39, 56, 72, 109
コンパレータ・バス ………………………………………………… 52, 54, 66

**た・タ行**

ディジタル－アナログ接続回路 ………………………………………… 11
ディジタル・ブロック ……………………… 20, 25, 39, 53, 108, 115, 128, 136

**な・ナ行**

内蔵発振器 ………………………………………………………………… 9

**は・ハ行**

ブロック・アレイ ……………………………… 20, 25, 27, 43, 81, 115, 124

**や・ヤ行**

ユーザ・モジュール ………… 22, 25, 40, 59, 69, 95, 107, 124, 133, 136, 151

## あとがき

　とにかく，「PSoCを使うだけ使って，できたものを片っ端から出していこう」というコンセプトで始まりました．私自身も理解中途の部分が多いことに何度も気づかされながら，いつのまにかPSoCになじんできました．よい所もそうでない所も含めておもしろいICだな，と改めて感じます．

　本業では，もともとPICやH8系の8/16ビットのマイコンが多かったのですが，PSoCがラインナップに入り，新規の開発にも少しずつとりいれています．また，正式発表からしばらく経ち，やっと昨年PSoC3・PSoC5が出荷され始め，PSoCも「ハイスピード・高性能」時代に突入し，動向が注目されています．日本語訳にも力を入れているようです．

　そのなかで，PSoC1はCPUとブロック・アレイのバランスも良く，本書のような簡単な応用や工作には最適ですが，以前は多数存在していた「日本語訳」のマニュアルが現在では入手しづらく，情報が少ないのが難点です．

　PSoC3・PSoC5のおかげで，今年はPSoC界がにぎやかになる気配です．そして改めてPSoC1も見直され，ユーザーが増え，いろいろな情報が公開されることを願っています．

　ここまで読んでくださり，ありがとうございました．

2012年4月
高野 慶一

# 著者紹介

● **高野 慶一** Keiichi Takano（たかの・けいいち）

東京都生まれ．東京電機大学工学部卒業後，工場計器，ライン用測定器の開発に従事．その後，フロントエンドをマイコンに置き換えPIC，H8，PSoCなどに目覚める．現在，株式会社マグノリアに勤務し，アナログ回路やマイコンのソフトウェアを中心にした開発と格闘中．第1級アマチュア無線技士免許を取得．

●付属書き込み器に関するご案内
本書付属の書き込み器MiniProgについて，付属品を納めた台紙やCD-ROMレーベルなどに「書き込み器・デバッガ」と記載してありますが，本書付属MiniProgにはデバッガ機能はありません．お詫びして訂正させていただきます．

### 本書のサポート・ページ
http://www.eleki-jack.com/support/postindex.html

- **本書記載の社名，製品名について** —— 本書に記載されている社名および製品名は，一般に開発メーカーの登録商標または商標です．なお，本文中では™，®，©の各表示を明記していません．
- **本書掲載記事の利用についてのご注意** —— 本書掲載記事は著作権法により保護され，また産業財産権が確立されている場合があります．したがって，記事として掲載された技術情報をもとに製品化をするには，著作権者および産業財産権者の許可が必要です．また，掲載された技術情報を利用することにより発生した損害などに関して，CQ出版社および著作権者ならびに産業財産権者は責任を負いかねますのでご了承ください．
- **本書付属のCD-ROMについてのご注意** —— 本書付属のCD-ROMに収録したプログラムやデータなどは著作権法により保護されています．したがって，特別の表記がない限り，本書付属のCD-ROMの貸与または改変，個人で使用する場合を除いて複写複製（コピー）はできません．また，本書付属のCD-ROMに収録したプログラムやデータなどを利用することにより発生した損害などに関して，CQ出版社および著作権者は責任を負いかねますのでご了承ください．
- **本書に関するご質問について** —— 文章，数式などの記述上の不明点についてのご質問は，必ず往復はがきか返信用封筒を同封した封書でお願いいたします．勝手ながら，電話での質問にはお答えできません．ご質問は著者に回送し直接回答していただきますので，多少時間がかかります．また，本書の記載範囲を越えるご質問には応じられませんので，ご了承ください．
- **本書の複製等について** —— 本書のコピー，スキャン，デジタル化等の無断複製は著作権法上での例外を除き禁じられています．本書を代行業者等の第三者に依頼してスキャンやデジタル化することは，たとえ個人や家庭内の利用でも認められていません．

R〈日本複製権センター委託出版物〉
本書の全部または一部を無断で複写複製（コピー）することは，著作権法上での例外を除き，禁じられています．本書からの複製を希望される場合は，日本複製権センター（TEL：03-3401-2382）にご連絡ください．

アナログ・マイコン！？ PSoCに目覚める本
（28ピンDIP型PSoC＆書き込み器＆CD-ROM付き）

PSoC＆書き込み器＆
CD-ROM付き

2012年7月10日　初版発行

© 高野 慶一　2012
（無断転載を禁じます）

著　者　　高　野　慶　一
発行人　　寺　前　裕　司
発行所　　ＣＱ出版株式会社
〒170-8461　東京都豊島区巣鴨1-14-2
電話　編集　03-5395-2124
　　　販売　03-5395-2141
振替　00100-7-10665

乱丁，落丁本はお取り替えします
定価はカバーに表示してあります

ISBN978-4-7898-1754-7
Printed in Japan

編集担当者　　我満　みどり
表紙デザイン　トサカデザイン（戸倉 巌，小酒 保子）
本文デザイン・DTP・イラスト　近藤企画（近藤 久博）
写真　柳沢　克吉
イラスト　神崎　真理子
印刷・製本　大日本印刷株式会社